ごみハンドブック

田中　勝　寄本勝美　他 編

丸善株式会社

推薦のことば

　本書「ごみハンドブック」の発刊を心からお祝い申し上げます．田中勝先生は廃棄物の収集・運搬・処理・処分などの技術に関する専門家，寄本勝美先生は廃棄物行政に関する専門家でいらっしゃいます．両先生とも廃棄物学会の会長を務められるなど廃棄物マネジメント分野で第一人者であり，中央環境審議会でもご尽力いただいております．両先生により編まれた本書の刊行を大変嬉しく思います．

　世界の人口が60億人を越え，2050年には100億人に近づくといわれています．現在，人口問題，地球環境問題，エネルギー資源問題など，人類の生存を脅かす深刻な問題に直面していますが，ごみ問題もその一つです．したがって，ごみ問題を考える際には，一廃，産廃といった一面だけではなく，リサイクル，環境保全，循環型社会など広い視点で考える必要があります．そのためには，一般の方と専門家のはざまを埋める多面的・包括的な知識，一般の方や廃棄物行政関係者に最低限知っていただきたい知識が要求されます．

　本書は総論編とQ&Aの二部構成となっています．総論編では廃棄物を取り巻く状況を解説し，Q&Aでは廃棄物に関する74の素朴な疑問に答える内容です．編集委員長の田中勝先生，寄本勝美先生を中心に，40人を越える廃棄物の研究者や実際に廃棄物行政に従事している実務家が執筆されていて，Q&Aには行政の現場でありそうな質問と回答が満載されています．ぜひ，行政の現場で活用いただければと思いますし，多くの方々にご一読いただけることを願っております．

2008年11月

環境省大臣官房廃棄物・リサイクル対策部長

谷津　龍太郎

まえがき

　本書は，一般の方の環境への意識が高まってきている今日，学際的なごみ問題について，専門家と一般の方のギャップを埋めるべく編纂したものである．「そもそもごみとはなんなのか」「ごみを適正に処理する，リサイクルするとはどういうことか」など，問題の根本となる事項の解説から，「現在の政策はどのようになっているのか」「法規制はなんのためにあるのか」「海外ではどのような取組みがなされているのか」など，私たちがおかれている現状，そして今後を考えていくうえでの重要な事項をまとめた．

　総論編と各論編の二部で構成し，総論編では，廃棄物のイロハを体系的にまとめ，ごみ問題の全体を俯瞰できるよう努めた．また，各論編では，廃棄物関連団体に協力を仰ぎ，各団体に日ごろよく問合せがある質問を整理し，全74に及ぶ質問項目に対する回答を，Q&A方式で編纂した．一つのQ&Aは，容易に読めるよう簡潔にまとめ，それらの理解をさらに補うため，いくつかコラムを設けた．

　本書がこれからのごみ問題に立ち向かっていく方々のテキストとして，また日ごろ廃棄物関連業種に携わっている方には，一般の方へ「正しく」「わかりやすく」説明する際のよりどころとして，活用していただけることを切に願う．さらに，一般の方にも廃棄物に係る素朴な疑問について，関心のある箇所を一読して「ためになった」と感じていただけると幸いである．

　最後に，本書出版にあたり，公務や業務ご多忙のなかご尽力いただいた皆様に，ここに厚く御礼申し上げる．

2008年11月

「ごみハンドブック」編集委員長
鳥取環境大学教授　田中　勝
早稲田大学教授　寄本勝美

Editor and Writer list

編集委員・執筆者一覧

編集委員長
- 田中　　勝　　　　鳥取環境大学　教授
- 寄本　勝美　　　　早稲田大学　教授

編集幹事
- 奥村　明雄　　　　財団法人　日本環境衛生センター 理事長
- 佐々木五郎　　　　社団法人　全国都市清掃会議 専務理事
- 古市　圭治　　　　財団法人　日本産業廃棄物処理振興センター　理事長

編集委員
- 梅澤　勝利　　　　社団法人　全国都市清掃会議
- 大塚　康治　　　　財団法人　日本環境衛生センター
- 竹内　　敏　　　　財団法人　日本産業廃棄物処理振興センター

査読委員
- 河上　　勇　　　　住友重機械工業株式会社
- 松村　治夫　　　　財団法人　日本産業廃棄物処理振興センター
- 村岡　良介　　　　財団法人　日本環境衛生センター

執筆者
- 碇　　康雄　　　　株式会社　ダイナックス都市環境研究所
- 泉澤　秀一　　　　財団法人　産業廃棄物処理事業振興財団
- 伊東　和憲　　　　東京二十三区清掃一部事務組合
- 梅澤　勝利　　　　社団法人　全国都市清掃会議
- 大迫　政浩　　　　独立行政法人　国立環境研究所
- 大仲　　清　　　　大仲事務所
- 岡田　光浩　　　　財団法人　日本環境衛生センター

Editor and Writer list

小田原伸幸	財団法人　日本環境衛生センター
織　　朱實	関東学院大学
河上　　勇	住友重機械工業株式会社
木村　祐二	前　環境省　廃棄物・リサイクル対策部
栗山　一郎	財団法人　日本環境衛生センター
小澤紀美子	東京学芸大学名誉教授
佐藤　秀則	新潟市　環境部廃棄物政策課
猿田　忠義	前　財団法人　産業廃棄物処理事業振興財団
杉山　涼子	富士常葉大学
瀬川　道信	京都市　環境局
髙木　宏明	前　全国地球温暖化防止活動推進センター
田中　　勝	鳥取環境大学
寺園　　淳	独立行政法人　国立環境研究所
長岡　文明	山形県　置賜総合支庁
永塚　栄登	財団法人　日本環境衛生センター
西村　　淳	前　環境省　廃棄物・リサイクル対策部
仁田　由美	株式会社　コシダテック
八村　智明	財団法人　日本環境衛生センター
濱田　雅巳	横浜市　資源循環局
深野　元行	社団法人　全国都市清掃会議
藤吉　秀昭	財団法人　日本環境衛生センター
藤原　周史	財団法人　日本環境衛生センター
舟木　賢徳	株式会社　国際開発アソシエイツ
古澤　康夫	東京都　環境局
松村　治夫	財団法人　日本産業廃棄物処理振興センター
麻戸　敏男	財団法人　日本産業廃棄物処理振興センター
宮本　伸一	金沢市　産業局
向中野裕子	財団法人　日本環境衛生センター
山田　正人	独立行政法人　国立環境研究所
山本　耕平	株式会社　ダイナックス都市環境研究所
寄本　勝美	早稲田大学

（所属は 2008 年 10 月現在・五十音順）

編集委員・執筆者一覧

編集委員長
- 田中　勝　　　　鳥取環境大学　教授
- 寄本　勝美　　　早稲田大学　教授

編集幹事
- 奥村　明雄　　　財団法人　日本環境衛生センター 理事長
- 佐々木五郎　　　社団法人　全国都市清掃会議 専務理事
- 古市　圭治　　　財団法人　日本産業廃棄物処理振興センター　理事長

編集委員
- 梅澤　勝利　　　社団法人　全国都市清掃会議
- 大塚　康治　　　財団法人　日本環境衛生センター
- 竹内　敏　　　　財団法人　日本産業廃棄物処理振興センター

査読委員
- 河上　勇　　　　住友重機械工業株式会社
- 松村　治夫　　　財団法人　日本産業廃棄物処理振興センター
- 村岡　良介　　　財団法人　日本環境衛生センター

執筆者
- 碇　康雄　　　　株式会社　ダイナックス都市環境研究所
- 泉澤　秀一　　　財団法人　産業廃棄物処理事業振興財団
- 伊東　和憲　　　東京二十三区清掃一部事務組合
- 梅澤　勝利　　　社団法人　全国都市清掃会議
- 大迫　政浩　　　独立行政法人　国立環境研究所
- 大仲　清　　　　大仲事務所
- 岡田　光浩　　　財団法人　日本環境衛生センター

Editor and Writer list

小田原伸幸	財団法人　日本環境衛生センター
織　朱實	関東学院大学
河上　勇	住友重機械工業株式会社
木村　祐二	前　環境省　廃棄物・リサイクル対策部
栗山　一郎	財団法人　日本環境衛生センター
小澤紀美子	東京学芸大学名誉教授
佐藤　秀則	新潟市　環境部廃棄物政策課
猿田　忠義	前　財団法人　産業廃棄物処理事業振興財団
杉山　涼子	富士常葉大学
瀬川　道信	京都市　環境局
高木　宏明	前　全国地球温暖化防止活動推進センター
田中　勝	鳥取環境大学
寺園　淳	独立行政法人　国立環境研究所
長岡　文明	山形県　置賜総合支庁
永塚　栄登	財団法人　日本環境衛生センター
西村　淳	前　環境省　廃棄物・リサイクル対策部
仁田　由美	株式会社　コシダテック
八村　智明	財団法人　日本環境衛生センター
濱田　雅巳	横浜市　資源循環局
深野　元行	社団法人　全国都市清掃会議
藤吉　秀昭	財団法人　日本環境衛生センター
藤原　周史	財団法人　日本環境衛生センター
舟木　賢徳	株式会社　国際開発アソシエイツ
古澤　康夫	東京都　環境局
松村　治夫	財団法人　日本産業廃棄物処理振興センター
麻戸　敏男	財団法人　日本産業廃棄物処理振興センター
宮本　伸一	金沢市　産業局
向中野裕子	財団法人　日本環境衛生センター
山田　正人	独立行政法人　国立環境研究所
山本　耕平	株式会社　ダイナックス都市環境研究所
寄本　勝美	早稲田大学

（所属は 2008 年 10 月現在・五十音順）

Contents

目　次

総論編

1. 廃棄物の発生
- 1.1 ごみの発生メカニズム 2
- 1.2 豊かさの指標 GDP との関係 4

2. 廃棄物の分類
- 2.1 廃棄物の定義 6
- 2.2 法律上の廃棄物の分類 6
- 2.3 ごみ・産業廃棄物の名前 7

3. 廃棄物の処理
- 3.1 3R と適正処理 10
- 3.2 一般廃棄物の処理の流れと 3R 12
- 3.3 産業廃棄物の処理の流れと 3R 14

4. 分　別
- 4.1 分別の目的 17
- 4.2 どのような分別があるのか 18
- 4.3 それぞれの分別方法の利点・欠点 19

5. 収集・運搬
- 5.1 収集・運搬（車両輸送，船舶輸送など） 21
- 5.2 ごみ・産業廃棄物の収集技術 22

Contents

    5.3 管路（パイプライン）輸送方式 25

6. 焼　却

    6.1 炉のタイプ 26
    6.2 ダイオキシン類対策 29
    6.3 エネルギー利用 30

7. 埋立て

    7.1 埋立ての寿命は 33
    7.2 保安対策 35

8. 廃棄物計画

    8.1 改善の歴史 39
    8.2 廃棄物の政策の変遷 41

9. 市民参加

    9.1 費用負担 45
    9.2 アセスメントでの参加 46
    9.3 NIMBY 48

10. 廃棄物処理における法体系

    10.1 循環型社会形成に向けた法体系 50
    10.2 廃棄物の処理責任 52
    10.3 一般廃棄物の適正処理 54
    10.4 産業廃棄物の適正処理 57
    10.5 その他の法律 60

Q & A

発生抑制，適正処理

- ごみの出し方，分け方ってどうして市町村ごとに違うの？ ... 64
- ごみ出しルールに協力してもらうには？ ... 66
- ごみの組成について教えて ... 68
- ごみの排出量が変わる要因にどんなものがある？ ... 70
- 生ごみを減らす方法は？ ... 72
  - **コラム** 京都市の取組み－家庭ごみの有料指定袋 ... 75
- 古着や繊維製品の 3R について教えて ... 76
  - **コラム** 京都市の取組み－京都方式 ... 79
- レジ袋の問題って？ ... 80
  - **コラム** 海外のレジ袋有料化の動向－ヨーロッパ ... 83
- ごみ焼却等中間処理方式について教えて ... 84
- 熱回収の現状について教えて ... 86
  - **コラム** RPS 法（renewables portfolio standard） ... 88
  - **コラム** 海外のレジ袋有料化の動向－バングラディッシュなど ... 89
- ごみ発電の効率化について教えて ... 90
- ごみ処理，リサイクルにかかる費用はどのくらい？ ... 92
- 事業系廃棄物はどのように処理すればよい？ ... 94
- 廃棄物処理施設の事故例を教えて ... 97
- 廃棄物処理施設の延命化の取組みについて教えて ... 99
- 最終処分場ってこれからどうなっていく？ ... 101
- 埋立地再生ってどんなこと？ ... 104
- プラスチックごみの処分状況を教えて ... 107
- 産業廃棄物の処分までの流れを教えて ... 110
- 産業廃棄物処理業者の選び方を教えて ... 112
- ごみ有料化の効果って？ ... 233
- 廃棄物処理施設の用地選定はどうやって行われているの？ ... 236

Contents

　　PRTRと廃棄物処理施設の関係を教えて 240
　　リスクコミュニケーションの手法を教えて 242

再生利用

　　ごみ処理，リサイクルにかかる費用はどのくらい？ 92
　　プラスチックごみはどんなものにリサイクルされているの？ 115
　　バイオマスってなに？ 118
　　海外のリサイクル状況を教えて 120
　　　　コラム デュアルシステム 121
　　　　コラム デポジット 123
　　リサイクル商品は環境にどれだけ優しい？ 124
　　産業廃棄物ってどんなものにリサイクルされているの？ 127
　　メタン発酵技術ってなに？ 129
　　　　コラム 3R 131
　　バイオディーゼル燃料ってなに？ 132
　　溶融スラグはどんなものにリサイクルされる？ 135
　　E-wasteのリサイクルってどうなってる？ 138
　　「リサイクル」ってどんな意味？ 141
　　容器包装リサイクル法ってなに？ 202
　　家電リサイクル法ってなに？ 205
　　食品リサイクル法ってなに？ 209
　　建設リサイクル法ってなに？ 212
　　自動車リサイクル法ってなに？ 215
　　自治体で行っているごみ減量・リサイクル事業への助成事例を教えて 226
　　産業廃棄物処理施設やリサイクル関連の助成・融資制度を教えて 263

特別な課題

　　海外のリサイクル状況を教えて 120
　　リサイクル商品は環境にどれだけ優しい？ 124
　　E-wasteのリサイクルってどうなってる？ 138

稼働しなくなった焼却処理施設の問題を教えて 143
PCB 廃棄物ってなに？ 146
 コラム PCB 148
 コラム PCB 卒業判定基準 148
PCB 廃棄物の処理方法を教えて 149
在宅医療廃棄物はどうやって処理する？ 152
医療廃棄物の処理方法を教えて 155
 コラム 感染性廃棄物 158
アスベストってなに？ 159
アスベストの処理技術を教えて 161
E-waste ってなに？ 163
リサイクル家電のフロン類はどうやって処理されているの？ 166
カラス対策の実施例を教えて 168
漂流・漂着ごみってなに？ 171
災害ごみはどうやって処理されるの？ 174
国際資源循環の抱える問題は？ 176
廃棄物分野の地球温暖化対策は？ 179
 コラム 拡大生産者責任 182
身近な努力で二酸化炭素ってどのくらい減る？ 183
環境教育の方法は？ 186
環境学習施設ってどんなもの？ 189

制度・政策

廃棄物処理計画ってなに？ 193
拡大生産者責任ってなに？ 195
資源有効利用促進法ってなに？ 198
容器包装リサイクル法ってなに？ 202
家電リサイクル法ってなに？ 205
食品リサイクル法ってなに？ 209
建設リサイクル法ってなに？ 212

Contents

- 自動車リサイクル法ってなに？ 215
- 再生利用認定制度，広域的処理認定制度ってなに？ 219
- 処理が難しいごみの対策は？ 221
- 市町村の廃棄物処理事業への国の財政支援を教えて 224
- 自治体で行っているごみ減量・リサイクル事業への助成事例を教えて 226
- ごみの不法投棄の現状とその対応を教えて 228
- 産業廃棄物の不法投棄の現状回復はどうなってる？ 230
- ごみ有料化の効果って？ 233
  - **コラム** ごみ有料化 235
- ごみ処理施設の用地選定はどうやって行われているの？ 236
- PRTRと廃棄物処理施設の関係を教えて 240
- リスクコミュニケーションの手法を教えて 242
- 行政と事業者のごみの処理責任は？ 246
- 一般廃棄物処理業の許可制度ってどんなもの？ 248
- 許可不要で一般廃棄物が処理できる特例を教えて 251
- 産業廃棄物処理業の許可制度ってどんなもの？ 253
- マニフェスト制度ってどんなもの？ 256
- 産業廃棄物税ってなに？ 259
  - **コラム** 税　率 261
  - **コラム** 課税客体の帰属 262
  - **コラム** 徴税コスト 262
- 産業廃棄物処理施設やリサイクル関連の助成・融資制度を教えて 263
- 「あわせ産廃」ってなに？ 266
- PFI手法ってなに？ 268
  - **コラム** リスク管理 270
- 廃棄物分野でのPFI事業を教えて 271

索　引 273

Outline

総 論 編

1 廃棄物の発生

2 廃棄物の分類

3 廃棄物の処理

4 分　　　別

5 収集・運搬

6 焼　　　却

7 埋　立　て

8 廃棄物計画

9 市 民 参 加

10 廃棄物処理における法体系

1. 廃棄物の発生

1.1 ごみの発生メカニズム

(1) マイナスの価値をもつ商品,廃棄物

　私たちは,日常生活で必要な品物をデパート,スーパー,コンビニで買ってきます.お金を払ってでも手に入れたいものは,プラスの価値があります.しかし使用済みの物,不用になったものは捨てようと思うでしょう.こうなったら,その商品は自分にとって価値のないものになります.価値がないだけでなく,じゃまになります.マイナスの価値を持つ品物が廃棄物といわれるものです.ある商品が消費者に購入されて,マイナスの価値になる過程を図1.1でみてみましょう.

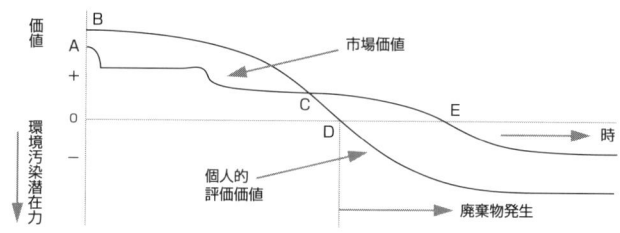

商品の価値は,時間の経過とともに一般に下がり,いずれ廃棄物になる

図 1.1　時間の経過による商品価値の変化

　商品に対する価値観は人によって異なります.その人が,お店で表示されている価格Aと比べて,その商品の値うちBはもっとあると思えばこそ,その商品を購入したはずです.一般にこの商品の価値は,時間とともにどんどん下がって,C点ではその商品の市場価格と自分にとってのその商品の値うちが同一になります.したがってC点以降では中古品として売却できる価値の方が自分の評価する価値より高いのでリサイクルショップなどに売却してもよいと思うのです.点D以降では,その商品の所有主は,自分にとって価値がまったくないか,むしろじゃまに感じて,マイナスの価値しか認めなくなります.

一方で点Eまでは市場で価値があるので，例えば新聞雑誌のように引きとってくれるところがあり，保管しておけば引きとってくれます．つまり，点DからEまでの間は，きちんと分別保管しておけば，本人にとっては不用であっても，不用品交換とか，バザー，古本屋，廃品回収業者に引き取られて，廃棄物にならずに有効に利用されるのです．

しかし点E以降では，市場価値もないので取り引きされることはなく，廃棄物として処理されなければならないし，処理するには処理コストを必要とするのです．

(2) ごみになったり資源になったり

ごみになるか，ごみにならないで価値ある商品として使ってもらえるかは，その所有主の行動しだいでもあります．所有主が，ただでもよいから譲渡，あるいは処分しようと思うときに，その商品は，その所有主にとってごみとなるのです．

新製品が出てくれば，古いものの価値は急速に落ちて，早くごみとなります．新聞を130円で購入し，30分も読めば，自分にとっては，必要でなくなり，どこかに捨てたいと思います．このときがごみの発生です．このように購入して数十分でごみになるものもあれば，家具，家電製品のように数年，数十年もごみにならずに済む物もあります．ごみになるか，ならないかは，そのものの評価される値うちで決まり，その値うちは，その所有主の価値観によるのです．

したがって，同じ物がもつ人によっては，ごみになったり，有価物になったりします（図1.2）．ほかに，その商品の相対的品質の上下にもよるでしょう．競合する商品，代替商品との相対的価値とかによって，価値が上がったり下がったりするのです．したがって，商品の価値は，① 所有主の価値観，② 相対的品質，③ 量としてどれだけ集まっているか，④ 場所は，それを必要とする工場に近いか，⑤ 時期的にみて，いつの時点かによって異なり，誰も買ってくれないごみになったり，商品として値がついたりで，その価値も大きく変動することになります．

古紙の値段が上がると，多くの古紙はごみにならずに，紙の原料として使われるのです．

Outline 1　廃棄物の発生

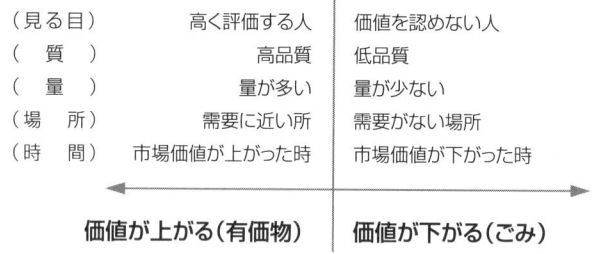

図 1.2　ごみになったり，有価物になったり

商品が廃棄物になる理由は，次のようなことが考えられます．

　　機 能 消 失：飲料容器の中身を消費したために，容器が不用
　　役 割 喪 失：新聞雑誌のように情報を提供したら，同じ機能があってもその特定の人には役割喪失
　　寿　　　命：故障した電気製品とか，消耗した乾電池などの機能を失った
　　外　　　観：外観の陳腐化
　　マッチング：衣服，家具などサイズが合わなくなった
　　機 能 喪 失：技術向上，技術進歩で，機能相対的に陳腐化
　　制度的事由：特定の場所に持ち込むことが許されないもの

1.2　豊かさの指標 GDP との関係

　一般に GDP（国内総生産）が産業の発展や国民の豊かさを表す指標として使われますが，GDP が伸びれば廃棄物も増えます．所得が多くなれば，購買力も大きくなり，新聞も 1 紙でなく 2 紙欲しくなるとか，あるいはいろいろな専門誌を買ってきたりします．200 円，300 円の出費は気にならなくなってくるからそういうものが家にもち込まれて廃棄物の量が増えることになるのです．図 2.3 は国内総生産と一般廃棄物発生量の関係を示したグラフです．GDP に対する一人あたりの廃棄物発生量の割合に違いがあることから「多量排出国」「中程度排出国」「少量排出国」の三つのグループに分けて整理しました．どのグループでも，GDP が高くなるほど廃棄物発生量が増加しているのがわかります．

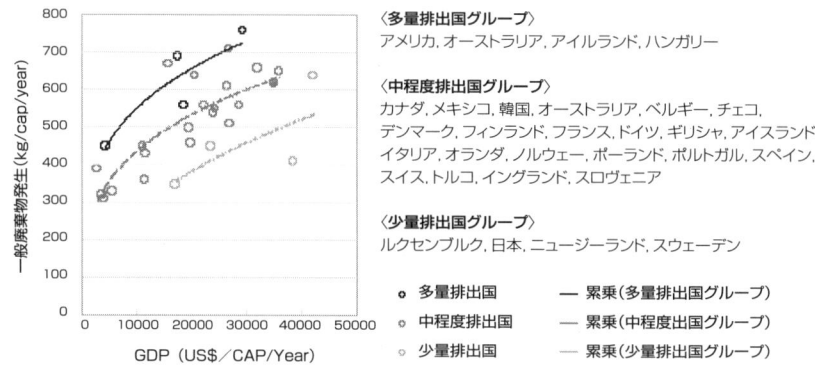

図 1.3　GDP と一般廃棄物発生量の関係

参 考 文 献
　　吉沢佐江子，田中勝，Ashok V. Shekder，世界の廃棄物発生量の推定と将来予測に関する研究
　　論文，第 15 回廃棄物学会研究発表会講演論文集，38（2004）
参考データ
　　一般廃棄物のデータ：CECD Environmental Data Compendium 2002
　　GDP のデータ：IMF The World Economic Outlook（WEO）Database September 2002

2. 廃棄物の分類

2.1 廃棄物の定義

　廃棄物とは，法律の定義では，「占有者が自ら利用し，又は他人に有償で売却することができないために不要になった物」，すなわち一般に「他人に有償で売却できない不要物」をいいます．もっと簡単にいえば，「誰も欲しがらないので値段をつけて売れないいらない物」です．ここでは暗黙の内に，生きた動物の犬とか猫も対象にはなりません．それではただなら引き取って使ってくれるものは廃棄物かどうかですが，引き取ったのち占有者が自ら利用しているので廃棄物になっていません．廃棄物は適切に処理・処分がされるよう，法律によって細かく種類が分けられています．例えば，放射性物質かそれらに汚染されたものは放射性廃棄物といって，一般の廃棄物とは違った別の法律により厳しく管理されています．放射性廃棄物以外の廃棄物の管理のための法律が廃棄物処理法です．

2.2 法律上の廃棄物の分類

　ごみの種類というとすぐに頭に浮かぶのが，可燃ごみ，不燃ごみ，資源ごみ，粗大ごみといった種類ですが，法律上の分類の仕方はかなり異なっています．
　廃棄物処理法では，廃棄物は「産業廃棄物」と「一般廃棄物」に分けられています．産業廃棄物と一般廃棄物とでは，排出後の責任主体や処理方法が違ってきます．一般廃棄物は基本的に自区内処理を原則とし，最終的には市町村に処理責任があるのに対して，産業廃棄物は，排出事業者自らの責任で処理することを原則とし，多くは産業廃棄物処理業者に委託され，処理されています．
　産業廃棄物とは，事業活動にともなって発生する廃棄物のうち，図 2.1 に示すように，燃え殻以下に列挙された 20 種類の廃棄物を指します．このうち，紙くず，木くず，繊維くず，動植物性残渣，建設廃材，動物のふん尿，動物の死体など 7 種類の産業廃棄物は特定の業種から発生するものに限り産業廃棄物とされています．これを「業種指定」といって，他の業種や一般家庭から出る

ものは同じ物であっても一般廃棄物となります．

　一般廃棄物とは産業廃棄物以外のすべての廃棄物のことで，ごみ，粗大ごみ，し尿などを指します．一般廃棄物には私たちの日常生活にともなって発生する家庭系廃棄物と，事業所から出る紙くず，木くず，厨芥など事業活動にともなって発生する事業系一般廃棄物があります．

　なおこれらのうち，爆発性，毒性，感染性その他，人の健康または生活環境に係る被害を生じるおそれがある性状を有するものを特別管理廃棄物といって，これらは排出の段階から処理されるまでの間，常に注意して取り扱わなければならないものとして処理方法などが別に定められています．例えば，PCBについてはPCB特別措置法という法律によってその処理・処分について定められています．一般廃棄物にも産業廃棄物にも特別管理廃棄物があるので，これらを特別管理一般廃棄物，特別管理産業廃棄物といいます．特別管理一般廃棄物には ① 廃テレビ・廃エアコン・廃電子レンジに含まれるPCB使用部品，② ばいじん（ごみ焼却施設において発生したもの），③ 感染性一般廃棄物（感染性廃棄物のうち臓器，組織，動物の死体，脱脂綿，ガーゼ，包帯等）が含まれます．特別管理産業廃棄物には ① 燃えやすい廃油，② pHが2.0以下の廃酸，③ pHが12.5以上の廃アルカリ，④ 感染性産業廃棄物（感染性病原体が含まれ，もしくは付着している廃棄物またはこれらのおそれのある廃棄物），⑤ 特定有害産業廃棄物（廃PCB等，PCB汚染物，アスベスト等，その他有害産業廃棄物）が含まれます．

2.3 ごみ・産業廃棄物の名前

　私たちの普段の生活では，法律では決められていないごみの名前がたくさん使われています．可燃ごみ，不燃ごみ，資源ごみ，生ごみ，粗大ごみ，有害ごみ，廃プラスチックごみ，在宅医療廃棄物などです．これらはそれぞれ使われている自治体でその内容の説明がされています．たとえば廃プラスチックやゴムくずは，ある自治体では不燃ごみにされているのに別の自治体では可燃ごみにされたりしています．その理由については4章でもう少し詳しく説明しますが，自治体の最終処分場事情，中間処理施設の機能によって処理にふさわしい

Outline 2　廃棄物の分類

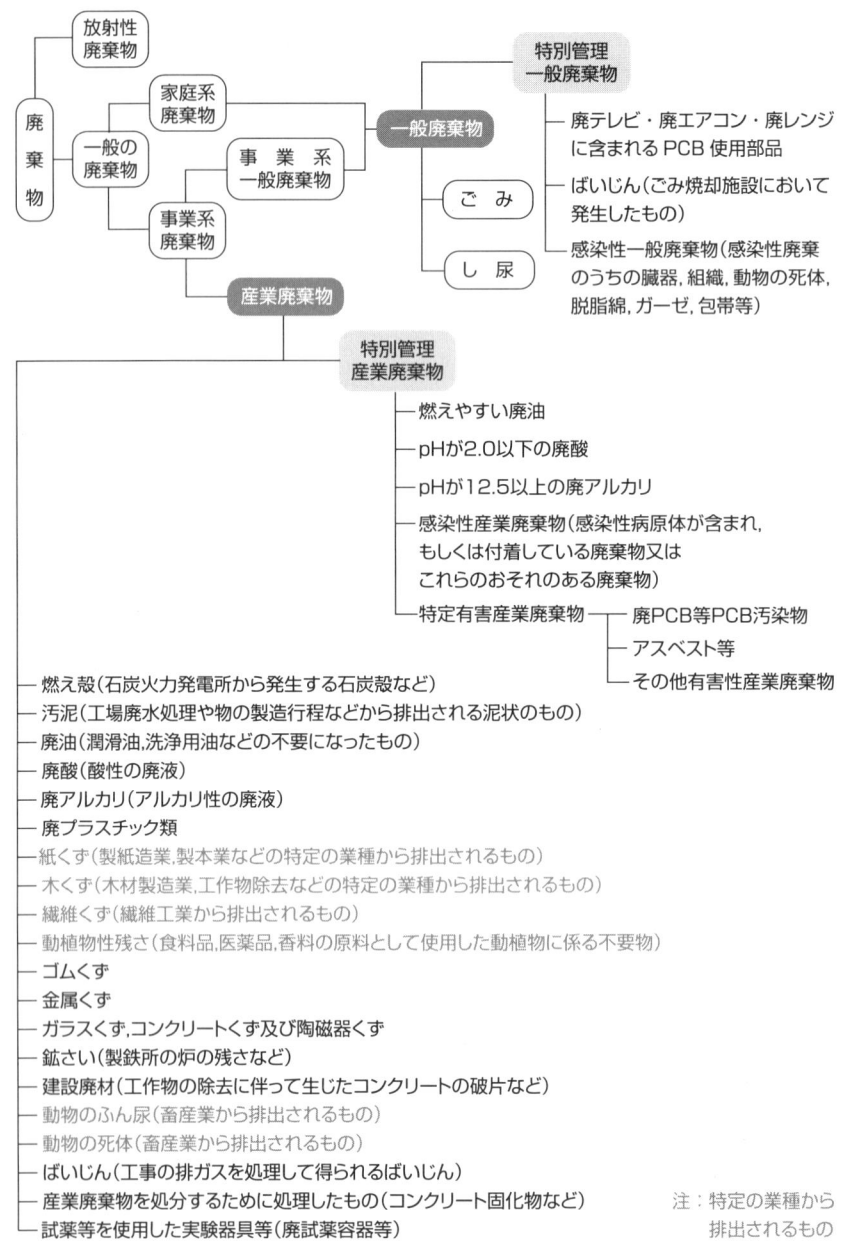

図 2.1　廃棄物の分類

ごみかどうかが変わり，したがって同じごみでもある自治体では可燃ごみ，ある自治体では不燃ごみになったりする．このように自治体の処理システムや目指すごみ処理のあり方によって，ごみの名前は変わるのです．

3. 廃棄物の処理

3.1 3Rと適正処理

　日本の廃棄物処理は日本固有の特徴にあわせて現在のような処理システムがつくられています．その第一の特徴は国土が極めて高度に利用されているということです．二つ目の特徴は日本には天然資源がきわめて少ないことです．主要な資源の大半は海外に依存しています．三つ目は「安全を重要視する」「見栄を重んずる」などの日本社会における価値観です．この最初の二つの特徴から日本の廃棄物処理は，埋立回避型，資源保全型になっています．すなわち発生した廃棄物は資源化をする，資源化できない物は中間処理をして体積を少なくするといった方法を選択しています．中間処理は焼却が中心で，中間処理されたあとの残さについては最終処分の段階で廃棄物の有害性，腐敗性等の特性にあったきめの細かい対応がされています．廃棄物の処理処分に伴う環境保全対策は，日本の第三の特性からここまでしなくてもよいのにと思われるほどの対応がされています．それは幸い経済的な負担能力があったからこそできたのだと思います．

　一方，海外の廃棄物処理に関する情報が良い意味でも悪い意味でも日本の廃棄物処理に影響を与えてきました．事故についてはそれらの経験を参考にして同じような事故を起こさないように対応がされてきました．環境はモラルのようなもので，どこまで安全対策をとるべきかは，そのときその場所によって左右されます．海外で起こる問題なら日本でも起こるのではないか，また海外で対応できるなら日本でも対応すべきではないか，との当然議論があります．

　日本の廃棄物処理は，廃棄物の量の増加，質の多様化，処分場の確保の困難性，不法投棄の顕在化，資源保全の関連から社会的に大きな問題になってきました．1991年の厚生白書では「豊かさのコスト―廃棄物問題を考える」が表紙を飾り，「真の豊かさに向かっての社会システムの再構築」がメインテーマでした．社会の関心を反映して厚生白書がベストセラーになったそうです．新聞やテレビに廃棄物問題が取り上げられない日はないようになりました．

　こうした廃棄物問題に対処するために，① 廃棄物の減量化,再生利用の推進,

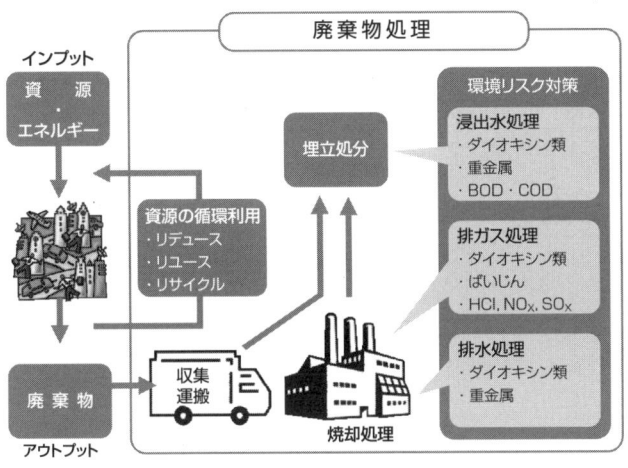

図3.1　3Rと適正処理

② 廃棄物の適正処理の確保，③ 廃棄物処理施設の整備の3点を柱として廃棄物処理法が改正され1991年10月に公布されました．廃棄物処理法の目的はこれまで「廃棄物の適正な処理」であったものが，法改正により「廃棄物の排出抑制と廃棄物の分別，保管，収集，再生，処分等の適正処理」が法の目的として明記されました．これにより，物の製造・流通などの段階で，できる限り廃棄物を発生・排出抑制するとともに，廃棄物となった段階でも再利用などにより減量化を推進することが要請されています．2000年には循環型社会形成推進基本法が制定され，3Rと適正処理，そして環境負荷の低減がわが国の廃棄物処理の基本施策となりました（図3.1）．

2004年6月に米国で開催されたG8サミットで，Reduce（発生抑制），Reuse（再使用），Recycle（再生利用）の"3R"によるグローバルな視点からの循環型社会構築を目指す「3Rイニシアティブ」が日本より提唱され，新たなイニシアティブとして合意されました．これを受けて2005年4月に東京において，各国の環境大臣などが参加する閣僚会議が開催されました．資源保全や環境負荷の低減のための3Rを進めるにあたっては，国際的な取組みが必要です．世界中の資源を使って製品が作られ，それが最後に廃棄物になるので，廃棄

Outline 3 廃棄物の処理

物は資源消費のバロメータでもあります．資源消費，すなわち廃棄物の発生を抑制するためには，人口の抑制，生活様式の見直しなども含めて，世界の人々と協力して取り組む必要があります．とくに，人口の増加やGDPの上昇率は，開発途上国で大きく伸びており，資源保全の問題も，途上国の廃棄物問題との関係で解決していくことが求められています．2008年7月北海道の洞爺湖で行われたG8サミットでは，地球温暖化対策を筆頭に，森林，生物多様性，3Rおよび持続可能な開発のための教育（ESD）といった環境問題に取り組むことの重要性が認識されました．3Rは世界の共通目標となりつつあります．

かつての公害大国が経済大国となったということで，日本は「環境問題を解決しながら経済も成長した国」との評価を世界各国からえており，環境分野，とくに廃棄物マネジメント分野での協力要請が各国から寄せられています．これらの要請に対して，今後わたしたちは体系だった支援を行い，世界レベルでの循環型社会構築に向けた人的，技術的貢献を行いたいものです．

3.2 一般廃棄物の処理の流れと 3R

図3.2は市町村が処理している一般廃棄物がどのように処理されているかを示す全体の処理フローです．発生段階としては，市町村が曜日を決めて収集する一般のごみのほかに，一般家庭から出るごみとして粗大ごみがあります．粗大ごみは毎月第1，第3水曜日などと日を決めて収集する市町村もあれば，電話による申込みによって戸別に収集する市町村もあります．また東京都のように有料で回収・処理する自治体もあります．このほか，街の飲食店から出る残飯や，植木屋が剪定した木の枝のように小さな事業所からでる事業系一般廃棄物を直接自治体の処理施設に持ち込む場合もあります．これらが市町村の処理施設で処理されるごみの総量（計画処理量）で，環境省の一般廃棄物の排出・処理状況調査結果（2006年実績）によれば，全国で約4900万トンとなっています．これは日本国民の一人一日あたりのごみ発生量にすると約1.1 kgとなります．ごみの発生量としてはこのほか自治体が収集対象にしていない地域で処理されている「自家処理」があります．自家処理は14万トンとわずかです．

市町村が回収したごみをそのまま埋立処理するとあっという間に埋立処分場

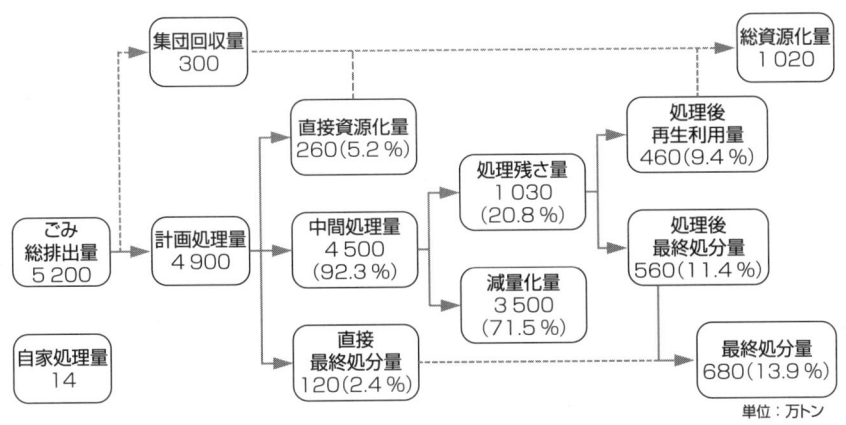

図 3.2　一般廃棄物の発生量と処理の流れ（2006 年度実績，環境省調査）

が満杯になってしまうので，いろいろな施設を設けてできるだけ埋立処分量を減らそうとしています．そのための施設が「中間処理施設」で，焼却施設，粗大ごみ破砕処理施設，廃プラスチック類の分別施設，高速堆肥化施設のような資源化施設があります．そこであるものは資源として回収され，あるものは焼却されて減量されるのです．

　2006 年度実績ではごみとして処理される 4 900 万トンのうち 78 % が焼却処理され重さで約 7 分の 1，かさで 10 分の 1 から 20 分の 1 に減量されてから埋め立てられました．その他，焼却以外の中間処理をされるものが 14 %，直接資源化されるものが 5.2 %，残る 2.4 % が直接埋め立てられています．粗大ごみ処理施設や高速堆肥化施設は施設数も少なく，処理されているごみの量は全体からみるとわずかです．

　このほかに，いらなくなったものをごみとして出す代わりに地域の自治会などにより有価物として回収されるごみがあります．いわゆる集団回収というものですが，ここで集められる不用品には新聞雑誌などの古紙をはじめ，布類，金属缶類，ガラスびん類などいろいろなものがあり，量的にもかなりの量，約 300 万トンが回収されています．これらは，個人的には不用となって身の回りから排除したものなので「ごみ」ですが，それは資源として売れるあるいはそうでなくても再利用されるわけだから立派な「商品」でもあります．だからこ

Outline 3 廃棄物の処理

れはごみであってごみでない半端な品物なので先の4900万トンの中には入っていません．全体で4900万トン，一人一日1.1 kgというごみの量は，集団回収によるリサイクル活動を一生懸命やって，それでも自治体が回収したり処理施設で処理しなければならないごみなのです．

わが国のごみのリサイクル率は，集団回収という独自のシステムのおかげもあり，世界的にみても高水準であるといえます．次に求められるのが，ごみのさらなる発生抑制（Reduce）と再使用（Reuse）です．使えるものはずっと使う，繰り返し使うなどの「もったいない精神」を私たちの生活にもう一度根づかせることが大切です．

3.3 産業廃棄物の処理の流れと3R

図3.3は産業廃棄物の排出量と処理のフローです．産業廃棄物は事業者自身または処理を委託された産業廃棄物処理業者が，産業廃棄物の運搬，処理・処分を行うことになっていますが，それらについては，政令が定める収集・運搬，処分の基準に従って行わなければならないことになっています．日本全国では，産業廃棄物は2005年度実績で年間4億2000万トン排出されています．これは，一般廃棄物の約8倍です．そのうち，中間処理されたものは約3億1800万ト

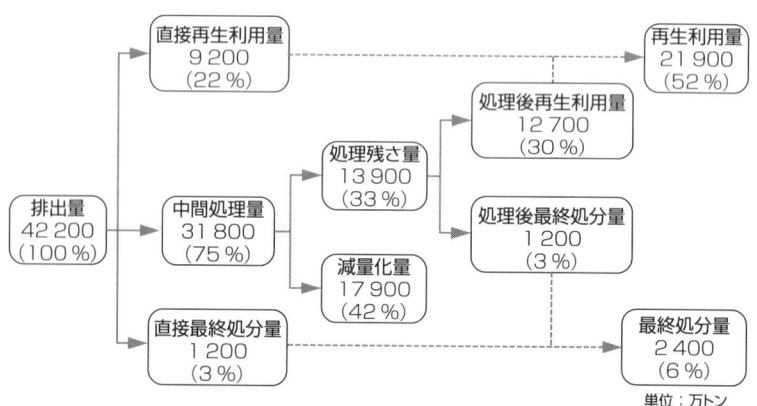

図3.3 産業廃棄物の発生量と処理の流れ（2005年度実績，環境省調査）

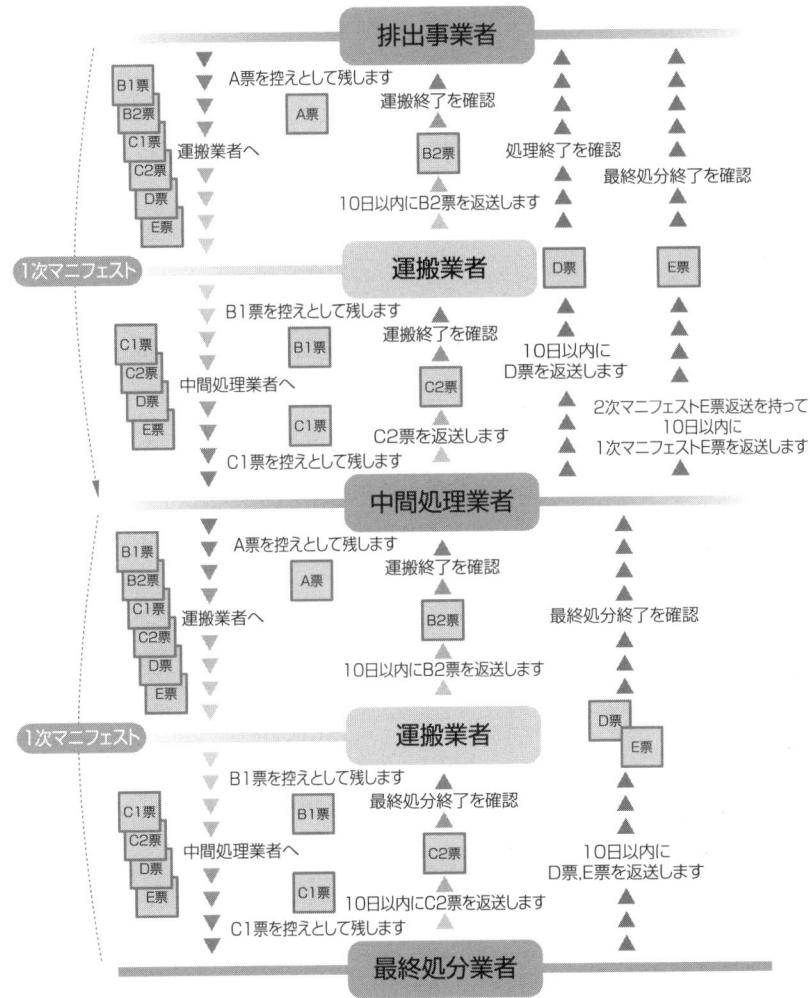

図 3.4 マニフェストの流れ
[(社) 全国産業廃棄物連合会]

ン（全体の 75 %），直接再生利用されたものは約 9 200 万トン（同 22 %），直接最終処分されたものは約 1 200 万トン（同 3 %）でした．中間処理された産業廃棄物については，約 1 億 7 900 万トン分が減量化され，約 1 億 2 700 万トンが再生利用され，約 1 200 万トンが最終処分されました．全体としては，排

Outline 3 廃棄物の処理

出された産業廃棄物全体の52％にあたる約2億1900万トンが再生利用され，6％にあたる約2400万トンが最終処分されています．

　産業廃棄物は，一部の排出事業者や産廃処理業者による不法投棄が問題となっています．ひとたび不法投棄が起これば，それによる環境汚染やその処理に莫大な費用，場合によっては税金が投入され，その社会コストは大変大きなものとなります．そのため，不法投棄を防止するためのマニフェスト制度が導入されています．マニフェスト制度とは，排出事業者が産業廃棄物の処理を委託する際に，マニフェスト（管理票）に，産業廃棄物の名称，数量，運搬業者名，処分業者名などを記入し，産業廃棄物の流れを自ら把握・管理するしくみです．マニフェストは産業廃棄物とともに収集・運搬業者から処分業者に送付され，中間処理および最終処分の終了に伴い排出事業者に戻ってきます．それにより，排出事業者は委託した廃棄物が最終処分まで適正に処理されたことを確認でき，不適正な処理による環境汚染や社会問題となっている不法投棄を未然に防止できます．マニフェストの流れを図3.4に示します．

4. 分　別（ぶんべつ）

4.1 分別の目的

　冷蔵庫で水を冷やす．やかんで熱いお湯を沸かす．それぞれエネルギーを使った付加価値の高い水ではあるが，両者を混ぜるとただの水になってしまいます．混ぜることが価値を下げる効果をもたらすし，もとの努力（使ったエネルギー）をだいなしにするのです．ごみも新聞・雑誌を分ければ資源として引き取ってくれますが，他のごみと混ぜればただのごみです．

　自治体はごみの分別排出を住民にお願いしています．可燃物，不燃物，資源ごみ，有害ごみなどといろいろ名前がつけられて，それらを分けて保管し，それぞれ決められた日に排出することになっています．自治体によって違いがあるのは，それぞれの自治体がごみを収集した後処理する方法が違うからです．可燃ごみについては，混合ごみを対象にした焼却の場合なら特に分別する必要はありません．しかし焼却施設が可燃物のみを焼却するように設計されていれば，ごみのカロリーを一定に保つために可燃物とそうでないものとに分ける必要があります．このようにごみ分別の目的の一つは，処理に都合が良いようにごみ質をコントロールするためです．

　二つ目の目的は，資源になるものを回収するためです．資源ごみについては，ほとんどの自治体で紙（新聞紙，雑誌類），ガラスびん類，金属缶類などを分別して排出するようにお願いしています．「混ぜればごみ，分ければ資源」という標語にもあるように発生源でごみを分別して出せば有価物となり，ごみを資源に変換することができるのです．ところがこれらの資源化物も一緒に出されればただのごみになります．混合ごみからそれぞれをまた選別するためにはエネルギーや費用も必要となり，ごみからの物質回収は経済的に引き合いにくくなってしまうからです．

　分別排出にはまた別の目的もあります．自治体の処理方法では適正な処理ができないために，ごみの中から，処理に都合が悪いものを取り除くために分別する場合です．焼却処理によって大気汚染をより悪化させるのではという疑い，あるいは焼却によって高温のため炉が痛むのではないかという心配からプラ

Outline 4 分　　別

チックを焼却不適物として，取り扱う例です．東京都区部では長い間，プラスチックごみを不燃物として回収し，埋め立てていました．しかし2004年に東京都廃棄物審議会は，炉の運転技術や排出ガスの処理技術の向上，そして埋立処分場が将来不足するとの予測から，プラスチックごみを「焼却不適ごみ」から「埋立て不適ごみ」に方向転換し，物質回収やエネルギー回収をするように注文をつけました．

　ほかに一緒に処理するとよくないものとして乾電池ごみを分けている自治体があります．有害ごみとして特別の処理をしているのは，ごみの中の乾電池の量が毎年着実に増えて乾電池の中にある水銀など有害金属が焼却により煙突から大気に拡散して，環境や一般の住民の健康に悪い影響をもたらすのではないかと心配されていたからです．しかし現在では廃棄物処理サイドからの要請を受けて，製造事業者が技術開発し，水銀含有量ゼロの乾電池が出回るようになってきました．

　それにしても分別には時間や労力（費用）を必要とします．分別することによって達成する目標，理由を十分理解していないとその分別への協力程度に大きな差がでてしまいます．

　家庭にもいろいろの都合があるとみえて排出時に，家庭で完全に分別するのは難しいようです．乾電池を分別している自治体の報告によれば，せいぜい5〜10％ぐらいの分別率であって残りは，不燃物あるいは可燃物の中に入って埋め立てあるいは焼却処理されているそうです．分別の効果をその目的に照らして評価する必要があります．

　乾電池や紙オムツも廃棄物の中にわずかしかないときは問題ありませんが，その割合がだんだん増えるとそれまでの自治体の処理では対応ができなくなり分別を求めることになります．

4.2　どのような分別があるのか

　分別の種類は，ごみをどう処理するか，何の目的で分別するかで変わってきます．ビン・カンなどの資源ごみは，混合収集したあとに選別施設でより細かく分けるのであればすべて一緒に回収できるし，そうした施設が無い場合は収

集ステーションに市民が出すときに種類別に分けることになります．また，資源ごみを買い取る業者がどのような分別を求めるかによってもその種類は左右されます．そのため資源ごみの分別は自治体によって数種類から20種類以上とずいぶん開きがあります．

　資源ごみを別にすると，今のわが国のごみ分別で自治体による差が大きいのがプラスチックごみの扱いです．プラスチックごみには容器包装プラスチックと，それ以外のプラスチックがあります．容器包装プラスチックは容器包装リサイクル法に基づき，分別回収を自治体が行う場合には，市町村は分別排出を住民にお願いし，回収した容器包装プラスチックを日本容器包装リサイクル協会に引き渡し事業者責任によってリサイクルを委託します．なお，同じプラスチックでもペットボトルについては近年値段が上がり，資源として業者に売却されるケースが増えてきました．図4.1にペットボトル以外の容器包装プラスチックの分別収集を行っている市町村がどれくらいあるかを示します．色のついている部分が分別収集を行っている市町村で，2000年度には全体の約3割だったのが，2006年度には約7割にまで増えています．そのうち黒い部分が容器包装リサイクル協会にリサイクルを委託していない市町村です．これは高炉で燃やされ鉄鉱石の還元剤等として使われている（ケミカルリサイクル）分で，直接業者に引き取ってもらっています．

4.3 それぞれの分別方法の利点・欠点

　前述のとおり，分別の数は自治体によって数種類から20種類以上と幅があります．分別の数が増えれば，リサイクル率がある程度高くなるというメリットがありますが，同じ場所に何回も収集に行く必要があり，コスト増につながるというデメリットもあります．また，リサイクル残さの問題もあります．分別回収したごみのうち，リサイクルできない残りかす（残さ）は，結局焼却するか埋め立てるしかありません．例えば容器包装プラスチックは，マテリアル利用をする場合に約50％が残さになるという報告もあります．リサイクルのために分別を行うことも大切ですが，分別したごみが，どのようにリサイクルされているのか，そしてリサイクル残さはどの程度発生し，どのように処理さ

Outline 4 分　　別

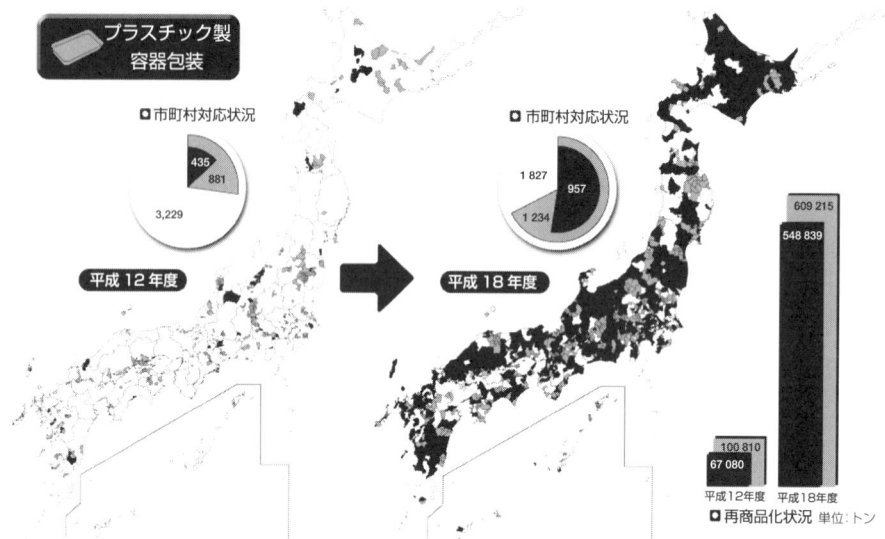

灰色：分別収集を行った市町村　　黒：そのうち協会に引き取りを委託しなかった市町村

図4.1　容器包装プラスチック（その他プラ）の分別収集実施市町村の割合
[(財) 日本容器包装リサイクル協会]

れているのかというところまで考える必要があります．

　そして，ごみの減量，リサイクルを一層進めるための手法の一つとして，家庭ごみの有料化があります．ごみを有料化することで，市民がごみを減らす努力をしたり，これまでごみに混ぜていた資源をきちんと分別したりすることが期待されます．また，ごみをたくさん排出した人がたくさん費用を負担することになるので，より公平な費用負担が実現できると考えられています．

　分別手法にも利点・欠点があり，そうしたことをふまえて，それぞれの自治体にあった分別スタイルを模索する必要があるでしょう．

5. 収集・運搬

5.1 収集・運搬（車両輸送，船舶輸送など）

　ごみ収集といえばパッカー車（車の後ろからごみを投入すると機械力で中にどんどん押し込んで行くおなじみの車：機械式ごみ収集車）があたりまえになっていますが，世界的にみるとこのようなシステムが確立しているのは日本など先進国のごく一部だけです．

　20年前に訪れたエジプトの大都市では，行政，個人，民間の三つの方法でごみの収集が行われていました．個人収集者は中級や高級住宅街のごみ収集を行っており，また民間企業と契約している地区も多くありました．それも全域を収集するわけではなく，収集に行かない地区では家庭のごみは道路やコンテナに捨てられ，市は道路清掃として家庭ごみを収集していました．

　日本では収集車が決められた場所，日時に集めに来るまでプラスチック袋やなんらかの容器にごみを保管して，悪臭が周辺に発散しないようにしています．保管からごみ処理が始まっているといってもよいでしょう．決まった場所・時間にごみを出しておくとパッカー車が定期的に集めに来ます．今のところ，これがいちばん効率が良い方法であるということで，自治体が指定するプラスチック袋等に入ったごみを人手で持ち上げてパッカー車に積み込むという作業をどこでもやっています．月に人が行くという時代にも関わらず，「きつい」「きたない」「危険だ」（いわゆる3K）といわれながら，ごみ収集だけは人手を離れることがありません．これが日本の，いや世界のごみ収集のノウハウといえます．

　ところで，環境に配慮した新しい車両も登場してきています．例えば天然ガスなどを利用する低公害ごみ収集車です．こうした低公害ごみ収集車の導入によって，ディーゼル車で問題となっていた粒子状物質やNO_xおよび臭気の発生を大きく削減することができます．また最近では，生ごみをバイオガス化してごみ収集車に使用する例や，廃食用油から得られたBDF（バイオディーゼル・フューエル）をごみ収集車の燃料として使用する例もあります．

Outline 5 収集・運搬

5.2 ごみ・産業廃棄物の収集技術

　一般廃棄物の収集・運搬の体系を，図5.1に示します．収集・運搬機材としての重要な要素には，収集・運搬車両，積込み作業の自動化，中継輸送，そして鉄道輸送などがあげられます．

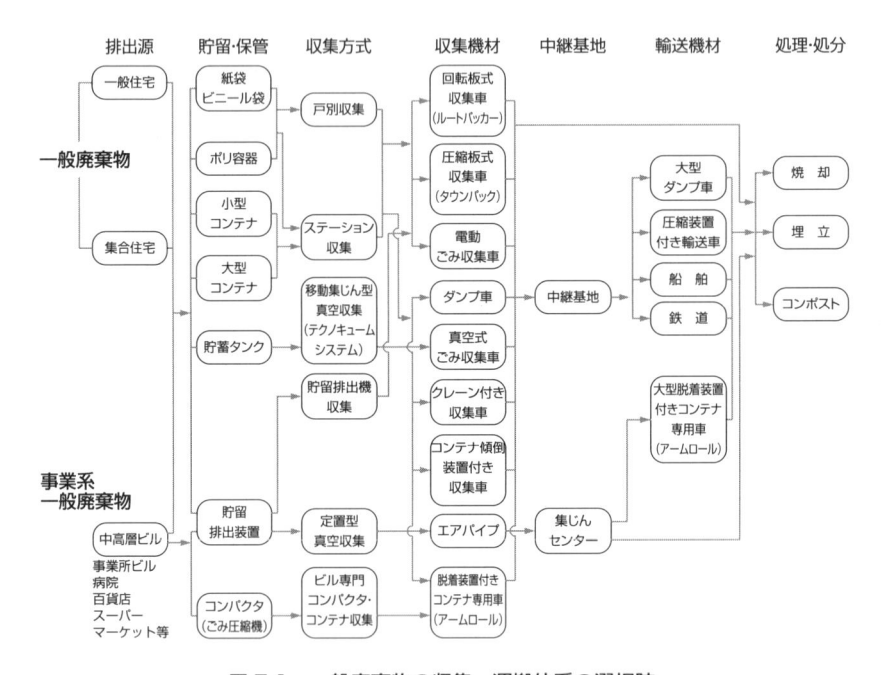

図5.1　一般廃棄物の収集・運搬体系の選択肢

　収集・運搬車両の選択は，収集・運搬効率に大きく影響します．一般に，大型車両ほど効率は高くなります．車種の面からみると，現在主流となっているごみを圧縮することのできるパッカー車は，積載時にごみの減容化をはかることができるので，ダンプ車に比べて積載量が多くなり効果的となります．

　また，資源ごみの分別収集に対応して，再生資源を種類別に積み込むことのできる再生資源収集車，空き缶を走行中に分別・プレスする空き缶分別収集車など，さまざまな車両が開発されています．

前節で述べたように，ごみの積込みは，ほとんどの自治体で手作業によってなされており，これが作業員の腰痛が多くなる主な原因と考えられます．こうした積込み作業の自動化の手法としては，コンテナ収集方式と大容量の自動排出装置付きの貯留施設の利用が挙げられます．

コンテナ収集方式とは，ごみ排出場所に数世帯分のごみを貯留できるコンテナを設置し，このコンテナを傾倒できる機械式ごみ収集車によってごみの積込みを自動化する方式です．この方式は欧米では普及しているものの，日本の場合は集合住宅地域，商店街など，導入は限られています．

大容量の自動排出装置付きの貯留施設とは，大規模建築物であるオフィスビル，大型商業施設，病院および集合住宅などに設置し，ごみの貯留を衛生的に行い，貯留されたごみを機械式ごみ収集車に短時間で自動的に積み込むという方式で，効率は非常に優れています．このため，東京都，大阪市をはじめ大都市を中心に広く設置基準を設け，行政指導がなされています．

また，都市ごみの収集・運搬で焼却施設や最終処分場の立地難から，搬入先が遠いところでは，中継基地を設け，収集作業の効率化をはかることができます．この中継基地は，大型圧縮機でごみをコンテナに圧縮・詰込みし，大型のコンテナ運搬車で輸送するコンパクタ・コンテナ方式が主流となっています．中継施設で大型車両に積み替えることにより，1台あたりの輸送効率が向上し，交通量の緩和などがはかれるメリットもあります．今後，ごみ広域化政策の中で，導入・検討されるケースが増えるものと思われます．

技術は，ハード面での開発が進んでいるものの，作業効率などのソフト面で

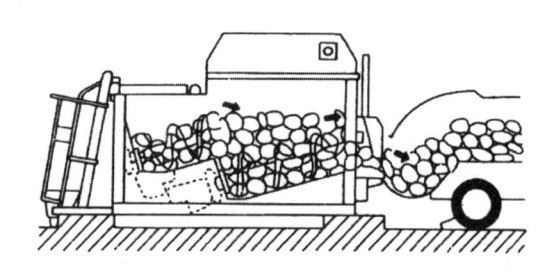

図 5.2 貯留排出機と機械式収集車によるごみ貯留・排出フロー
[廃棄物処理・再資源化技術ハンドブック編集委員会編：
廃棄物処理・再資源化技術ハンドブック，建設産業調査会，p246,1993]

Outline 5 　収集・運搬

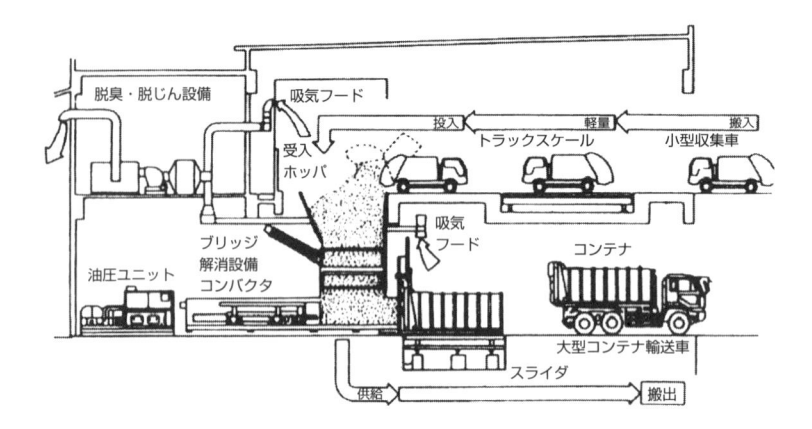

図 5.3　コンパクタ・コンテナ方式による中継施設概念図
［廃棄物学会編：廃棄物ハンドブック，オーム社，p125,1996］

　の情報の蓄積が十分なされているとはいい難い部分があります．こうした機材の導入にあたっては，作業時間などを測定し（タイム アンド モーション・スタディ），具体的データに基づいて作業効率を十分に検討する必要があります．
　次に鉄道輸送ですが，この方法は大量，長距離の運搬に適しています．欧米では大規模に利用されており，日本では川崎市が導入しています．鉄道輸送の導入により，交通事情の悪化に伴う運搬効率の低下，車の排気ガスによる大気汚染の問題が大きく改善することが期待されます．しかし，引込み線や積込み，積降し駅などにおけるコンテナヤード，廃棄物専用のコンテナや貨車などが必要となり，これらの整備に多額の費用がかかるものと考えられます．今後，ますます再生資源の大量，長距離の輸送が増大することが予想され，鉄道輸送は環境低負荷型，低コストの有力な輸送手段の一つとして注目されるでしょう．
　また，産業廃棄物の収集・運搬に用いられている主な車両には，ダンプ車や脱着装置付きコンテナ専用車があります．その他にも，液状の産業廃棄物などの収集・運搬にはタンクローリや真空式ごみ収集車が，感染性廃棄物の収集・運搬には保冷車なども用いられています．最近の規制緩和の結果，車両総重量が20トンを超える車両や積載量の多いトレーラ式ダンプ車なども使用されるようになってきました．

今後も産業廃棄物の収集・運搬の主流として車両が用いられると思われますが，車両から排出される排気ガスによる大気汚染や地球温暖化への対応や昨今の原油高もあり，前述した鉄道輸送などを利用した，より環境負荷を低減できる産業廃棄物の輸送システムについても検討することが望まれます．

5.3 管路（パイプライン）輸送方式

管路（パイプライン）輸送方式には，真空吸引方式，空気圧送方式，スラリ輸送方式，液体圧送方式があります．この方式は，ごみ袋やごみ収集車が不要となるだけでなく収集に人手がかからない，また，天候の影響も受けにくい低公害の収集・運搬システムといわれていました．しかしながら，設備費や維持管理費が高額であり，固定されたパイプラインにより収集などの柔軟性が乏しいといった問題が指摘されています．また，当時は現在のようなごみの減量化や分別収集，有料化への対処を想定していなかったため，管路による収集量は年々減少しています．

1970年代から国庫補助のモデル事業として管路収集の導入が行われ，南港ポートタウン（1977），芦屋浜シーサイドタウン（1979）などが，また国庫補助を受けない単独事業としては，りんくうタウン（1996〜2002廃止），幕張新都心住宅地区（1995）などの事業が進められました．

しかし，維持管理費とごみ収集車による収集を比較し，同じ量のごみを集める場合に管路収集の方が数倍の維持管理費がかかっている場合もあり，上記のように廃止や廃止に向けての検討も進んでいるのが実情です．今後，廃止後の施設の処分などにも多額の費用が予想され，設置者の大きな課題となってくることが予想されます．

6. 焼 却

6.1 炉のタイプ

　日本では一般廃棄物としての処理事業は市町村で実施され，主に焼却処理の方法が採用されています．焼却処理のメリットとしては，① 減量・減容化効果が高い，② 無機化による有機性水質汚染防止，悪臭防止，衛生害虫発生防止などの効果が高い，③ 焼却による病原菌などの滅菌効果が高い，④ 処理システムがシンプルで事業効率が高い，などがあげられます．

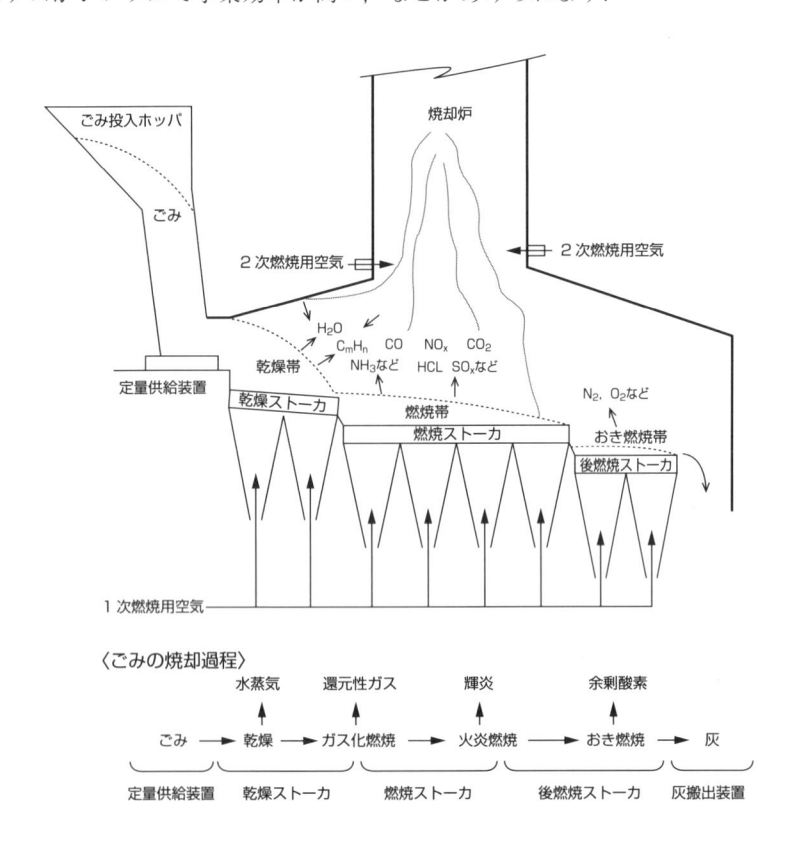

図6.1　ストーカ式燃焼炉の燃焼概念図
[田中信壽 編著，"リサイクル・適正処分のための廃棄物工学の基礎知識"]

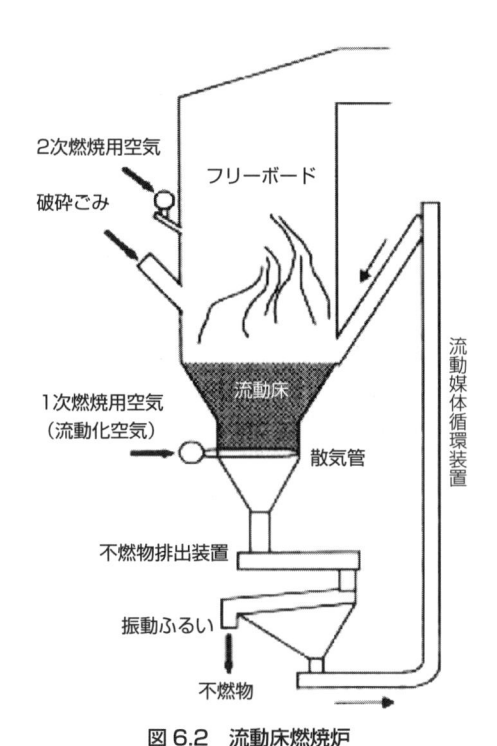

Outline 6

図 6.2　流動床燃焼炉
[田中信壽 編著，"リサイクル・適正処分のための廃棄物工学の基礎知識"]

　焼却することによって，ごみの中の腐敗性物質（有機物）は大部分が水と二酸化炭素になって大気中に放散され，あとには腐る心配のない灰だけが残ります．腐らないから衛生的であるうえに，もとの生ごみと比べると重さで10分の1，かさで20分の1に減量できます．生ごみを直接埋め立てる場合に比べて埋立処分場を10倍から20倍も有効に利用することができる計算になります．

　現在，一般廃棄物の排出量が年間約5 000万トンであり，その内，焼却処理量が約80％を占めています．一方，米国では焼却処理されるのは約1割と少なく，ほとんどは直接埋め立てられています．焼却処理はわが国のごみ処理の主力となっており，焼却する技術は日本が最もすすんでいます．

　焼却処理施設には一日に数トンしか燃やさない小規模な施設から，一日最大1 800トンが処理できる大規模な施設まで千差万別です．運転形態で分けると

Outline 6　廃棄物の発生

一日8時間しか運転しない「バッチ炉」，16時間運転する「准連続炉」，24時間運転する「全連続炉」の3タイプがあります．また，炉の形式で分けると，金属製の格子の上にごみを乗せ，格子の下から空気を送ることによりごみを燃やす「ストーカ炉」，高温の砂の層に空気を吹き込んでおどらせ，その中にごみを投入して燃やす「流動床炉」，ゆっくり回転する円筒状の炉の中でごみを燃やす「回転式燃焼炉」と大きく三つのタイプに分けられます．

バッチ炉は一般に一日50トン程度以下の処理能力の小規模な施設が多くあります．日本人のごみの排出量が一人一日あたり約1kgと考えると，人口5万人の都市では一日50トンのごみが出ることになりますが，この程度の都市規模であれば，バッチ炉で十分ということになります．平成11年に全国には約3200の市町村がありましたが，市町村合併などにより，現在は1800程度まで減少しています．市町村合併以前は，小規模なごみ処理施設であるバッチ炉が半数を占めていましたが，現在ではごみ処理の広域化等もあり，全国に約1300ヶ所あるごみ焼却施設のうちバッチ炉の割合は約3割程度まで減少しています．これに対し，一日150トンから200トン処理する必要のある施設では，24時間運転する全連続炉とする場合が多くなります．こうすることにより，炉や送風機は8時間運転の施設に比べて3分の1の規模で済むことになります．

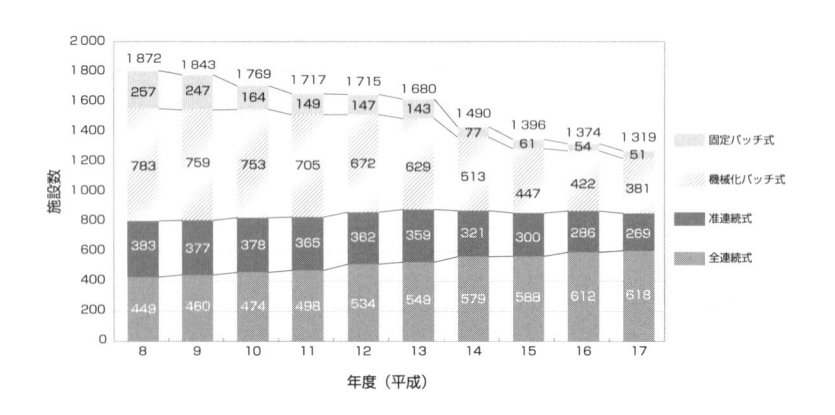

図6.3　ごみ焼却施設の炉型施設別施設数の推移
[環境省HP，日本の廃棄物処理]

しかし，運転に要する職員は8時間ずつの交替勤務として3班必要で，日曜や祝日も休まず運転する施設では職員の休みも考慮しなければならないので4班分の職員が必要となります．一方，連続して燃やすということは一日中炉の温度が高いということであり，安定した余熱利用が可能となります．最近建設される一日300トン以上の施設は，ほとんどがボイラーを設置して発電を行っており，さらにあまった熱を利用して温水プールやクアハウスなどを併設して住民サービスに努めている施設も多くあります．平成17年度末には，全1319施設中，ごみ発電の施設数が286ヶ所に達しました．

6.2 ダイオキシン類対策

　ごみを焼却すると燃焼排ガスが発生しますが，ごみの中にはいろいろなものが含まれているだけに燃焼排ガス中にも塩化水素などの有害なガスが含まれています．したがって，ごみ焼却施設は大気汚染防止法の特定施設に指定されており，ばいじん，硫黄酸化物，窒素酸化物，塩化水素の4物質について排出基準が定められています．

　焼却炉におけるダイオキシン類削減技術，および排ガス処理技術は90年代に急速に発展し，そのためのガイドラインもできています．また，ダイオキシン類を含むばいじんなどの処理についてもさまざまなものがあります．以下に廃棄物処理施設におけるダイオキシン類対応の技術について紹介します．

(1) 焼却プロセスにおけるダイオキシン類低減化技術

　焼却処理施設における基本的なダイオキシン対策は以下の3点です．

① 焼却炉での完全燃焼

ダイオキシン類は3Tの原則（temperature：高い燃焼温度，time：高温での十分な滞留時間，turbulence：未燃ガスと空気との良好な乱流混合攪拌燃焼）を実施することで熱分解することができます．3Tについての基準は，新・ダイオキシン類発生防止等ガイドライン，大気汚染防止法，そして廃棄物処理法の政省令で燃焼温度800℃以上，2秒以上の滞留，CO濃度ピーク値100 ppm以下と示されています．ダイオ

Outline 6　廃棄物の発生

キシン類は焼却開始と終了時の炉内温度の低いときに多く生成されるので，800℃以上の高温状態を長く保つ必要があります．そのため，24時間の連続運転がダイオキシン類低減には有効です．
② 排ガス処理では，ダイオキシン類の再合成を抑制と徹底除去

飛灰の中の銅，亜鉛，鉄などの重金属が触媒となって，炭素からダイオキシン類が300℃程度の温度域で生成される現象をデノボ合成といいます．デノボ合成は廃熱ボイラ，空気予熱器，電気集じん機などで起こるとされています．よって，排ガス処理には電気集じん機でなくバグフィルタを用い，入り口温度を200℃以下にすることで，ダイオキシン類の再合成を抑制，ダイオキシン類の除去を徹底します．
③ 活性炭によりダイオキシン類を吸着する

活性炭による吸着は，バグフィルタの前で排ガス中に粉末の活性炭を吹き込む方法と，バグフィルタの後に活性炭の吸着塔を設置する方法の2方式があります．通常は前記の ① と ② の低減技術で法規制値の0.1 ng-TEQ／m^3N）をクリアできますが，炉の運転になんらかの問題が起きたときや，目標値が非常に厳しい場合に有効です．

(2) 焼却灰・ばいじん中のダイオキシン類に対する対応

焼却によって生じる焼却灰やばいじんに多くのダイオキシン類が含まれる場合には，3 ng-TEQ／gという基準をクリアできない場合があります．その場合は，セメント固化，薬剤添加または酸その他の溶媒抽出によって処理する方法があります．また，灰溶融炉で焼却灰とばいじんを約1 200〜1 600℃で溶融してスラグ化する方法や，ガス化溶融炉によってごみを直接スラグにする方法もあります．

6.3 エネルギー利用

最近のガス化溶融炉は廃棄物のエネルギーを有効に利用し，焼却灰を溶融して高効率発電を行います．従来のストーカ式や流動床式の焼却炉と比較すると以下のような特徴があります．

Outline 6

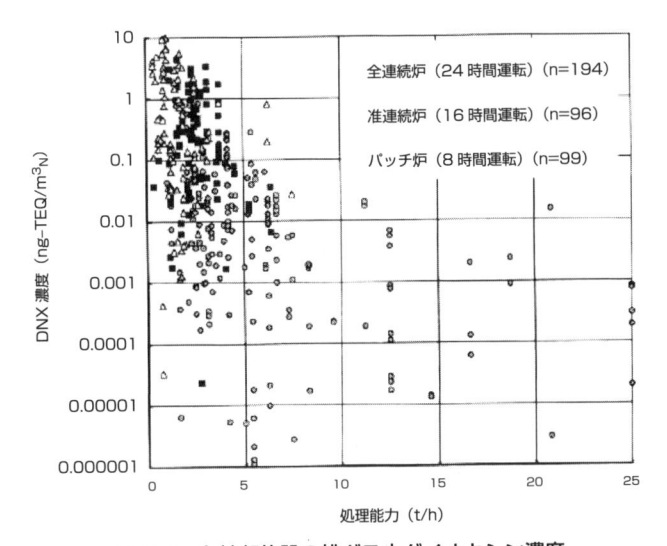

図6.4 各焼却施設の排ガス中ダイオキシン濃度
[田中信壽 編著,"リサイクル・適正処分のための廃棄物工学の基礎知識"]

（1）熱分解の段階で金属を取り出せる方式の場合，希薄な酸素条件下で熱分解が行われるため，未酸化の価値の高い金属を回収することができる．

（2）ごみのもつエネルギーを有効に利用して溶融スラグ化することが可能であり，スラグを土木建築資材として有効利用をはかることにより最終処分場への埋立量を大幅に低減できる．

（3）燃焼に必要な空気が少なくて済むことから，排ガス量が少なく，エネルギーの回収（ごみのもつエネルギーをボイラーなどで回収し，発電や冷暖房に有効利用）効率に優れている．

（4）高温で完全燃焼することにより，ダイオキシン類の生成が抑制される．

廃棄物焼却施設より発生するダイオキシン類についての関心が高まって，廃棄物処理法などで廃棄物焼却施設の構造基準および維持管理基準が強化されました．平成12年1月15日に「ダイオキシン類対策特別措置法」が施行されて以来，廃棄物ガス化溶融システムが増加しました．すなわち，ごみのエネルギーを最大限に活用するとともに，ダイオキシン類の発生を抑制する廃棄物の焼却システムがとり入れられたのです．

Outline 6　廃棄物の発生

　また各地のごみ焼却施設では，排出基準を守るために各種の公害防止設備を設置して環境への影響を少なくする努力が行われています．特に規模の大きな施設，市街地に立地する施設においては環境や住民に配慮して大気汚染防止法の排出基準をはるかに下回る非常に厳しい自己基準を設けて運転している施設が多いのが現状です．

表 6.1　ごみ焼却施設の余熱利用状況

区分 年度	余熱利用あり	温水利用		蒸気利用		発電		その他	余熱利用無し
		場内温水	場外温水	場内蒸気	場外蒸気	場内発電	場外発電		
10年度	1 114	1 035		218		201		108	655
11年度	1 103	1 028		225		215		97	614
12年度	1 111	1 034		228		233		92	604
13年度	1 090	1 022		234		236		83	590
14年度	1 035	966		244		263		85	455
15年度	995	923		244		271		79	401
16年度	992	907	279	227	96	281	171	81	382
17年度	904	839	272	230	102	285	178	62	415
(民間)	109	19	3	51	7	29	13	23	195

注)・(民間)以外は市町村・事務組合が設置した施設で，当該年度に着工した施設及び休止施設を含み，廃止施設を除く．
　・重複解答のため施設数の合計と一致しない．

[環境省HP，日本の廃棄物処理]

7. 埋立て

7.1 埋立ての寿命は

　一般廃棄物からは，有害ではないがそのまま放流すると地下水や周辺の河川水を汚染するおそれのある有機性の汚水が発生する可能性があり，一般廃棄物を埋め立てる処分場は，水を通しにくい粘土や，ゴムまたは合成樹脂のシートを敷き詰め，ごみから出た汚水が地下に浸透しないようになっています．敷き詰めたシートのつなぎ目は溶接や接着によって完全につながっているので，処分場全体が大きなお椀のような状態になっています．自治体が設置している処分場はすべてこのような構造にしなければなりません．図7.1は，一般廃棄物を最終処分する管理型最終処分場の構造です．

　雨が降れば，雨水はごみの層を通って汚水となって出てきます．そのままではいずれ処分場から溢れてしまうので，あらかじめ下水管のように汚水を集める構造になっています．集めた汚水は浸出液処理設備にポンプで輸送して，そこで処理してきれいな水にしてから河川などに放流します．

　浸出液処理設備が下水道やし尿処理施設と違うところは，汚水の性質が経年的に変化することです．ごみを埋め立てた当初はごみの中のバクテリアによってごみが盛んに分解されるので，出てくる汚水も主として微生物によって分

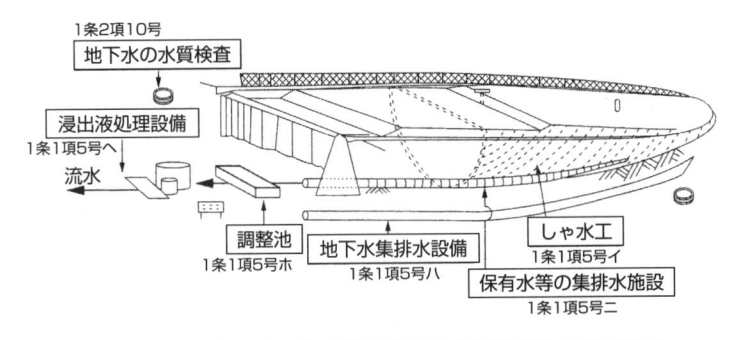

図中の条項は「一般廃棄物の最終処分場及び産業廃棄物の最終処分場に係る技術上の基準を定める省令」

図 7.1　管理型最終処分場

Outline 7　埋　立　て

表 7.1　一般廃棄物最終処分場の施設数と残余年数の推移 注)

区分 年度(平成)	最終処分場数					埋立面積 (千m²)	全体容量 (千m³)	残余容量 (千m³)	残余年数 (年)
	山間	海面	水面	平地	計				
9	1 620	33	24	589	2 266	52 943	492 341	172 047	11.7
10	1 546	32	21	529	2 128	51 987	493 501	178 393	12.8
11	1 503	30	19	513	2 065	51 508	501 168	172 088	12.9
12	1 520	30	18	509	2 077	49 633	471 719	164 937	12.8
13	1 504	29	17	509	2 059	49 096	468 702	160 347	13.2
14	1 499	28	19	501	2 047	48 609	469 400	152 503	13.8
15	1 491	27	17	504	2 039	48 695	471 943	144 816	14.0
16	1 464	25	16	504	2 009	47 554	449 493	138 259	14.0
17	1,343	24	15	465	1 847	45 666	449 611	133 022	14.8
18	1 346	25	13	469	1 853	45 972	457 217	130 359	15.6

注)　平成 17 年度において航空測量等により修正された残余容量のうち、増量分 (7 737 千 m³) を平成
　　16 年度以前のデータに上乗せし、各年度の残余容量及び残余年数を算出した. そのため、平成 16 年
　　度発表数値と異なる.

[環境省 HP, 日本の廃棄物処理 (平成 18 年度)]

　解し易い有機物を含んでいます. そのため浸出液の処理も生物処理が中心になります. しかし, バクテリアによるごみの分解が一段落すると, 浸出液中には生物によっては分解しにくい有機物や無機物が増えてきます. そうなると生物処理では対応できなくて物理化学的処理に変えます. ある時点では両方で処理し, ある時点では生物処理はまったくむだになります. いつどのように切り換えるかが難しい点です. このような汚水は処分場が満杯になった後も何年も出てくるので, 処分場が埋立地としての役割を終えた後も浸出液処理設備を適正に維持管理していかなければなりません.

　また, ごみを埋め立てる場合には, カラスや鼠の餌となったり, 悪臭が拡散したりしないように, ごみを 3 m 埋めたら 50 cm の厚さに土をかぶせます. 生ごみが動物の餌になると, それが動物によって運ばれ, 感染源となるおそれがあり, 公衆衛生上の理由からです. 何年もかけて, 膨大な費用を使って建設した処分場なのに, この覆土のために処分場の寿命を短くしているということもいえます. 日本では, 今や生ごみを埋め立てることもなくなり, 焼却灰や不燃ごみが中心になり覆土も今までのような役割とは変ってきました. 表 7.1 は, 一般廃棄物の管理型最終処分場の施設数と残余年数の推移を示します.

　図 7.2 は全国の埋立処分場に, あとどれだけ埋め立てできる容量 (残余容量) がどれくらいの年数残っているか (残余年数) を示したものです. 平成 10 年

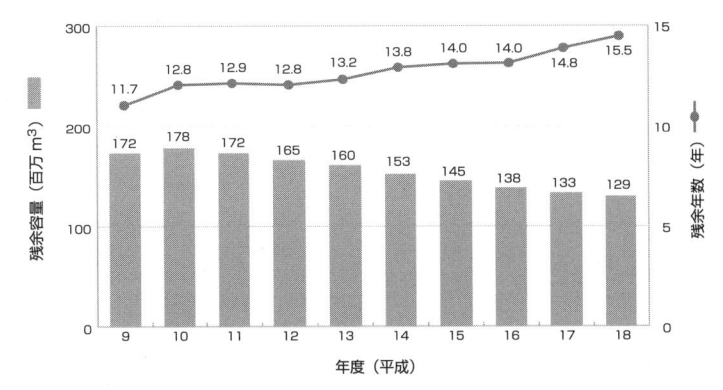

図7.2 一般廃棄物最終処分場の残余容量と残余年数の推移 [注]

注）残余年数とは，新規の最終処分場が整備されず，当該年度の最終処分量により埋立てが行われた場合に，埋立処分が可能な期間（年）をいう．

に一時的に増加していますが，それ以降は175百万m^3を超えなく，減少傾向です．このままいけば後15年もすればごみを埋め立てることができなくなる計算になります．今後，新しい処分場を確保するための努力をすると同時に，埋め立てるごみの量を減らして今の処分場を少しでも長く使う必要があり，そのために性能の良い焼却施設を建設していますが，それでも処分場は年々減少しています．

近年は排出されるごみの量が横ばいになり，中間処理技術の向上も手伝って埋め立てる量が減ってきました．残余容量は減っていますが，残余年数は少し長くなっています．

7.2 保全対策

これまでは，一般廃棄物について述べてきましたが，ここでは産業廃棄物の埋立処分場についてみてみます．産業廃棄物は日本全体で1年間に約4億トン発生しており，これは一般廃棄物の約8倍にあたる量です．このうち4割5分は再生利用され，45％は中間処理で減量されており，最終的に埋立処分されるのは全体の約10％，約4 500万トンです（3章 ごみフローを参照）．

産業廃棄物は，その種類や重金属等の有害物質が含まれているかどうかに

Outline 7　埋　立　て

よって安定型産業廃棄物，管理型産業廃棄物，遮断型産業廃棄物に分類されます．産業廃棄物を埋立処分しようとするときはそれぞれの分類にあった埋立処分場で処分しなければなりません．

表7.2　各埋立処分場の種類と処分できる産業廃棄物

安定型処分場	管理型処分場	遮断型処分場	禁止物
無機性の固形状のもの	安定型にも遮断型にも該当しないもの	有害な(特別管理)産業廃棄物	最終処分できないもの
廃プラスチック類 金属くず ガラス・陶磁器くず ゴムくず がれき類	燃え殻　汚泥　鉱さい　ばいじん　紙くず　繊維くず　動植物性残さ　タール・ピッチ類　廃石綿（二重梱包又は固定化したものに限る）及び安定型最終処分場で処分できるもの等	有害な重金属等を含む 燃え殻 ばいじん 汚泥 鉱さい	廃油 廃酸 廃アルカリ等の液状廃棄物

(1) 安定型最終処分場

　産業廃棄物のうち，ガラス・陶磁器くず，金属くず，廃プラスチック類，がれき類，ゴムくずの5種類は，それ自身腐ったりするものではなく，問題の汚水が出るおそれもないため，これらを埋め立てる処分場は堤防を作って廃棄物が周辺に流出したり飛散したりしないようにし，場合によっては，堤防を保護するために雨水集排水設備を設けるだけでよいのです．しかし，埋め立ててはいけないごみが持ち込まれないように，運んできた車の廃棄物を検査（展開検査）し，埋立地内に溜まる水の水質を定期的に検査しなければなりません．このような埋立処分地を安定型最終処分場といって，現在日本で最も多いタイプの最終処分場です．

(2) 管理型最終処分場

　安定型産業廃棄物以外の産業廃棄物のうち，法律で決められた方法にしたがって試験を行った結果，重金属等の有害物質が雨水や海水に溶け出さないことが証明された産業廃棄物を管理型廃棄物といいます（4章 溶出基準を参照）管理型廃棄物は有害な物質によって周辺の環境を汚染する心配はないものの，有機性の汚水が出るおそれがあるため，それを埋め立てる最終処分地は粘土や

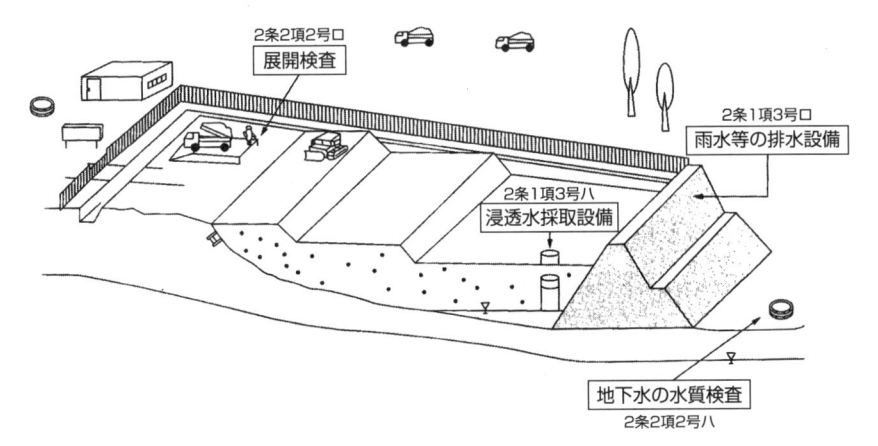

図 7.3　安定型最終処分場

　ゴムまたは合成樹脂製のシートを張って，汚水が地下へ浸透しないような構造にしなければなりません．そして，浸出してきた汚水が埋立地内に溜まると有機性のごみの分解が不安定になるので，あらかじめ設置された保有水等集排水設備によって集められ，浸出液処理設備へ送られます．そこで生物的，物理化学的な処理をし，放流される仕組みになっています．このような構造の埋立地を管理型最終処分場といい，安定型処分場に次いで多く見られる処分場です．
　管理型最終処分場は，周辺の環境を汚染しないようにと厳しい法律の網がかけられています．例えば，小さな食堂など一般の事業所では1日の排水量が50トン未満の場合，BODなど「生活環境項目」とよばれる一連の排水基準が適用されない特例があるのに対し，管理型最終処分場にはこのような特例が適用されず，どんなに排水量が少なくても処理をしなければ放流できないことになっています．また，周辺の地下水や放流先の水質を定期的に測定し，汚染が生じていないか監視する義務も負わされています（4章 排水基準参照）．
　また，遮水シートの破損による環境汚染が問題となり，平成10年よりシートを2重構造にすることが義務づけられ，対応策が進んでいます．万一破れても，シートの下に遮水性と有害物質の吸着能力をもつ土壌を敷き詰め汚染の拡大を防止し，間にはさんである生ゴムが破れたところに流れてきて自然に穴がふさがるといった安全製の高い遮水シートも開発されています．さらに，汚水

Outline 7 　埋　立　て

の地下浸透を常時監視するシステムの研究も進んでおり，多数のセンサーをあらかじめシート上に設置しておき，これと地下との電気的な抵抗を測定することによって汚水の地下浸透の有無および位置をリアルタイムで検出するシステムも開発され，実用化しています．

(3) 遮断型最終処分場

　有害な物質を含む産業廃棄物は普通，コンクリートなどで固めてそれらが水に溶け出さないような処理をして管理型最終処分場へ埋め立てられます．しかし，そういった処理ができない，または他の理由で一部の産業廃棄物は，汚水が外部へ漏れ出すことのない構造を持った最終処分場で埋め立てられます．このような最終処分場を遮断型最終処分場といい，厚さ35 cm以上の鉄筋コンクリートで周囲を囲って廃棄物と環境を完全に遮断するものです．さらに，埋立処分中は屋根をつけて雨が入らないようにし，埋立地が一杯になったら，最後にコンクリートでふたをしてしまいます．その後も，覆いを定期的に点検し，処分場の中に溜まった液体が環境中に放出されないように管理されます．こういった巨大な産業廃棄物の棺桶というべきものは平成17年度実績で33ヶ所あります．

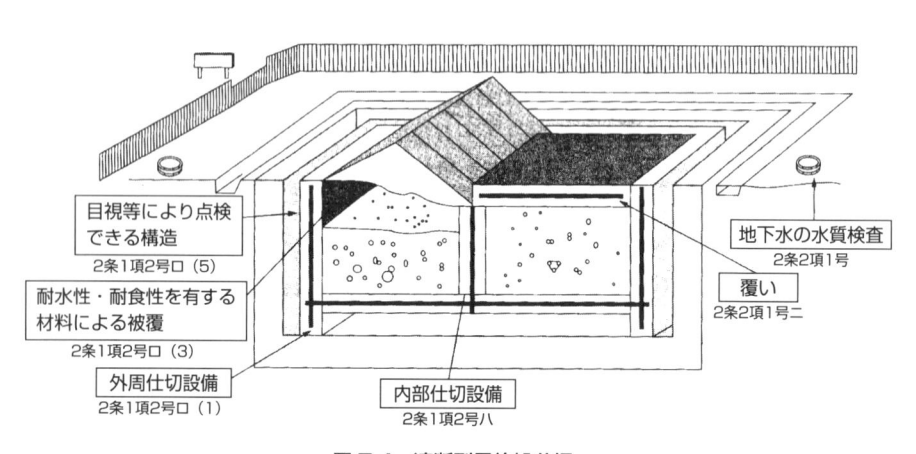

図 7.4　遮断型最終処分場

8. 廃棄物計画

8.1 改善の歴史

　もうだいぶ前になりますが，アフリカの北西部に立地しているモロッコに行く機会がありました．そこでは何百年も前の世界をみるような印象を受けました．古い町フェスに行ったときです．ごみを家の外の道路際に出しておくと，市の清掃作業員が道路清掃をしながら収集し，ロバの両腹に乗せているわら袋に積んでアトラス山脈の雪解け水の流れる川まで持って行き，橋の上からいきなり川に投棄していたのです．川に投棄されたごみのうちガラスや金属のような重いものはそのまま底に沈んでしまい，それらを市民が回収していました．流されるうち砂や土が除かれて，綺麗になった食べ残しの野菜類は下流に待機している牛の餌となって有効に活用されていました．ごみ処理も所変わればずいぶん変わるものだと思ったものです．今思えば非常に合理的な，持続可能な形の処理であったと思います．

　ところで日本のごみ処理はどう変わってきたのでしょうか．やはり江戸時代初期までは，都市と農村とが役割分担をして物質循環が円滑に行われていました．しかし，京都や江戸が発展し都市化が進み人口が集中するにつれてごみ量が増大し，会所地（かいしょち）とよばれる共同空地のごみ捨て場では悪臭やネズミの繁殖，蚊やハエの発生など衛生問題がおこり，四代将軍家綱の時代にはごみ捨て船による運搬と海面埋立てが行われるようになります．

　明治に入り諸外国との交流が盛んになると海外から持ち込まれたコレラ，ペストなどの伝染病が流行し，公衆衛生面での対策として焼却（野焼き）が推奨されるようになり，1900年には汚物掃除法が制定されて焼却の奨励と市町村のごみ処理責任が明確化されました．市民各自が処理するより，自治体が一括して処理した方が効率もよく，処理レベルも一定に保てるとの判断からです．

　自治体が組織的に収集するようになってくると，広い埋立処分場を確保する必要があります．谷や湿地帯などあまり他の目的に使えないような場所がごみの捨場として確保されるようになってきました．広い場所にたくさんのごみが運ばれてきて，処分地から悪臭が発生し，あるいは自然発火して大気汚染をも

Outline 8　廃 棄 物 計 画

図 8.1 ごみ収集風景と焼却炉の変化（写真左：1950 年代，写真右：現在）
[東京都清掃事業 100 年史]

たらしたり，カラスの餌場や，ハエやネズミの繁殖地となって公衆衛生上の問題として認識されるようになると，投棄されたごみに土をかぶせる衛生埋立をするようになりました．土をかぶせるのは悪臭を吸着させるため，そしてカラスやハエ，ネズミの餌とならないように有機物を遮断するためです．

　家庭から排出されたごみを限られた場所に集中的に処理するため，また都市に人口が集中し，しかも一人あたりのごみの発生量も増加しており，そのうえ土を持ってきてごみの上にかぶせなくてはいけないので，都市において用意しなければならない埋立処分空間は急増します．したがって埋立処分場の空間資源がすぐなくなって，処分場の確保が大変になってきました．そして埋立処分場の確保が難しくなると，埋立コストが増加するので，埋立処分しなくても済むように，あるいは処分対象量を少なくするように，焼却処理が重視されるようになりました．重量にして 10 分の 1，体積にして 20 分の 1 になり，減容効果が抜群で，また衛生的処理として広く認識されています．

1950年代から焼却炉が導入され始め，焼却処理の割合がだんだん増加してきました．今では家庭からでるごみのほとんどは焼却処理されています．図8.1の左右の写真はそれぞれ1950年代と現代のごみ収集風景ならびに焼却炉です．現代のものはみた目だけではなく機能も，大幅に向上しています．焼却炉はダイオキシン類対応で24時間運転や高度な排ガス処理技術が導入され，また灰溶融や発電などができ施設も増えました．ごみの収集方法も，1950年代ではごみ回収車がやってきたら市民があわてて捨てに行っていましたが，今はごみステーションに出してパッカー車で回収する方法へと変わりました．それぞれの国には，ごみ処理の歴史がありますが，ごみ処理の技術は着実に向上し，処理に伴う環境リスクも減少に向かっているといえるでしょう．

8.2 廃棄物の政策の変遷

　時代とともに，ごみ処理に係る法律も変化を遂げてきました．表8.1に廃棄物の計画と法律の歴史を示します．1900年に汚物掃除法が制定されて焼却の奨励と市町村のごみ処理責任が明確化されたのち，各地に焼却炉が整備され始めました．その後1930年の汚物掃除法改正により，焼却が「なるべく」という奨励から「すべし」という義務に変わっています．なお，1939年の東京市の塵芥処理計画では，新市域の都市計画にふさわしい考え方でごみ問題に対処しようとして，自区内処理と100％焼却を基本方針としています．ところで，当時のごみは水分が多く不燃物の割合も高かったため不完全燃焼によるばい煙問題が深刻化し，排ガス再循環などによる高温燃焼や電気集じん機による除じん技術の開発が試みられ，厨芥の分別や減量化によって安定燃焼を維持しようという取組みも行われました．

　第二次大戦後，農地改革を契機とする農村の大きな変化と化学肥料の普及により，行き場を失ったし尿はごみとともに海洋投棄やオープンダンピングされるようになり，処分場は蚊・ハエの発生がひどい非衛生的なものが多く，戦後の復興とともにごみ量が増加し埋立用地確保も問題となりました．1954年に制定された清掃法では，汚物としてのごみ・し尿を衛生的に処理して公衆衛生の向上をはかり，清掃事業の主体を市町村において処理体系を充実しようとし

Outline 8　廃棄物計画

表 8.1　廃棄物の政策（計画）と法整備の歴史

	背景				政策			法整備など
	廃棄物の量的問題	廃棄物の質的問題	環境問題	処理に起因する問題	埋立	焼却	その他	
明治以前	人口集中によるごみ量増大 →		衛生問題 →		空地を共同ごみ捨て場，または海面埋立			
明治〜戦前			伝染病の流行 →		衛生埋立 →	法による焼却方針の明確化		1882 伝染病予防心得書 1897 伝染病予防法 1900 汚物掃除法 （市町村に処理責任） 1930 汚物掃除法改正
			埋立用地の不足，環境悪化			焼却炉の建設進む		
		高水分 高灰分 →		焼却時のばい煙発生 →		高温焼却，除じん技術の開発		1939 東京市塵芥処理計画 （焼却補助としての資源化）
							厨芥水切り 厨芥分別 有効利用	
戦後〜1970代			埋立用地の確保難・非衛生状態			焼却を最良の処理法とする（国として）		国の関与強まる 1954 掃除法 1963 生活環境整備緊急措置法 （焼却炉に国庫補助） 1970 廃棄物処理法 （ごみ処理の市民サービス化）
						焼却推進		
		低いごみの発熱量 →		焼却不安定・公害発生 →		機械化・高度化・大型化		
	高度経済成長によるごみ量増大 →					焼却率の増加		
1970代〜1994		プラスチック割合増加 →	塩化水素問題 （1970年代から） NOx （1970年代から） →			排ガス処理による対応	プラスチックの分別	1977 ごみ処理施設構造指針
			1991 ばいじんが特別管理廃棄物に			灰の安定化処理		1990 ダイオキシンガイドライン 1991 廃棄物処理法改正 　リサイクル法制定 1992 地球サミット 　（「持続可能な発展」提唱） 　バーゼル条約公布 1993 環境基本法施行
	使い捨て化によるごみ量増加 バブル経済によるごみ量増加				埋立の高度化	焼却がごみ処理の中心であることを確認	自治体による資源化推進	
1995〜2000		容器包装ごみの増加	埋立は廃止できず 温暖化など 地球環境問題			焼却処理の高度化 資源化の推進 循環型処理 非焼却処理 埋立量削減の推進		1995 容器包装リサイクル法 1997 廃棄物処理法改正 　ダイオキシン新ガイドライン 1998 家電リサイクル法 1999 ダイオキシン類対策特別措置法 2000 循環型社会形成推進法 　廃棄物処理法改正 　資源有効利用促進法 　（改正リサイクル法） 　建築リサイクル法 　食品リサイクル法 　グリーン購入法
					埋立回避			
2000〜現在		保管中のPCB廃棄物の遺失等				PCB廃棄物の適正処理の推進		2001 ポリ塩化ビフェニル廃棄物の適正な処理の推進に関する特別措置法 2002 自動車リサイクル法 　バイオマス・ニッポン総合戦略 2003 特別廃棄物に起因する支障の除去等に関する特別措置法 2006 廃棄物処理法改正 　改正容器包装リサイクル法 2007 改正食品リサイクル法
		不法投棄増加による生活環境・自然環境汚染				地球の環境の回復推進		
		アスベスト廃棄物による健康リスク				アスベスト廃棄物の管理		

ました．1963年には生活環境整備緊急措置法が公布され，ごみは焼却処理した後，残さを埋立処分する方針が示され，一部にコンポスト化の試みはあった

もののごみ処理に対する国庫補助の裏づけがなされて焼却炉建設が推進されていきました．高度経済成長期には大量消費・大量廃棄に伴う急激なごみ量増加により，焼却炉の機械化・高度化・大型化が進み焼却処理の拡大が促進されました．1970年のいわゆる「公害国会」では，清掃法を全面改正した「廃棄物の処理および清掃に関する法律（廃棄物処理法）」が制定され，産業廃棄物と一般廃棄物の区分定義と処理責任の明確化がはかられました．廃棄物処理法の施行以降，ごみ処理施設構造指針，有害産業廃棄物の判定基準，最終処分場施針など各種基準が策定され処理体系の整備が進められました．

1970年代の後半になると，プラスチックの増加に伴うごみ質変化などにより焼却処理は塩化水素，窒素酸化物などの排ガス規制を受けて二次公害への対応を迫られるようになります．自治体により廃プラスチックは「焼却不適ごみ」とされ不燃ごみとして扱われるようになりました．さらには，排ガス中の水銀検出により廃乾電池・廃蛍光灯の分別収集が行われるようになりました．また，焼却残さについても焼却飛灰がばいじんとして特別管理廃棄物と指定され，灰の安定化処理が求められるようになりました．一方，飲料容器をはじめとする使い捨て商品の増加やバブル経済によるごみ量の増加・ごみ質の多様化，さらには最終処分場の確保難を背景に，1991年に処理体系の見直しと強化を目的として廃棄物処理法の大改正が行われ排出抑制と資源化が進められていきます．1991年に「再生資源の利用の促進に関する法律（リサイクル法）」が制定，1993年には環境基本法が施行されてごみ処理は資源化対策へと向かって行くことになります．

焼却処理ではダイオキシン類の発生が大きな社会問題となり，1991年の旧ガイドラインを見直し，1997年に恒久対策を含めた「ごみ処理に係るダイオキシン類発生防止等ガイドライン（新ガイドライン）」が出され，排ガス対策の高度化，灰溶融設備による焼却残さへの対応が進められたほか，熱分解ガス化溶融施設も実用化されるようになってきました．さらに国民の安全と安心を向上するため，ダイオキシン類の環境基準や排出基準などを設定する「ダイオキシン類対策特別措置法」が1999年に制定されました．また，長い間保管が義務づけられた「PCB廃棄物の処理を促進するためポリ塩化ビフェニル廃棄物の適正な処理の推進に関する特別措置法」が2001年に制定され，2016年ま

Outline 8　廃棄物計画

でにすべてのPCB廃棄物を処理する計画が推し進められています．また廃棄物の不法投棄や不適正処理による環境汚染が大きな問題になり，その修復を促進するために「特定産業廃棄物に起因する支障の除去等に関する特別措置法」が2003年に制定されました．また，今後大量に発生するアスベスト廃棄物について溶融による無害化処理を促進・誘導する特例制度を創設するため，2006年に廃棄物処理法が改正されました．

　一方，廃棄物の再生利用の促進に関しては処理という概念から本来の資源循環を指向した環境負荷の少ない経済社会，すなわち循環型社会の構築に向けた政策の舵とりがされてきました．90年代半ばから「容器包装に係る分別収集および再商品化の促進等に関する法律（容器包装リサイクル法：1995年公布）」，「特定家庭用機器再商品化法（家電リサイクル法：1998年公布）」などが整備され，2000年に入ると「循環型社会形成推進基本法：2000年公布」をはじめ，「資源の有効な利用の促進に関する法律（資源有効利用促進法：2000年公布）」，「食品循環資源の再生利用等の促進に関する法律（食品リサイクル法：2000年公布）」，「建設工事に係る資材の再資源化等に関する法律（建設リサイクル法：2000年公布）」，「使用済自動車の再資源化等に関する法律（自動車リサイクル法：2002年公布）」などの個別法が相次いで成立しました．これら個別のリサイクル法の成立から10年あまりが経過した現在，見直しが順次はかられているところです．改正容器包装リサイクル法は2006年6月に成立・公布され，改正食品リサイクル法は，2007年6月に成立・公布されており，他の法律については，2008年6月現在，審議会などで検討中となっています．また，家畜糞尿などのバイオマスの利用の促進については，2002年に「バイオマス・ニッポン総合戦略」が閣議決定され，2006年にはその内容の見直しが行われました．それにより，域内に賦存する廃棄物系バイオマスの90％以上，または未利用バイオマスの40％以上を活用する「バイオマスタウン」を増やす取組みなどが行われています．環境配慮という側面だけではなく，近年世界中で石油資源・鉱物資源の需要が増加し，価格も高騰しているという経済的な側面からも，国内の廃棄物やバイオマスはこれまで以上に積極的な利活用が行われていくでしょう．このように，私たちのライフスタイルや社会経済情勢によって，ごみ処理の計画は変化していくのです．

9. 市民参加

9.1 費用負担

　一般廃棄物処理は自治体が行い，その費用は私たち市民の税金から支払われています．では，私たちはごみ処理に年間どれくらいの費用を支払っていると思いますか？　それについての市民の認識を調べたアンケートでは，100円/年から1000円/年くらいだろうと答えた人が最も多かったのですが，実際はほとんどの自治体で1人あたり年間1万円以上かかっています．沖縄の離島などでは，1人あたり8万円以上かかっているというところもあります．普段意識していませんが，かなり多くの税金がごみ処理に使われているのです．また，税金以外にもごみ処理費用を支払っている場合があります．一つは，自治体の指定袋の代金です．ごみ袋の有料化はごみ削減の施策として最近では半数以上の自治体で取り入れられています．これはごみをたくさん出す人ほど多くの費用を負担することになるので，より公平な施策であるともいえます．また，容器包装プラスチックの場合は主に事業者がリサイクル費用を負担することとなっていますが，その費用は私たち市民が商品を購入する際の代金として間接的に支払っているのです．

　図9.1はある自治体の容器包装プラスチックの処理費用について，資源化した場合と可燃物として処理した場合を比較したものです．廃プラスチックを再生材料として資源化（マテリアルリサイクル）する場合，この自治体では1トンあたり18万円かかります．そのうちリサイクル費用が全体の半分以上を占めていて，これは容器包装の事業者が支払うことになっているので事業者負担金といいます．事業者負担金は，間接的に私たち消費者が商品代として支払っているといえます．リサイクル費用にはもう1種類，自治体負担金というものがあります．これは，廃プラスチックには容器包装以外のプラスチックも数％混入していることから，その分のリサイクル費用は自治体が負担しなさいというものです．この自治体の場合，その自治体負担金に有料化したごみ袋代をあてています．廃プラを収集して梱包する作業は自治体が行うことになっており，その費用は税金でまかなわれています．このように，ごみ処理の費用にも

Outline 9 市民参加

さまざまな支払われ方があり，それを負担するのは，最終的には消費者であり，ごみの排出者である私たち市民なのです．

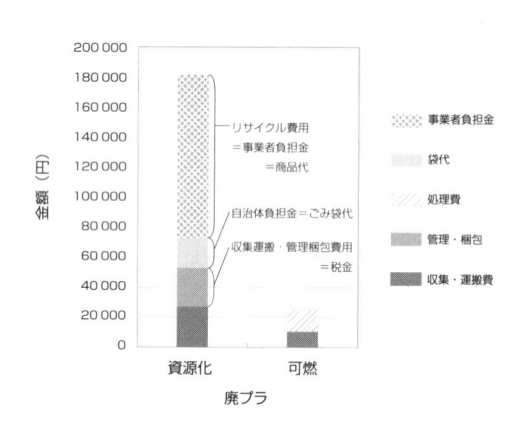

図 9.1　廃プラスチックを資源化または焼却する場合の費用比較（O 市の場合）

9.2 アセスメントでの参加

　環境影響評価（環境アセスメント：environmental impact assessment）は，環境に大きな影響を及ぼすおそれがある事業について，その事業の実施にあたって，あらかじめその事業の環境への影響を調査，予測，評価する手続きです．わが国においては環境影響評価法に基づいて，道路やダム，鉄道，廃棄物最終処分場，発電所，宅地や工業団地の造成などが対象となっています．ただしすべての事業が対象となるわけではなく，廃棄物処理施設を例にあげれば，面積 30 ha 以上のものが第一種事業（必ず環境アセスメントを行う事業），面積 25 ha 以上 30 ha 未満のものが第二種事業（環境アセスメントが必要かどうかを個別に判断する事業）とされています．さらに上記に該当しない規模でも地方自治体の条例・要綱に基づいて環境アセスメントが行われる場合があります．

　また法に定められた廃棄物処理施設（焼却施設，最終処分場，脱水施設，乾燥施設，中和施設，破砕施設，PCB 廃棄物の処理施設など）の設置許可を申

請する場合には，施設の設置が周辺の生活環境に与える影響を事前に評価する生活環境影響調査の実施が求められています．

　こうした環境配慮の手続きは，地域住民や専門家や環境担当行政機関が関与しつつ手続が実施されています．環境影響評価法に基づいた環境アセスメントの手続きを図9.2に示します．主な環境影響評価の手続きには，スクリーニング，方法書の手続き（スコーピング），準備書の手続き，評価書の手続きがあります．スクリーニングで当該事業を環境アセスメントの対象にするかどうかを判定し，方法書の手続きで評価方法を決めてから評価を実施し，準備書の手続きで結果を準備書にまとめ，ほかの主体の意見を取り入れつつ最終的な報告書である評価書を作成します．このうち方法書と準備書の手続きで市民が参加する機会があります．方法書は1ヶ月縦覧期間があり，一般市民や，地域の環境をよく知っている住民，地方公共団体などの意見を聴く手続きを設けています．事業計画のより早い段階で一般市民の環境に関する関心事を意見として聴くことによって，その意見を評価の項目などに柔軟に反映でき，また，地域の特性にあわせた環境アセスメントが行えるようにするのが目的です．同様に準備書の段階でも，1ヶ月の縦覧期間が設けられていて，事業者は，一般市民などにその内容の周知をはかるための説明会を開催することとなっています．

　これまでに述べた環境アセスメント等手続きは，施設をつくる場所が1ヶ所に決まってから行うもので，計画自体の妥当性について市民の意見を問う手続きは設けられていません．そのため計画に合わせて事業を推し進めるための手続きだとして「環境アワセメント」などと揶揄されることもありました．廃棄物処理計画の策定から施設の立地選定に至る過程で環境についての配慮がなされたのかという批判に対しては，有効な答えがないといってもよいでしょう．

　一方，今日では，地方分権の動きとともに，地方自治体における住民自治という議論も行われており，自治体の実施する政策や事業に関して，意思決定の早い段階からの情報公開や市民参加が必要であるという意見があります．このような状況の中で，実際の事業に対するアセスメントではなく，政策や計画など，より上位のレベルでのアセスメントを実施する戦略的環境アセスメント（SEA：strategic environmental impact assessment）が，欧米で取り組まれ，わが国では埼玉県などで制度化がなされています．国も制度化に向けて動いて

Outline 9　市民参加

おり，環境省は「戦略的環境アセスメント導入ガイドライン」を 2007 年に取りまとめたところです．SEA は計画段階で複数代替案を比較することができ，その評価項目に廃棄物発生量や温室効果ガスなども含まれることから，環境負荷の少ない社会システムの構築へむけて果たす役割は大きいと期待されています．

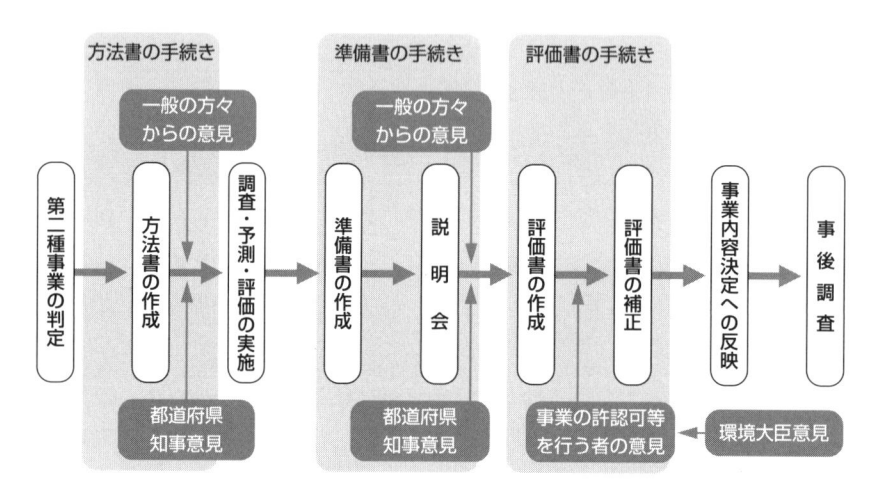

図 9.2　環境アセスメントの手続きの流れ

9.3 NIMBY

ごみ処理施設は迷惑施設ということで建設反対に発展したり紛争にまでなったりして，なかなか建設がスムーズにはかどりません．ごみ処理施設は町にとって必要だけれど自分の家の近くには建設しないで欲しいという人が多くいるからです．みんな自分たちが出すごみの処理が必要なのはわかっていて，そのためにごみ処理施設の建設には賛成します．しかし自分の裏庭には施設を作ってもらいたくない．このような総論賛成，各論反対の態度のことをニィンビー（NIMBY：not in my back yard ノット イン マイ バック ヤード）症候群といいます．建設計画に反対するということも，ある意味市民による計画への参加といえるでしょう．しかし，反対する人ばかりでは，廃棄物処理ができなくな

48

り，私たちの社会が成り立たなくなってしまいます．

　家の外に出て，高い煙突を捜してみましょう．煙突に向かっていくと温水プールやテニス場，体育館あるいは美術館があります．スポーツをしようとか美術館に行こうと思ったら，ごみの焼却場に向かっていくとよいのです．最近のごみ焼却場には必ずといってもよいぐらい，市民に喜ばれる施設が併設されています．

　ごみの焼却場は，媒じんや塩化水素，硫黄酸化物，窒素酸化物，ダイオキシン類等が焼却によって出てくることから，迷惑施設とみなされます．現在では環境技術が向上し，周辺環境に与える影響は高度成長期と比べたら格段に低くなり，周辺住民に健康影響を与える可能性はまずないといってもよいでしょう．それでもごみ処理施設が近くに建設されることを誰も望まないため，付帯施設として，福祉施設や美術館が作られたり，受入地域に道路や公園，運動場などを整備したりします．また余熱利用の例として多くの清掃工場でみられる温水プールや札幌市や東京の光が丘の地域冷暖房，東京の江東清掃工場の熱帯植物園などがあります．埋立地についても同様で，悪臭が問題になったり，たくさんのごみ車が行き来することが迷惑になるため，埋立て後に運動施設を作るなどその地域に喜ばれるような使い方をするなど工夫がいろいろされています．

　このように迷惑と思われるごみ処理施設には迷惑の原因である公害をできるだけ小さくするだけでなく歓迎される施設を併設することによって，複合された事業が全体としてプラスアルファの事業となり，最近では市民から歓迎されたり，誘致対象になったりする場合もあります．岡山県の津山市では，ごみ処理施設の立地をまちづくりの計画とともに公募し，9地域からの応募がありました．これからは廃棄物処理施設もNINBY施設からPIMBY（Please in my back yard）施設に変わっていくかもしれません．

10. 廃棄物処理における法体系

　廃棄物を適正に処理するためには，廃棄物処理技術の開発だけでなく廃棄物処理にかかわる法制度が適切かつ円滑に運用されることが重要です．しかし，廃棄物量の増大，処理施設および処分場の不足，不法投棄，環境および健康への影響などに対して，廃棄物の分類，処理責務および罰則などに関する制度面の弱点が指摘されてきました．

　さらに，一方では，現在の廃棄物処理・処分対策を見直すために，生産・流通・消費の各段階までさかのぼって考える必要性が指摘され，再資源化と有効利用による廃棄物の発生の抑制と環境保全をはかるというねらいから法の改正を重ねています（表8.1参照）．

　また，廃棄物に関する法制度をめぐり，大きな視点で廃棄物問題をとらえ，社会経済システムそのもの全体を見直そうとする動きの高まりの中で，廃棄物処理関連の法律が数多くできており，各種リサイクル法などがそれらにあたります．

　廃棄物処理に関する法制定の大きな狙いは二つあります．まず，廃棄物の不適正処理による環境汚染を未然に防止するための適正処理の確保，そのための規制という「ムチ」の部分であり，もう一つは限りある資源を保全するためのリサイクルの促進，誘導するための「アメ」の部分です．

　ここでは，廃棄物処理法が，循環型社会に向けたわが国の法体系でどのような位置にあるか，また同法中で，ごみ処理による環境問題の解決にどのようなことが期待され，改正されてきたかをみてみましょう．なお，関連法についても説明します．

10.1 循環型社会形成に向けた法体系

　深刻な公害を受けて1967年に「公害対策基本法」が制定されました．しかしその後の環境問題の多様化にはこの法律では限界があるとの認識から，環境政策の新たな枠組を示す基本的な法律として，この法律を踏襲して1993年に

Outline 10

図 10.1　循環型社会形成に向けた法体系

環境基本法 — 環境基本計画 — 循環型社会形成推進基本法

循環／自然破壊　社会の物質循環

循環型社会形成推進基本法：
- 環境負荷の低減
- 天然資源の消費抑制
- 社会の物質循環の確保

一般的な仕組みの確立 → 資源有効利用促進法
個別物品の特性に応じた規制：
- 容器包装リサイクル法
- 家電リサイクル法
- 食品リサイクル法
- 建築資材リサイクル法
- 自動車リサイクル法

廃棄物処理法

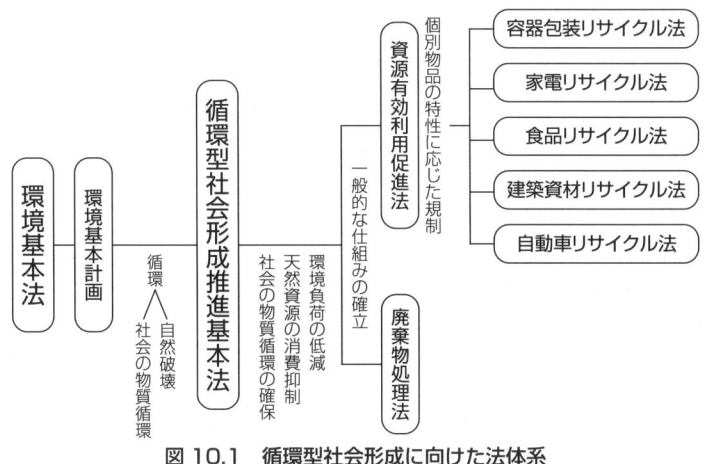

制定されたのが「環境基本法」です．この法律で環境政策の基本理念として，① 環境の恵沢の享受と継承，② 環境への負荷の少ない持続的発展が可能な社会の構築，③ 国際的協調による地球環境保全の積極的推進が掲げられています．この他，国，地方公共団体，事業者，国民の責務を明らかにし，環境保全に関する施策（環境基本計画，環境基準，公害防止計画，経済的措置など）が順次規定されました．

この法の基本理念にのっとり循環型社会の形成に向け「循環型社会形成推進基本法」が2000年に制定されました．ここで形成すべき「循環型社会」の姿を，① 廃棄物等の発生抑制，② 循環資源の循環的な利用および ③ 適正な処分が確保されることによって，天然資源の消費を抑制し，環境への負荷ができる限り低減される社会　と規定しています．法の対象となる物を有価・無価を問わず「廃棄物等」とし，廃棄物等のうち有用なものを「循環資源」と位置づけ，その循環的な利用を促進することを目的にしています．また処理の「優先順位」を，① 発生抑制，② 再使用，③ 再生利用，④ 熱回収，⑤ 適正処分　と定めています．

「廃棄物処理法」は廃棄物に関する基本的な法律であり，廃棄物の区分や処理責任などを規定しています．わが国においては，「廃棄物」を有価で取引されない不要物と定義しており，一般廃棄物と産業廃棄物に区分されています．

Outline 10　廃棄物処理における法体系

廃棄物の排出を抑制し，廃棄物の適正な分別・保管・収集・運搬・再生・処分等の処理をし，生活環境を清潔にすることによって生活環境の保全および公衆衛生の向上をはかることを目的にしています．

一方「資源有効利用促進法」は，循環型社会の形成のために，従来のリサイクル対策（廃棄物の原材料としての再利用）の強化に加えて，リデュース対策（廃棄物の発生抑制）とリユース対策（廃棄物の部品等としての再使用）を導入し，再生資源利用促進法が改正された法律です．この法律は，

（1）使用済み物品および副産物の発生抑制のために，原材料使用の合理化
（2）再生資源，再生部品の利用
（3）使用済み物品，副産物の再生資源・再生部品としての利用促進
（4）表示による分別回収の促進

といった点について，政令で指定する業種および製品について判断基準を定め，事業者・消費者・公共団体の責務を規定することにより，資源の有効な利用を確保することを目的としています．なお個別物品の特性に応じた資源有効促進の法律は「容器包装リサイクル法」など5本の法律があります．

10.2 廃棄物の処理責任

(1) 廃棄物処理法の制定と改正

1900年に汚物掃除法が制定されました．当時はペストで多くの方が亡くなっており，不衛生な状態をなくし，公衆衛生を向上させることが廃棄物処理の大きな目的でした．

1930年に汚物掃除法の改正，1954年に清掃法，1970年に廃棄物処理法（廃棄物の処理および清掃に関する法律）ができ，現在に至っています．廃棄物処理の目的は徐々に広がってきて，現在では，公衆衛生の向上に加えて生活環境の保全や，資源，エネルギーの保全を目指した循環型社会に合致した廃棄物処理が求められています．

(2) 処理の目的と適正処理

廃棄物処理の目的は，基本的には，廃棄物処理法第1条にあるように，生活

環境の保全および公衆衛生の向上です．
① ネズミが生息し，蚊，ハエその他の害虫が発生しないように
② 浸出液によって公共の水域や地下水を汚染するおそれがないように
③ 有害物質が環境に混入して，人の健康の保持または生活環境の保全上支障を生じないように

行うことにより，つまるところ人の健康または生活環境にかかわる被害が生じないようにすることが適正処理を確保することになるという考えです．
　関連する法律を基本的な考え方として，地域によって異なる実情に合わせた処理施設，処理システムを選択していくことが重要となっています．

(3) 処理の責務

　国民，事業者，国および地方公共団体とともにそれぞれの責務がつぎのように明確にされています．

① 国民の責務

　　廃棄物の排出抑制，再生利用，分別排出，自己処分等により，廃棄物の減量その他その適正な処理に関し，国および地方公共団体の施策に協力しなければならないことが規定されている．

② 事業者の責務

　　「事業者はその事業活動に伴って生じた廃棄物を自らの責任において適正に処理しなければならない」と"事業者の自己処理責任の原則"を明確にし，さらに，「事業者は，廃棄物の減量その他その適正な処理の確保等に関し国および地方公共団体の施策に協力しなければならない」とされている．「自らの責任において適正に処理する」とは，排出事業者が「自ら処理する場合」と「処理業者に処理を委託する場合」とがある．また，物の製造をはじめとして，流通，販売の各段階から，その物が廃棄物となった場合における処理を念頭において製品開発等を行われければならないことが示されている．

③ 国および地方公共団体の責務

　　市町村は，単独に又は共同して，一般廃棄物とあわせて処理することができる産業廃棄物，その他市町村が処理することが必要であると

認める産業廃棄物の処理をその事務として行うことができる（あわせ産業）．

都道府県は区域内における産業廃棄物の状況を把握し，産業廃棄物の適正な処理が行われるように必要な措置を講ずることにつとめなければならない．また，基本方針に即して，区域内における廃棄物の減量とその他その適正な処理に関する「廃棄物処理計画」を定めなければならない．この処理計画には処理施設の設置，運搬，処分の場所その他処理に関する基本的事項を定めなければならない．

国の責務として，「環境大臣は，廃棄物の排出の抑制，再生利用等による廃棄物の減量その他その適正な処理に関する施策の総合的かつ計画的な推進を図るための基本的な方針を定めなければならない」と規定している．

(4) 廃棄物処理計画

廃棄物処理とは，廃棄物の排出から収集，運搬，中間処理ならびに最終処分までの一連の処理であり，これら関係者を含めた広範な見地からの取組みが求められています．廃棄物処理法では，市町村，都道府県および事業者の一般廃棄物，あるいは産業廃棄物に対し処理計画の作成，提出を指示しています．

廃棄物処理計画には，市町村が定める「一般廃棄物処理計画」のほか，都道府県が定める「都道府県廃棄物処理計画」や，排出事業者によって作成される「多量排出事業者の産業廃棄物処理計画」「多量排出事業者の特別管理産業廃棄物処理計画」があります．

10.3 一般廃棄物の適正処理

(1) 一般廃棄物の分類

一般廃棄物とは産業廃棄物以外の廃棄物をいい（図2.1）その中で以下のような特に管理が必要なものは特別管理一般廃棄物として規制されています．

① 廃家電製品のPCBを使用した部品
② ごみ焼却施設から出たばいじん
③ 感染性一般廃棄物

以上の内容からいえることは，ごみのより適正な処理を確保するために，廃家電製品中のPCBを除去管理すること，都市ごみ焼却施設から発生するばいじんを特定有害産業廃棄物なみに扱うこと，ばいじん，燃え殻についてはダイオキシン類の含有基準に合致させること，医療関係機関から排出される廃棄物を感染というリスクのものさしで区分し，滅菌消毒した後に一般の廃棄物として扱う点がポイントといえます．

(2) 一般廃棄物の処理基準

市町村や処理業者が一般廃棄物を収集，運搬および処分する場合の基準（一般廃棄物処理基準）および市町村が一般廃棄物の収集，運搬および処分を委託する場合の基準については，それぞれ政令で具体的に定めれています．

① 野積みの禁止

廃棄物が野積みされ放置されるということがないように，運搬途中での廃棄物を積み替える場合以外は保管してはならないし，また積み替え場所や廃棄物の保管場所には，周囲に囲いを設けるなどの一定の措置をとらなければなりません．このことにより，廃棄物が長期間放置されることはなくなり，また保管場所に大量の廃棄物が野積みにされたり，焼却されることはなくなると期待されます．

② 野焼きの禁止

廃棄物を焼却する場合には，必ず焼却施設を用いなければなりません．埋立地や保管場所のような焼却施設でない場所での野焼きは禁止されています．

③ 埋立地での処分規制の強化

地下水汚染を防止するために，廃坑など地下空間を利用した埋め立てを禁止しています．採石廃坑や石炭廃坑などが外国では廃棄物処理場として使われている例もありますが，しゃ水を必要とする一般廃棄物の処分場としては使用を禁止しています．

④ 委託による措置

事業者は，その一般廃棄物の処理を他人に委託する場合には，一般廃棄物処理業者等に委託しなければなりません．また，委託しようと

する一般廃棄物の処理がその事業の範囲に含まれるものに委託しなければなりません．

（3）特別管理一般廃棄物の処理基準

① 適切な収集，運搬の確保

特別管理一般廃棄物がその他と混合するおそれのないように，他の廃棄物と区分して収集し，また運搬することとしています．例外は，ばいじんと焼却灰および感染性一般廃棄物と感染性産業廃棄物とが混合している場合で，それ以外のものが混入するおそれのない場合のみです．

また，感染性一般廃棄物は特別の運搬容器に収納して収集又は運搬しなければなりません．

② 無害化処理の義務づけ等

特別管理一般廃棄物は，埋立処分や海洋投入が禁じられています．有害性をなくする処理をした場合には，特別管理一般廃棄物ではなくなり，通常の一般廃棄物になるので，管理型の処分場で処分することができます．特別管理一般廃棄物は，そのままでは管理型はもちろん遮断型の処分場でも処分することができません．

廃家電製品の中で，PCBを使用する部品については，事業者により部品中のPCBを回収し，産業廃棄物として保管処理することになります．焼却ばいじんについては溶融固化，セメント固化，薬剤安定化処理，酸などによる重金属溶出処理の四つの方法が示され，感染性廃棄物については，焼却，溶融，乾熱滅菌，その他消毒した後，通常の一般の廃棄物として焼却又は管理型処分場で最終処分されることになります．

③ 文書の携帯または表示

特別管理一般廃棄物を収集運搬する者は，その種類および取り扱う際の注意事項を記載した文書を携帯するか，表示することが求められています．

また，特別管理一般廃棄物の処理を委託する場合は，あらかじめ，

委託する特別管理一般廃棄物の種類，数量，性状等を文書で通知する必要があります．

(4) その他
この他，市町村が一般廃棄物の区域外での処分を委託する場合は，処分場所のある市町村に通知することとしています．

10.4 産業廃棄物の適正処理
(1) 産業廃棄物の分類
産業廃棄物についての細かい分類は図2.1を参照してください．特別管理産業廃棄物として次のものが指定されています．

① 燃焼しやすい廃油

廃油のうち，揮発油類，灯油類，軽油類

② 著しい腐食性を有する廃酸および廃アルカリ

pH 2.0以下の廃酸およびpH 12.5以上の廃アルカリ

③ 感染性産業廃棄物

病院診療所などの医療関係機関等から生ずる感染性の産業廃棄物（汚泥・廃油・廃酸・廃アルカリ・廃プラスチック類・ゴムくず・金属くず・ガラスくず等）

④ 特定有害産業廃棄物

　ⅰ 廃PCB等，PCB汚染物，PCB処理物

　　廃PCB等（廃PCBとPCBを含む廃油），PCB汚染物（PCBが塗布・染み込み・封入・付着した，汚泥，紙くず等），PCB処理物（廃PCB等，PCB汚染物を処分するために処理したもので環境省令で定める基準に適合しないもの）

　ⅱ 指定下水汚泥

　ⅲ 鉱さい

　ⅳ 廃石綿等

　　飛散するおそれのあるもので，石綿建材除去事業により除去された

石綿や，大気汚染防止法による特定集じん発生施設等で生じた石綿で集じん施設で集められたもの等
v 廃油（廃溶剤）
vi 有害金属等を含む産業廃棄物
大気汚染防止法等で指定された施設から排出される産業廃棄物で，定められた金属等（水銀，カドミウム，鉛等）の有害物質の量が政令で定める基準値を超えた，燃え殻・汚泥・鉱さい・ばいじん・廃酸・廃アルカリ

（2）産業廃棄物の処理基準

① 処理の責任

事業者が排出した産業廃棄物については，事業者自身または産業廃棄物処理業者が，産業廃棄物の収集運搬，処理・処分を行うことになっていますが，それらについては，政令の定める収集，運搬，処分の基準に従って行わなければなりません．

事業者はその産業廃棄物が運搬されるまで，環境省令で定める基準に従って，生活環境の保全上支障のないように保管しておかなければなりません．また，産業廃棄物または特別管理産業廃棄物の処理を委託する場合には，産業廃棄物収集運搬業および処分業者等にそれぞれ委託しなければなりません．委託するときの委託基準は政令に定められており，委託基準違反者については罰則が適用されます．

また，産業廃棄物の処理施設の設置にあたっては環境大臣が認定したもの以外は，国または地方公共団体を問わずすべてのものについて設置の許可が必要とされるなど規制が行われています．

② 産業廃棄物管理票制度

産業廃棄物管理票（マニフェスト）制度は，排出事業者が，収集・運搬業者又は処分業者に委託した（特別管理）産業廃棄物の流れを自ら把握し，不法投棄の防止等の，適正な処理を確保することを目的とした制度です．

事業者が（特別管理）産業廃棄物の運搬または処分を他人に委託す

るときには，処理業者に対し，その種類，数量等を記載した管理票（紙マニフェストまたは電子マニフェスト）を交付しなければなりません．このマニフェストが産業廃棄物とともに収集・運搬業者から処分業者に送付され，中間処理および最終処分の終了に伴い排出事業者に戻ってくることで，排出事業者は委託した廃棄物が最終処分まで適正に処理されたことを確認します．マニフェストの流れについては図3.4を参照してください．

(3) 特別管理産業廃棄物の処理基準

事業者が特別管理産業廃棄物を処理するときには特別管理産業廃棄物の処理基準に従って行うこと，その処理を他人に委託するときは特別管理産業廃棄物の処理の委託基準に従うことなど，それ以外の産業廃棄物の処理の場合と異なる法規制に従わなければなりません．

すなわち，特別管理産業廃棄物の収集，運搬，処分などはそれらに関する基準に従わなければなりません．政令の基準では，これらの廃棄物による人の健康または生活環境にかかわる被害が生ずるおそれをなくすための方法として環境大臣が定める方法により行うことになっています．具体的な内容は次の通りです．

廃　　　　　油	：焼却処理
廃酸，廃アルカリ	：中和処理
感染性産業廃棄物	：焼却，又は滅菌，消毒処理
廃　Ｐ　Ｃ　Ｂ　等	：脱塩素化分解方式，水熱酸化分解方式，還元熱化学分解方式，光分解方式およびプラズマ分解方式のいずれかの分解処理
Ｐ Ｃ Ｂ 汚 染 物	：分離，洗浄によるPCB除去
Ｐ Ｃ Ｂ 処 理 物	：ア）廃油，廃酸，廃アルカリの場合は，脱塩素化分解方式，水熱酸化分解方式，還元熱化学分解方式，光分解方式およびプラズマ分解方式のいずれかの分解処理

Outline 10　廃棄物処理における法体系

　　　　　　　　　　　イ）廃プラスチック類，金属くず等の場合は，分
　　　　　　　　　　　　　離，洗浄によるPCP除去
廃　石　綿　等　　：溶融処理

　したがって特別管理産業廃棄物の処理として，廃油や廃酸・廃アルカリの場合は埋め立てるのではなく，焼却や中和のような中間処理をすることになります．感染性廃棄物は埋め立ての前処理として滅菌や消毒をして，特別管理産業廃棄物の指定を解除され通常の産業廃棄物として処理されます．
　廃PCB等，PCB汚染物，PCB処理物はPCBを除去し，残ったものをPCBの判定基準に適合させ，判定基準に適合したものは産業廃棄物として種類ごとの埋立処分基準が適用されます．また廃石綿などは，飛散防止のためにプラスチック袋に入れた後，管理型の処分場で処分するか，あるいは溶融固化処理をすることになります．
　なお，政令に規定する環境大臣の定める方法に従って中間処理され，特別管理産業廃棄物ではなくなった廃棄物については，通常の産業廃棄物として運搬または処分することができます．

10.5 その他の法律

(1) 循環型社会形成推進基本法　　2001年1月施行

　この法律は，環境基本法の基本理念にのっとり，循環型社会の形成を進めていくにあたっての基本原則を示した法律です．国，地方公共団体，事業者および国民の責務を明らかにするとともに，循環型社会形成推進基本計画の策定，その他国の循環型社会の形成に関する施策の基本となる事項を定めています．このことにより，社会の物質循環の確保，天然資源の消費の抑制，環境負荷の低減等，循環型社会の形成に関する施策を総合的かつ計画的に推進することを目的としています．
　同法では，使用済みの物品や副産物全般を廃棄物等としてとらえ，このうち有用なものを循環資源と定義し，これらの処理等に関する優先順位を原則として「発生抑制→循環資源の再使用→再生利用→熱回収→残った物の適正処理」

としています.

(2) 資源の有効な利用の促進に関する法律
　　（資源有効利用促進法）　　2001年4月施行

　この法律は，資源の有効な利用の促進をはかるとともに，廃棄物の発生の抑制および環境の保全に資するため，使用済物品等および副産物の発生の抑制並びに再生資源および再生部品の利用の促進に関する所要の措置を講ずることとし，事業者の自主的な取組の促進目的とし，事業者に対して，省資源や再生利用促進の対象となる業種や製品を指定し，それぞれに係る事業者に一定の義務付けを行い，3R（Reduce, Reuse, Recycle；発生抑制，再使用，再生利用）に向けた取組みを求め，一定規模以上の事業者の取組みが著しく不十分な場合には勧告，命令の対象としています.

(3) 容器包装に係る分別収集および再商品化の促進等に関する法律
　　（容器包装リサイクル法）　　2000年4月施行

　一般廃棄物の減量および再生資源の十分な利用等の促進をはかる法律で，市長村は容器包装廃棄物の分別収集を行うかどうかの決定権を持ち，市民は分別に協力し，これによって得られた分別基準適合物は事業者の責任で再商品化しなければなりません.

(4) 特定家庭用機器再商品化法
　　（家電リサイクル法）　　2001年4月施行

　生産者に対して製品が廃棄物になった場合の処理・リサイクルの責任を負わせるという「拡大生産者責任」の考え方を採用した法律で，エアコン，テレビ，冷蔵庫，洗濯機（家電4品目）について，小売業者は排出者から引き取り製造業者に引渡し，製造業者は引き渡された製品を再商品化しなければなりません.

(5) 建設工事に係る資材の再資源化等に関する法律
　　（建設リサイクル法）　　2002年5月施行

　建設工事に係る廃棄物の減量および再利用，再生資源の十分な利用と廃棄物

Outline 10　廃棄物処理における法体系

の適正処理をはかる法律で，一定規模以上の建設工事をする場合は，工事受注者がコンクリートなどの指定された4種類の建設資材について分別解体ならびに再資源化等しなければなりません．

(6) 食品循環資源の再生利用等の促進に関する法律
　　　（食品リサイクル法）　2001年5月施行

　食品廃棄物の発生抑制ならびに食品循環資源の再生利用をはかる法律で，食品の製造・加工・販売事業者・飲食店等の食品関連事業者は定められた基準に従って，食品循環資源の再生利用等に取り組まなければならず，発生量が一定規模以上の事業者の取組みが著しく不十分な場合には勧告，命令の対象となります．

(7) 使用済自動車の再資源化等に関する法律
　　　（自動車リサイクル法）　2005年1月施行

　家電リサイクル法と同様に「拡大生産者責任」の考え方に基づき，自動車製造業者および輸入業者に使用済み自動車の引き取り義務を課した法律です．使用済み自動車は，所有者から引き取り業者に引き渡され，フロン類回収業者または解体業者によってフロン類が回収された後，解体業者または破砕業者によってリサイクルされます．この際，エアバッグ・シュレッダーダストの再資源化およびフロンの破壊は自動車製造業者の責任で行われます．

(8) 国等による環境物品等の調達の推進等に関する法律
　　　（グリーン購入法）　2001年4月施行

　再生品等に対する需要が確保され，供給面の取組みを強化するために，国等の公的部門による環境物品等の調達の推進および情報提供の推進をはかる法律で，調達に関しては，国等の各機関に毎年度環境物品の調達目標等の作成とそれに基づく調達を推進する努力を課し，情報提供に関しては，製品メーカーや情報提供団体，政府にそれぞれの立場からの情報提供を課しています．

Question and Answer

Q & A

● 発生抑制, 適正処理

● 再 生 利 用

● 特別な課題

● 制度・政策

Question 1
ごみの出し方，分け方ってどうして市町村ごとに違うの？

Answer
実際に行われている分別の種類

　各市町村が実施している分別数は，分別・リサイクルにかかるコストなどを考慮し，3～4種類にとどまるところから，資源の有効利用に向けて数10種類もの分別に取り組むところまでさまざまです．図1は，わが国のごみの分別の状況，およびごみの分別数別の一人一日あたりのごみ排出量を示したものですが，多くの市町村が5～15種類の分別に取り組んでおり，大概分別数が多いほど住民一人一日あたりのごみ排出量が少ないという結果になっています．これは，分別の取組みがリサイクルを推進するだけでなく，ごみそのものの排出抑制効果を生み出すためと考えられます．

　一方，容器包装リサイクル法の施行以来，自治体での分別品目の拡大が進み，平成18年度時点では，ペットボトル，ガラス製，スチール製，アルミ製容器

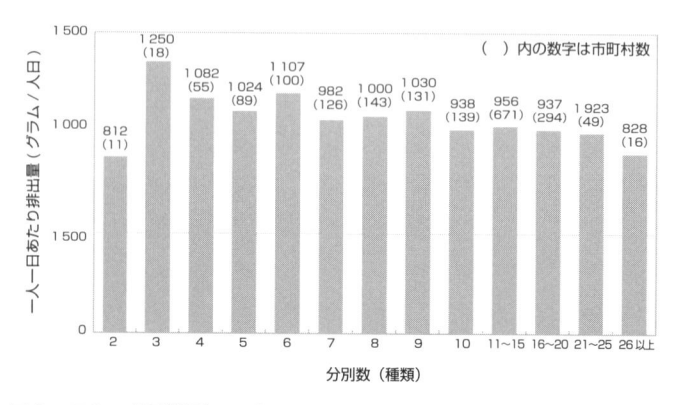

図1　ごみの分別数別の一人一日あたりごみ排出量（平成17年度実績）

包装は9割を超える自治体が分別収集を実施していますが，プラスチック製容器包装では約7割，紙製容器包装では約3割の自治体にとどまっています．

こうした中で，汚れのひどいプラスチック類のリサイクルは費用がかかるだけでなく，環境負荷の増大も予想され，焼却処理によるサーマルリサイクルを選択すべきとの考えもあります．また，分別・リサイクルの推進では，費用や環境負荷といった視点からの検討，さらにはリサイクル製品の利用先の確保などといった課題があり，ただ単に分別数を競うのではなく，人口規模や市街化の状況，あるいは産業構造などといった地域の特性を考慮した上で判断する必要があります．

なぜ，自治体によって分別の種類が違うのか

「廃棄物の処理および清掃に関する法律」では，一般廃棄物（ごみ）の処理責任は市町村にあるとしており，発生抑制やリサイクルに努めるとともに，その上で処理が必要なものについては中間処理や最終処分を確保することとしています．

また，処理を行うにあたっては，市町村は一般廃棄物処理計画を策定しなければならず，これには目標年次を概ね10年から15年先に定めた「基本計画」と，基本計画の実施のために必要な各年度の事業について定める「実施計画」とに分けて策定しなければなりません．その中で，発生抑制のための方策とともに，分別収集するごみの種類や分別の区分，処理方法などについて定めることとされており，市町村の裁量によって分別の種類を定めることができます．

一方，容器包装のリサイクルを進めるため，平成7年に「容器包装の分別収集および再商品化の促進等に関する法律」が制定され，これに基づき各市町村ではビン，カン，ペットボトルやプラスチック製容器などの分別収集に取り組んでいます．法律に基づく分別収集を行う場合には，市町村は分別収集計画を策定し，国に提出することになりますが，どの容器包装を分別の対象とするのかは，やはり市町村に裁量があります．

このようなことから，現在は，各市町村によってリサイクルに対する考え方が異なることや費用増加への懸念などから，分別の種類が異なるという状況にあります．

［濱田 雅巳］

参考文献
　　環境省HP，日本の廃棄物処理（平成17年度）
　　　　http://www.env.go.jp/recycle/waste_tech/ippan/h17/index.html

Question 2
ごみ出しルールに協力してもらうには？

Answer

　分別方法や回収日・排出時間，さらには排出方法などについて，住民の理解を得て，ルールに協力してもらうことは，資源物のリサイクルやごみの適正処理を効率的，効果的に進める上で，非常に重要となっており，各市町村はさまざまな工夫を凝らして取組みを進めています．

普及啓発の取組み

　最も重要なことは，なぜごみの出し方のルールを守らなければいけないのかを正しく住民に理解をしてもらうことです．そこで，各市町村では分別品目の説明などの機会を利用して，ごみ出しルールの徹底をはかっており，人口規模などにもよりますが，数千回から1万回を越える説明会を実施したところもあります．そのほか，住民と連携した集積場所での指導や駅頭キャンペーンの実施，さらには公共施設での分別相談の実施など，さまざまな取組みが行われているところです．

　また，住民にごみ問題に対する関心をもってもらい，分別への協力を仰ぐために，キャラクターやロゴを作成しているところもあり，各市町村が作成したキャラクターの例を図1に示します．

日本におけるごみ出しルール違反の罰則

　啓発によって，すべての住民が分別などのルールを守れば問題はありませんが，全体からみれば少数とはいえ，ルールを知らずに，あるいはルールを無視してごみを出す人がいます．こうした状況に対応するため，普及啓発の一環として分別されていないごみの取残しなどが行われていますが，最終的には収集

Question and Answer

図1　キャラクターの例

名古屋市
「循環型社会」のイメージ
シャチのジュンちゃん

横浜市
「ヨコハマG30」
ヘラ星人　ミーオ

仙台市
「100万人のごみ減量大作戦」
ワケルくん

せざるを得ません．こうした状態が続くと，一生懸命に分別を行っている人のやる気をそぐことにも繋がりかねません．そこで，神奈川県横浜市や群馬県富岡市では，ルール違反を繰り返す住民，あるいは事業者を対象として罰則に係る手続き（命令，勧告，過料など）を定めています．

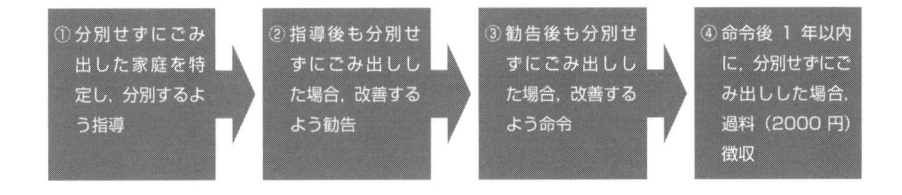

①分別せずにごみ出した家庭を特定し，分別するよう指導　→　②指導後も分別せずにごみ出しした場合，改善するよう勧告　→　③勧告後も分別せずにごみ出しした場合，改善するよう命令　→　④命令後1年以内に，分別せずにごみ出しした場合，過料（2000円）徴収

図2　横浜市 分別を守らない住民に改善を促す手続きの概要

集積場所の設置

　一定規模以上の開発行為を行う場合や集合住宅を建設する場合などにおいて，集積場所の設置を義務づけている市町村がありますが，既存市街地などを含めて，地域住民の話合いによって集積場所を決定していることが多いようです．そうした中で，負担の公平化をはかるため，集積場所を定期的に移動するといった取組を行っている事例もあります．

　いずれにしても，集積場所の設置を円滑に行うためには，地域の住民の理解と協力が不可欠です．

［濱田 雅巳］

Question 3
ごみの組成について教えて

Answer

ごみの種類

　ごみの種類には，分別収集方式に基づく大まかな分類である「ごみの種類」と，さらに品目・材質からその中身を区分する「ごみの種類」があり，後者をとくに「ごみの種類別組成」とよぶことがあります．

　各自治体では，処理・処分の実態に合わせて分別収集を行っており，その方式はそれぞれの自治体によって違いますが，その分類例を表1に示します．

表1　ごみの種類の分類例

ごみの種類	可燃ごみ	不燃ごみ	粗大ごみ	資源ごみ	有害ごみ	その他
ごみの種類別組成	紙類 厨芥類 繊維類 木竹類 プラスチック類 ゴム・皮革類 その他	ガラス類 陶器・石類 金属類 その他	家具類 家電製品 自転車など	紙類 ボロ類 金属類 空ビン類 空缶類 ペットボトル 家電製品	PCB使用部品 感染性廃棄物	処理困難物 (スプリングマットレス・廃自動車タイヤ・大型廃家電等)

ごみの成分

　ごみの組成を表す方法としては，三成分（可燃分，不燃分，水分），物理組成（種類別組成），化学組成（元素組成）があり，焼却施設の仕様などを検討する際に重要な要素となります．

(i) 三成分

　ごみを可燃分（紙やプラスチック，繊維類など），不燃分（金属や陶磁器など），水分の三成分で示すものです．ごみの性状や燃焼性をおおまかに把握すること

ができ，焼却施設の計画には欠かせない項目であり，最終処分場を計画する上での検討要素となるもので，とくに可燃ごみの三成分の割合は，分別収集方式により大きく変化します．

平成17年度から分別収集品目の拡大（10分別15品目）をはかった横浜市における工場搬入ごみ（可燃ごみ）の三成分は表2に示すとおりです．

(ⅱ) 化学組成

ごみ中の可燃分の元素組成は，炭素C，水素H，酸素O，窒素N，硫黄Sおよび塩素Clからなっており，焼却工場などの燃焼プロセスに大きな影響を与えるとともに，可燃ごみの発熱量を把握する上からも重要な要素となります．参考に，横浜市の可燃ごみの分析値（平成17年度）を表2に示します．

表2　横浜市における工場搬入ごみの化学組成（平成17年度）

三成分	可　燃　分 (48.13%)						不燃分	水　分
割合 (%)	炭　素	水　素	窒　素	硫　黄	塩　素	酸　素		
	26.45	3.77	0.38	0.01	0.18	17.34	6.75	45.12

(ⅲ) 物理組成

ごみを紙類やプラスチック類，木竹類，繊維類，厨芥類，金属類，ガラス類などといった物理的な組成割合で示したものです．市民生活から出されるごみをその形態別にあらわしたもので，理解しやすい表現となっています．これらの割合の変化は，例えば生産方式の変更，飲料容器のカン・ビンがプラスチック容器やペットボトルに移行することで，金属類やガラス類の割合が減り，プラスチック類が増加するなどといった現象にあらわれます．横浜市の平成17年度の工場搬入ごみ（可燃ごみ）の物理組成を表3に示します．

表3　横浜市における工場搬入ごみ（可燃ごみ）の物理組成（平成17年度）

種　別	紙　類	プラ類	木竹類	繊維類	厨芥類	金属類	ガラス類	その他
割合 (%)	37.85	15.13	5.73	3.42	31.65	0.98	0.93	4.35

［濱田　雅巳］

Question 4

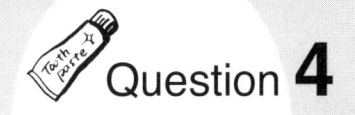

ごみの排出量が変わる要因にどんなものがある？

Answer

ごみ量の状況

　国の発表では，平成17年度のわが国のごみ総排出量は5 273万トン（前年度5 338万トン：1.2％減）であり，一人一日あたりのごみ排出量では1 131 g（前年度1 146 g：1.3％減）となっています．また，過去10年間の推移をみると，直近の6年間は減少傾向を示しています．

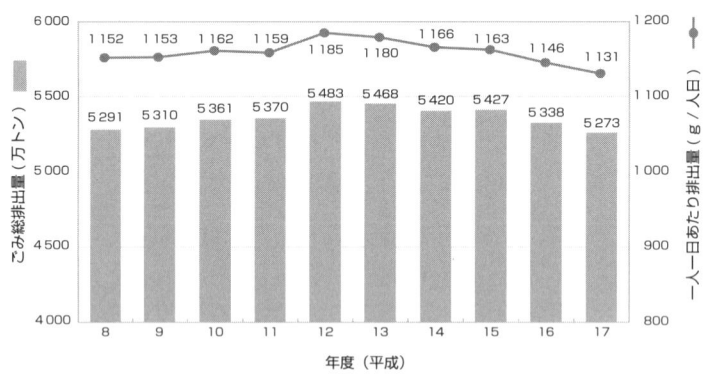

図1　全国のごみ総排出量の推移

ごみ量に影響を与える因子

　一般的に，ごみ量に大きな影響を与える要因としては，人口や経済の状況があると考えられており，わが国においても，高度成長時代には人口増加や使い捨て商品の普及とあいまって大幅なごみの増量が起こり，各自治体ともその適正処理の推進に大きな負担を強いられました．一方，図1にあるように，平成

Question and Answer

13年以降ごみの総排出量は減少傾向を示していますが，その間も人口や実質最終家計消費支出などの経済指標は若干ですが増加傾向を示しており，近年は，これまでと異なった傾向を示しているといえます．

その要因としては，各種リサイクル法の整備が進んだことがあげられます．例えば，容器包装リサイクル法の施行に伴い，容器包装の軽量化とともに，詰替え容器の普及が進んでいます．また，事業者による食品廃棄物の減量・リサイクルや家電製品やパソコンなどの回収が進んでいます．

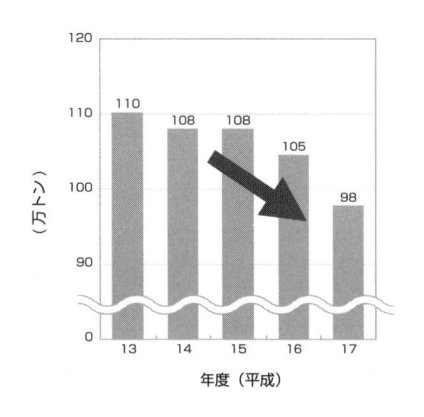

図2　家庭から出されるごみと資源の総量

分別収集の拡大がごみ量に及ぼす影響

現在，ごみ減量，さらには環境負荷の低減を目指して，分別品目の拡大に努める各自治体が増えてきています．そうした中で，ごみ総排出量を大幅に減少させているところがあります．

図2は，横浜市における家庭から出されるごみと資源の総量の推移を示したものですが，平成17年度の分別収集品目の拡大（5分別7品目から10分別15品目へ）により，平成13年度の110万トンから平成17年度には98万トンと大幅な減量を達成しています．総量は，燃やすごみ（家庭ごみ）や資源集団回収，行政回収等で行政が数値を把握できるものであり，店頭回収や新聞販売店回収などの事業者自らが回収する量は含まれていないことから，すべてが発生抑制とはいえませんが，ごみの分別を通じて住民の環境意識が高まり，「余分な包装を断る」「詰替え商品を選ぶ」「食べ残しをしない」などの減量行動が実践されたことも要因の一つとして考えられます．

［濱田　雅巳］

Question 5
生ごみを減らす方法は？

Answer

生ごみはどれくらい発生するか

環境省の資料によると，一般廃棄物のうち生ごみが占める割合は約30％，生活系の生ごみ発生量は約1 000万トンと推計されています（平成16年度）．一人あたり年間約80 kgもの生ごみを排出していることになります．

調理くずや廃棄食材，食べ残しなどを食品ロスといいます．農林水産省の「食

表1 世帯食一人一日あたり食品類別食品使用量および食品ロス量

食 品 類	使用量(g)	食品ロス量 量(g)	食品ロス量 割合(%)
穀　　　　類	170.9	1.8	4.3
でんぷん	0.9	0.0	0.0
豆　　　　類	0.9	0.0	0.0
野　菜　類	225.2	18.3	44.0
きのこ類	9.7	0.7	1.7
果　実　類	64.1	6.2	14.9
肉　　　　類	46.3	1.2	2.9
卵　　　　類	32.3	0.6	1.4
牛乳及び乳製品	95.4	0.5	1.2
魚　介　類	40.6	3.1	7.5
生鮮海藻類	1.4	0.1	0.2
砂　糖　類	5.3	0.1	0.2
油　脂　類	15.0	0.0	0.0
調　味　料　類	57.4	1.8	4.3
調理加工食品	208.8	6.5	15.6
菓　子　類	17.4	0.2	0.5
飲　料　類	129.5	0.6	1.4
計	1 121.5	41.6	100

※食品種類別の割合は，食品ロス量41.6gに対する割合

［農林水産省"平成18年度食品ロス統計調査（世帯調査）結果の概要"から作成］

表2 結婚披露宴・宴会・宿泊施設における食品使用量および食品ロス量

施　　　設	使用量(g)	食品ロス量	
		量(g)	割合(%)
食堂・レストラン	556.9	17.1	3.1
結 婚 披 露 宴	2229.7	501.8	22.5
宴　　　　会	1877.2	285.0	15.2
宿 泊 施 設	682.3	88.9	13.0

［農林水産省"平成18年度食品ロス統計調査（外食産業調査）結果の概要"から作成］

品ロス統計調査」（平成18年度）によると，家庭での一人一日あたりの食品使用量，食品ロス量は表1のように，野菜類が最も高く，ついで調理加工食品，果実類，魚介類，穀類となっています．また，食堂やレストランおよび結婚披露宴，宴会，宿泊施設でも表2にあるように食べ残しされています．

食品リサイクル法（平成12年制定，19年改正）では，食品関連の製造，流通，外食産業に対して食品廃棄物の減量化や資源化を義務づけています．食品製造業には85％，外食産業には40％などの減量目標が定められ，取組みが進んでいますが，家庭からの生ごみについてはなかなか対策が進んでいません．

生ごみリサイクルの方法

生ごみだけを分別することはなかなか困難なため，大規模な施設で堆肥化するという方法は，ごく少数の自治体を除いて成功していません．メタンガス化などの技術もありますが，ごみ処理の方法としては一般的ではありません．

これに対して，各家庭で堆肥化する方法があります．もっとも簡単な方法は，庭や畑に穴を掘って埋めることです．穴に生ごみを入れて軽く土をかけ，生ごみと土が層になるようにしていきます．雨が入らないように管理すれば，堆肥（コンポスト）になります．プラスチック製のコンポスト容器は穴を掘るのではなく地上に積み上げるための容器で，土に埋めるのと原理は同じです．

軒先や屋内で処理するための装置として，電動生ごみ処理機があります．微生物とおがくずなどの基材を生ごみと混合・攪拌する装置で，堆肥化というより有機物を炭酸ガスと水に分解して，生ごみをなくしてしまうことがねらいです．数ヶ月に一回，バイオ基材を入れ替える必要がありますが，生ごみは分解

されてしまいます．またヒーターや熱風で生ごみを乾燥させるものもありますが，ある程度量がたまると取り出して処理する必要があります．

家庭で生ごみを減らす方法

　家庭で生ごみを減らすためには，いうまでもなく食材を使い切り，食べ残しを出さないこと，むだな買い物をしないことです．賞味期限，消費期限の意味をよく理解して，食品のむだを無くすことが大切です．ちなみに賞味期限とは，比較的長期間衛生的に保存できる食料品に対して表示されるもので，包装したままの状態で保存した場合に味や安全性などのすべての品質が維持されると，製造者が保証する期限を示すものです．

　消費期限は生鮮食品に対して表示されるもので，製造日を含めて概ね５日以内に急速な品質の低下が認められる食料品について表示されています．

　これらの期限は，製造・販売業者がそれぞれの判断で決めているため，期限を過ぎたからといって，ただちに食べられなくなるというものではありません．逆に生鮮食品の場合は，保存状態によっては期限内でも傷んで食べられなくなる場合もあります．期限表示はあくまで目安であって，自分の舌や感覚で判断することが，生ごみを減らすポイントの一つだといえるでしょう．

　食材を使い切ることも重要です．できるだけ食材のむだをなくして，野菜の皮や魚の骨までうまく使いこなす調理法を「エコクッキング」とよんでいます．（社）日本ガス協会などではエコクッキング推進委員会を組織して普及に努めており，各地でエコクッキング教室の開催や指導者養成行っています．生ごみを減らすためには，料理の知恵を身につけることも大事なことです．

〔山本　耕平〕

京都市の取組み －家庭ごみの有料指定袋

　京都市では，脱温暖化社会，循環型社会の構築に向け，ごみの発生抑制（リデュース），再使用（リユース）の上流対策を優先したごみの減量を促進することを目的に，平成18年10月から家庭ごみの有料指定袋制を導入しています．

　この有料制を実施して1年半を経過した19年度後半（19年10月～20年3月）の家庭ごみ量は，有料化実施前の17年度の同期間と比較して約20％減少（約28 000トン減）しています．また，有料化を実施した平成18年度同期間の家庭ごみと比較しても約7％減少（約7 600トン減）するなどの大きな減量効果を示しています．

　このようなごみの減量要因は，有料化という経済的インセンティブが大きな要因と考えられますが，有料化によって得られた財源を使用済み天ぷら油の回収や古紙，古布類など多品目な資源物の地域での回収（コミュニティ回収），生ごみ処理機の購入などへの助成など，市民の身近なごみ減量への取組みに対する支援やリユースびんの利用促進，はかり売りなどの上流対策を重視したエコ商店街の拡充など市民，事業者，行政が連携して進めるごみ減量への取組み，また，廃プラスチック製容器包装などの分別・リサイクルの推進に向けた取組み，さらには脱温暖化や将来につながる先進的な環境に関する取組みなどさまざまな施策に生かしており，このような施策の展開とあいまってごみ減量に対する市民の意識が高まり，ごみ減量がより進んでいると考えられます．

［瀬川 道信］

Question 6

古着や繊維製品の3Rについて教えて

Answer

繊維製品はどれくらい回収されているか

　繊維製品リサイクルについては統計がないため，過去の調査で推計するしかありませんが，平成8年度の通産省調査によると，繊維製品全体の国内消費量は年間229万トンで，衣料品が約50％，ふとん，シーツ，毛布などの日用品が20％，カーテン，カーペットなどのインテリア用が10％，網，袋，不織布，フェルトなどの産業用が20％と推計されています．そのうち，不要になって排出される量は171万トンで，回収されて利活用されている量が16万トンと推計されています．

　日本繊維屑輸出組合が平成12年度に行った調査によると，「ボロ」（古着やシーツなど）の回収量は約18万9千トン，「屑繊維」（縫製工場などから発生する端布など）は約5万7千トンで，このうち利用できないボロを除くと，実質的に利活用されている量は約19万トン程度と推計しています（ちなみにボロと屑繊維をあわせて「故繊維」といいます）．

　二つの調査から大ざっぱにいえば，わが国では輸入を含めて200万トン強の繊維製品が消費され，約75％が不要になって排出されるが，そのうち利活用されているのは10％に満たないということになります．

故繊維の用途

　故繊維は，中古衣料（古着），ウエス（工業用雑巾），反毛（はんもう）という三つの用途があります．

　ボロ（木綿が主体だった）は昔，製紙原料になっていたために，今でも古紙回収業者が古紙と一緒に回収し，古紙問屋から故繊維専門業者の手に渡ります．

故繊維業者のヤードでは，中古衣料，ウエス材料，反毛原料の三つの用途別に選別しますが，中古衣料は男女や年齢，上着，ズボン，シャツなどの種類ごとに細かく分けるため，その数はなんと約140種類にもなるそうです．

中古衣料は，主として体型の近い東南アジアに輸出されています．シャツやブラウス，ズボン，スカート，上着などのほか，ブラジャーなどの女性下着も輸出されています．国内の古着ショップはファッション性から若い人に人気がありますが，輸出先の国々ではむしろ日用の衣類として需要があります．国内で販売される古着はアメリカやヨーロッパなどからの輸入で，国内で回収された古着の需要はほとんどありません．

ウエスはシーツやタオル，シャツなどを一定の大きさに裁断したもので，工場や作業現場で雑巾として利用されるものです．明治末から大正期には，日本のボロでつくったウエスが欧米に大量に輸出されていました．欧米の衣類は羊毛製品が多かったため，雑巾には適しないためです．日本製のウエスはよく洗濯された清潔なボロが原料になっていたため品質がよく，高く売れたそうです．

反毛とは布や毛糸になったものを，元の綿状の繊維にほぐしたもので，いわゆわるマテリアルリサイクルです．紡いで糸や毛糸に再生したり，ぬいぐるみの中綿，フェルトの原料，断熱材などになります．安価な軍手は，木綿の半毛をもう一度紡いで糸にして編み上げたものです．また自動車には，断熱材として故繊維から再生したフェルトが使われています．

故繊維 3R の課題

かつて故繊維の用途はウエスが主体でしたが，ウエスを多用する工業の衰退や紙ウエスなどの代替品の伸張によって需要が減少し，現在では古着としての輸出が半分近くになっています．しかし繊維産業保護などの事情から中古衣料の輸入を制限する国もあり，中古衣料の輸出も伸び悩んでいます．また自動車工業でも故繊維再生品を敬遠する傾向にあります．

繊維製品の3Rのためには，リユース・リサイクルしやすいように，素材の表示やリサイクルが困難な繊維の使用削減など製品設計上の配慮が求められるとともに，再生繊維製品の需要拡大をはかっていく必要があります．

ドイツの衣料品の回収率は約70％（繊維製品全体では50％）もありますが，

回収した衣料の約半分は東欧やアフリカなどへ輸出されています.

　日本でも輸出先の開拓が課題ですが,国内需要をもっと高めることを考えるべきでしょう.そのためには,中古衣料の国内需要の創出や中古衣料市場の環境整備が求められるところです.また,繊維製品のカスケード利用(再使用を優先し,再使用できなくなったらリサイクルし,リサイクルできなくなったらエネルギーとして利用するなど,資源を多段階に利用すること)という観点から,ボロウエスや再生繊維製品を優先的に利用することが必要です.

図1　梱包されたボロ

図2　反毛から製造されたフェルト
　　　(自動車用)

[山本 耕平]

参 考 文 献
　　"繊維製品リサイクル総合調査" 通産省委託調査(平成9年3月,三菱総合研究所)
　　"故繊維輸出産業の将来ビジョン"(平成13年2月,日本繊維屑輸出組合)
　　"ドイツにおける繊維製品リサイクルの現状報告書" 通産省委託調査(平成13年3月(株)ダイナックス都市環境研究所)

Question and Answer

京都市の取組み－京都方式

　市民の環境に対する意識の高まりを反映したごみ減量への取組みの一つとして市民，事業者，行政との連携による「マイバッグ等の持参促進およびレジ袋の削減等に関する協定」があります．この協定は，ごみの発生抑制に効果的なレジ袋の削減に向けて，レジ袋を扱うスーパーや商店街などの事業者は，レジ袋の有料化やポイント制などのレジ袋を辞退する消費者への優遇策の導入などにより，消費者のマイバックなどの持参率やレジ袋の削減率などの目標数値を設定して削減に取組み，市民団体は，市民への啓発と事業者の取組みを支援し，行政は，効果的なPR活動をするなどの連携により，レジ袋の削減を目指す取組みであり，京都方式といわれる自主協定による取組みです．この取組みは，平成19年1月の第1回協定締結から1年余りを経て，協定参加店舗は27店舗と2商店街に広がり，その取組みを支援する市民団体の数も13団体となり，レジ袋削減に関する機運は着実に高まっています．また，協定参加店舗におけるマイバッグ持参率は，実施前の2割程度から，協定参加事業者の取組みと市民団体の支援などにより概ね7割以上に向上し，事業者によっては年間900万枚以上のレジ袋削減効果がみられるなど，家庭ごみの有料指定袋制の導入と相まって市内のレジ袋使用量は，平成16年度時点から約2億枚削減していると推定されるなど市内でのレジ袋削減が急速に進んでいます．

［瀬川 道信］

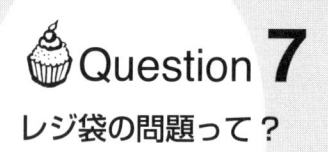

Question 7
レジ袋の問題って？

Answer
無料配布がレジ袋の乱用を招いている

　レジ袋の最大の問題点は，無料で配布していることで，消費者に使用抑制が働かず，高騰著しい石油資源のむだを招いていることです．資本主義では，商品に値段がつくことで消費者は購入するかどうかを決めますが，レジ袋は無料配布されることで，たとえ買い物袋をもっていても，レジ係から無造作に渡されれば，もらってしまう．むしろ，もらわない方が損だという意識をもたせ，それが資源のむだを招いているのです．筆者は，レジ袋を「使い捨ての象徴」とよんでいます．筆者の研究によると[1]，もしもレジ袋に原価2円の値段がつけば購入する人は5割程です．つまり，現在使用されているレジ袋の半分が乱用されていると考えられます．レジ袋はごみ袋として再利用されているから問題ないという識者もいますが，ごみ袋約5000枚を調べた研究[2]によると，ごみ袋に入れられていたレジ袋の約3割は，なにも入れられずに捨てられていたということです．レジの近くで買い物袋持参率を調査したことがあります．見ていると，既にレジ袋に商品を入れ終わっているのに，さらにもう一枚くださいとレジ係にねだる消費者．買い物袋を手にもっているのに，商品をレジ袋に入れ，それを買い物袋に入れる消費者はあとを絶ちません．これもそれも，「ただ」でくれるので，使用を抑制しようというインセンティブ（動機づけ）が働かないのです．

　第二の問題は，風に飛散しやすく，野外に出れば，生物による分解を受けずに，川から海へと流れ，クジラやウミガメ，ミズウオなどの生物により，クラゲと間違えられたり，流れている間に海藻がついて誤食され，生物を死に追いやっていることです．生物にとってみればレジ袋は危険な代物です．

第三の問題点は，景観を破壊したり，湖沼などではアシなどの植物にからみついてその除去を妨げていることです．アフリカでは，無造作に野外にごみを捨てる習慣があるために，ブッシュや木々にレジ袋がからみつき，白い花のように見える風景がよくみられます．

　第四には，洪水で排水路に流れ込んだ大量のレジ袋が排水路の口に溜まって水をせき止め，洪水の原因を引き起こしています．バングラディシュでは，この理由で，2002年に製造・使用を禁止しています．

　第五に，レジ袋に含まれる安定剤や着色剤，可塑剤などによる土壌汚染や鉛汚染，アフリカなどでは野外に散乱したレジ袋に水が溜まり，マラリア蚊の発生を招いて，多数の死者をもたらしています．

スーパー・コンビニからみた問題点

　スーパーの業界団体であるチェーンストア協会は長年，レジ袋の有料化に反対していましたが，容器包装リサイクル法（容リ法）の改正論議の中，環境省中央環境審議会の2005年の中間まとめでは，有料化賛成に回りました．その理由はなんでしょうか．2005年8月現在38店舗を有するオーケーストアを例に考えてみましょう．来店客数は年間350万人と聞いていますが，いまレジ袋の原価を2円とすれば，年間の経費は来店客1人1日1.4枚使用×2円×350万人で約1千万円になります（1.4は文献3）から）．1989年の消費税導入時から，レジ袋を有料化しているオーケーが有料化に踏み切った大きな理由はこの経費節減です．節減された経費は商品の値段を下げることに使ったことで消費者の理解を得て，売上げが減ることなく現在に至っています．スーパーにとっては，そのほかに容リ法でレジ袋やトレイなどの特定容器利用について，そのリサイクル費用をまかなうために拠出を義務づけられている再商品化委託料の増加も有料化賛成の引き金を引いたものと思われます．当初はレジ袋が対象になっているプラスチック製容器包装を分別収集する自治体が少なく従って委託料が安かったのですが，2000年にプラスチック製容器包装が容リ法の対象になってから分別収集・リサイクルする自治体が増え，再商品化委託料総額は，2000年の約61億円から2006年度は約467億円に上り，スーパーなどの支払う委託料が上がっています．

自治体にとっての問題点

　レジ袋の国内生産量と輸入量を合わせた生産量は2006年度で37万9千トンです．日本の2005年度の廃棄物処理料は，1トンあたり3万6千円でした．生産したものがすべてその年に使用された後ごみとなったと仮定し，自治体がレジ袋を処理するのにかかった大まかな処理料を計算すると，年に約136億円の税金がかけられていることが推計できます．マイバッグ運動によってその削減が自治体・住民団体等によって続けられてきたのは廃棄物処理料と道路等に散乱するレジ袋の削減がその理由の一つでしょう．今後の削減対象には，過剰包装となっているお菓子や，一回使用して使い捨てられているペットボトルやカン・ビン，カップラーメンの発泡スチロール容器等の削減に向けられていく必要があると考えます．

[舟木 賢徳]

参 考 文 献
1) 舟木賢徳, "「レジ袋」の環境経済政策", リサイクル文化社（2006）
2) 福岡雅子, "ごみの中の実態に基づくレジ袋削減可能性", 廃棄物学会論文（2005）
3) ごみゼロパートナーシップ会議, 全国生活学校連絡協議会, "環境に関するラフスタイルの見直し", （2004）
3) 舟木賢徳, "「レジ袋」の環境経済政策", リサイクル文化社（2006）

海外のレジ袋有料化の動向 — ヨーロッパ

　プラスチック袋の害について最初に世界に知らしめた事件は，1984年イタリアのアドリア海の海岸に1頭のクジラが打ち上げられた事件です．50枚ものプラスチックの袋を飲み込んで死んだことがわかり，これをきっかけに，イタリアでは1989年の1月より，生分解しないプラスチック袋1枚ごとに100リラ，約6円の課税制度ができました．この結果，レジ袋の原価がこの税に上乗せされ，すべてのスーパーで200リラ（約12円）で有料化されるようになりました．

　ところが，どのような理由からかわかりませんが，この税は1993年に廃止され，今は専門店を除くスーパーで課税額を除いたレジ袋の原価約6円程度での有料化が続いています．その後，アイルランドが2002年3月，レジ袋を使用する客から1枚につき15セント（約18円）を徴収するレジ袋税を課しています．

　デンマーク，ドイツ，スイスでもレジ袋が6〜30円前後で有料化されています．法律によるものではなく，各国でごみ処理が有料化されていること．製造・販売・消費時だけでなく廃棄時にも企業の責任を拡大させようという拡大生産者責任（EPR）の考え方のもと，最初に唱えたドイツでは企業へのリサイクル責任を担うDSD社が処理費をまかなうために製品に貼付する緑のマークの使用料を徴収される関係で，デンマークでは緑の税制度により，スイスではリサイクル費用の前払い制度により，レジ袋が有料化されています．

〔舟木　賢徳〕

参　考　文　献
1) 舟木賢徳, "「レジ袋」の環境経済政策", リサイクル文化社 (2006), p127
2) 日経エコロジー 11月号 (2007)

Question 8

ごみの焼却等中間処理方式について教えて

Answer

中間処理方式と現状

廃棄物の中間処理施設は，① 焼却施設，② 資源化等の施設，③ 粗大ごみ処理施設に大別されます．

焼却施設には，ストーカ式，流動床式，ガス化溶融・改質式，炭化式等があり，2006年度では全国に1 301施設があり，処理能力は合計で日量約19万トンになっています．

資源化等の施設には，選別，圧縮・梱包，ごみ堆肥化，ごみ飼料化，メタン化，ごみ燃料化などがあり，2006年度では全国に1 218施設があり，処理能力は合計で日量約3万トンになっています．

粗大ごみ破砕処理施設は，破砕・圧縮などの処理および鉄などの有価物の選別回収を行なう施設で，2006年度では全国に681施設があり，処理能力は合計

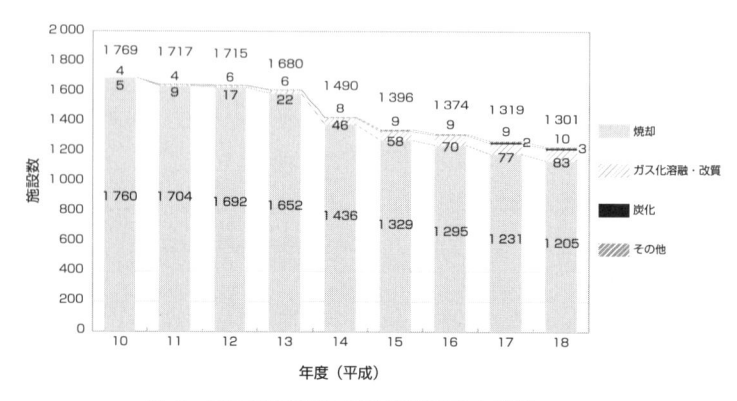

図1 ごみ焼却施設の種類別施設数の推移

で日量約5 800トンになっています．

ガス化溶融施設の現状

　ガス化溶融施設は，2006年度で全国に83施設が設置されており，焼却施設の総数1 301施設と比較すると，決して多いわけではありません．しかし，焼却施設数が減少している中で，ガス化溶融施設は着実に増えています．ちなみに，ガス化溶融施設には，シャフト式，キルン式，流動床式，ガス改質式の各方式があります．

新技術の実用化

　廃棄物の処理技術は，これまでの公衆衛生の向上や公害問題の解決から循環型社会の形成に寄与する技術の開発へと向かっています．この分野の処理技術については，特に安全性や信頼性が十分確認，確保されていなければなりません．しかし，廃棄物処理法では生活環境の保全上最低限満たさなければならない構造や維持管理に関する基準が定められています．

　このため，新しく開発された技術については，その新技術が備えるべき性能に関する事項とその確認方法を示す性能指針を定め，これを満たす新技術には循環型社会形成推進交付金の対象施設とするなど国による速やかな対応がはかられています．新技術が実機として採用されるまでの主な手順は次のとおりです．

新技術　⇒　実験施設　⇒　実証施設　⇒　実　機

　最近実用化された技術には，ガス化溶融，酸素富化燃焼など改良型ストーカ，メタン発酵，炭化，BDF（バイオディーゼル燃料）化などがあります．

［伊東 和憲］

参　考　文　献
　　環境省HP，http://www.env.go.jp/

Question 9

熱回収の現状について教えて

Answer

熱回収

　現在ごみの処理は，3R（発生抑制，再使用，再生利用）をはかりながら，再使用や再生利用が容易にできないごみについては最終処分の前にエネルギーとして熱回収し利用することが求められています．ごみ焼却とはごみ中の可燃分を燃焼させ減量・安定化させるごみ処理方法ですが，燃焼に伴って熱を出します．燃焼温度は800～1 100 ℃ほどになるため，その熱を回収して有効に使うことが重要です．熱はボイラにより蒸気の形で回収され，蒸気の一部は焼却プロセスおよび場内外の施設において蒸気利用され，残りの蒸気はタービン発電機により電気エネルギーに変えられます．

　地球温暖化防止条約で定められた温室効果ガスの排出削減目標の達成に向けて，新エネルギーの導入促進は喫緊の課題となっています．バイオマスエネルギーはカーボンニュートラルであるとの考えのもと，温室効果としてはゼロ査定されています．そのためごみ焼却から出る温室効果ガスの算定にはプラスチック由来のCO_2が主に寄与することになります．エネルギー・環境政策上からごみ発電の積極的な見直しが行われ，1994年の「新エネルギー導入大綱」では，ごみ発電をリサイクル型エネルギー普及における主要な柱と位置づけています．

熱回収の現状

　一般廃棄物（ごみ）の排出量は最近ほぼ横ばいで，年間約5 000万トンで推移し，発熱量も生活スタイルの変化に対応して高くなってきましたが，8 400 kJ／kg（約2 000 kcal／kg）あたりで横ばい状況となっています．この

ようなごみの発生量および発熱量から，その潜在エネルギーを算定すると約 424 000 TJ／年（101 000 Tcal／年）で，これを石油に換算すると約 1 100 万 kL／年となります．

　現状の日本全体におけるごみ発電の施設規模は，約 120 万 kW ですが，ごみの全量を発電に利用し発電効率 15 ％で発電できれば約 193 万 kW が得られることになります．

ごみ発電の原理と安全性

　ごみ焼却に伴う熱回収はボイラなどで行なわれます．ボイラで回収された蒸気の電気エネルギーへの変換する場合のフローは図1に示すとおりです．高圧蒸気をいったん貯めてタービンに供給し発電したのちの排気は冷却され復水として回収されます．復水は脱気された後またボイラ給水として利用されます．ボイラは高圧蒸気を生成する圧力容器であるためその取り扱いにおいて安全に留意する必要があり，蒸気発生量の制御や非常時の蒸気の逃がし方など安全に関する取り決めが細かく規定されています．そのような知識をもったボイラ主任技術者，あるいはボイラ・タービン主任技術者をおくよう法律で定められ，安全確保がはかられています．

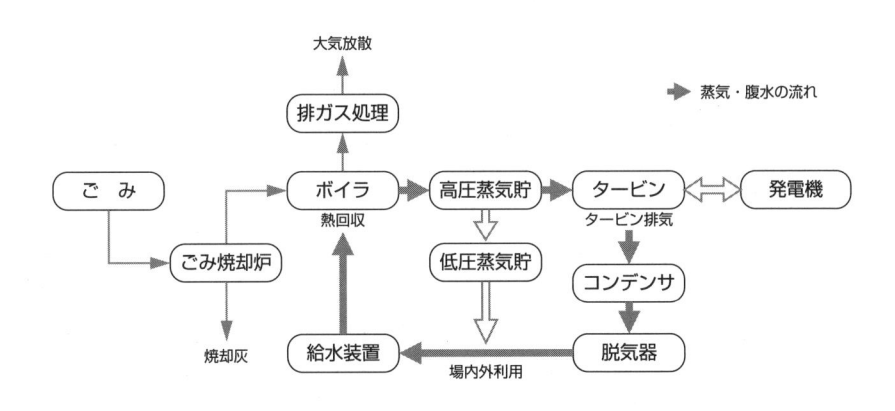

図1　ごみ発電の原理

経済性

　ごみ発電施設は，ボイラ・タービンコンデンサ等の設備を付帯するため建設費が高くなります．ボイラの過熱器管の腐食やボイラ・タービン技師の確保などで維持管理費も高くなります．しかし，発電した電気を自分のプラント用に使うため電気を買う必要がなくなり，さらに余った電気は電力会社などに売却できます．またRPS法によるクレジットもつくためその分の収入も見込めます．電力買い取り単価を高く設定できればごみ発電は更に促進されるものと期待されています．

ごみ焼却施設で発電を行うことができる最低限の規模

　一般的に最低限の規模は100トン／日程度といわれていますが，経済性を無視すれば100トン／日以下でも可能です．ボイラおよびタービンを備えた焼却施設は基本的に連続運転となり，運転人員がかなり多くなり人件費の負担が増えることになります．加えてごみ量・質の変動を受けやすい小型炉では発電の出力が安定しなくなります．ボイラ・タービン技師など有資格者の確保も小規模施設では大きな課題となります．経済性やこのようなことを考えると施設規模としては150トン／日以上が望ましいでしょう．

［藤吉　秀昭］

COLUMN

RPS法 (renewables portfolio standard)

　正式名称は「電気事業者による新エネルギー等利用に関する特別措置法」といい，平成15年4月に施行された法律です．化石燃料によらない太陽光や風力による新エネルギー発電に電気としての価値のほか環境に対する価値を付与し，各電気事業者に販売電力に応じた一定割合以上の新エネルギー利用を義務づけるもの．ごみ発電の一部が新エネルギーとして認められ，その新エネルギー相当分には付加価値がつきより高く電気を売却できます．

［藤吉　秀昭］

Question and Answer

COLUMN

海外のレジ袋有料化の動向−バングラディッシュなど

　バングラディシュでは，2002年3月プラスチック製袋の製造と使用を禁止する法律が施行され，違反者には懲役や罰金が課せられるようになりました．これは，一人の新聞記者がダッカで何枚ものレジ袋が下水道に流れ込み排水障害をきたして洪水の原因を作りだしていることを目撃したことから，1990年にNGOを作って運動を起こし，12年かけて法律制定に成功したものです．現在はレジ袋に代わり，麻の一種で生物分解できるジュートの袋が使われています．

　アフリカでも，製造，使用の禁止が相次いでいます[2]．2006年タンザニアでは，薄いレジ袋とペットボトルの製造・輸入・販売を禁止，2007年7月ウガンダでも，厚さ30μm以下のプラスチックの袋の製造・輸入・使用が禁止され，これより厚い袋には120％の関税が課せられています．理由は，捨てられたレジ袋がブッシュや木にまとわりつき白い花のようになって著しく景観と植物の生育を損なっている，レジ袋にたまった水溜まりからマラリア蚊が発生する，家畜や野生動物が誤食するなどです．ケニア，エリトリア，ソマリア，南アフリカなどでも製造・使用禁止が相次いでいます．

　中国でもレジ袋は，「白色汚染」として問題視され，その削減を狙って2008年6月からレジ袋の有料化が始まりました．

［舟木 賢徳］

参 考 文 献
1) 舟木賢徳，"「レジ袋」の環境経済政策"，リサイクル文化社（2006），p127
2) 日経エコロジー11月号（2007）

Question 10

ごみ発電の効率化について教えて

Answer

ごみ発電のエネルギー収支

ごみ発電における発生した熱の回収と利用の姿を図1に示します．まず，ごみのもつエネルギーの約85％がボイラによって回収されます．回収されたエネルギーのうち約10％がごみの焼却処理や，場外施設での余熱利用に利用されます．残りの蒸気がタービンによって電気に変換されます．電気への変換率は高くてもごみのエネルギーの20％ほどです．このような割合を発電効率とよんでいます．ごみから多くのエネルギーを回収し，より多くの電気に変換するには発電効率を上げる必要があります．

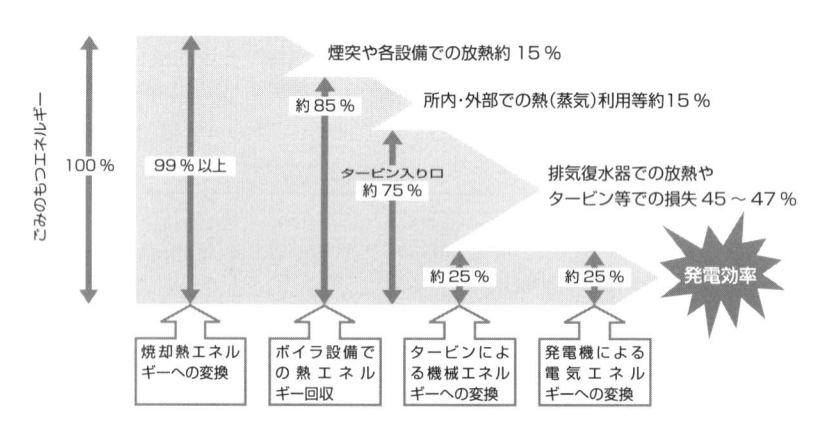

図1 ごみ発電における熱収支

発電効率の向上

発電効率をあげるためには大きく次の三つの工夫が必要となります．

(ⅰ) ボイラ熱回収率の向上

燃料のもつ熱量に対するボイラ回収熱量の割合をボイラ効率といいます．ボイラ出口での排ガス量を少なくすれば煙突から放出される熱量が少なくなり，ボイラ効率が向上します．燃焼用空気が少なくても完全燃焼ができるような高性能な焼却炉を低空気比高温燃焼炉とよんでいますが，発生する排ガスの温度が高くガス量が少ないという特徴があります．このような焼却炉であれば排ガスがもち出す熱が少なくなりボイラ効率が高まります．また，ボイラの出口排ガス温度を下げることによっても回収する熱量が増加するのでボイラ効率を高めることができます．従来のごみの焼却施設では，排ガス温度が300℃になるまでボイラで熱回収していましたが，最近はガス温度200℃程度まで回収しています．その他の工夫として焼却炉や煙道からの熱放散を少なくすることがあげられます．

(ⅱ) タービン流入蒸気量の増加

タービンへ入れる蒸気を増やすには必ずしも必要でない用途への蒸気利用を減らす工夫が必要です．白煙防止のためのに使う蒸気をなくすことも効果的です．発生した蒸気の一部が周辺住民の不安を解消するため，排出ガスの白煙を見えなくするために利用されています．しかし海外ではこうした対応は意味がないとする考えが支配的です．発生した蒸気は施設外において各種の用途に使われていますが，この熱ももっと有効に利用する必要があります．地球温暖化防止のためにバイオマスエネルギーの有効利用を考えると，本当に求められる熱利用に限定し，高圧蒸気は極力発電に利用し，施設内部外部の熱需要へは可能な範囲で低圧蒸気により対応するいわゆるカスケード利用を心がける必要があります．

(ⅲ) タービン効率の向上

蒸気条件（蒸気の温度と圧力）をあげることでタービン効率を上げることができます．4.0 MPa-400℃が現状ではベストな経済点だといわれています．これ以上蒸気温度を上げると過熱器の高温腐食により材料費が割高になるからです．タービン効率に大きく影響するもう一つの要素にタービン排気圧があります．水冷コンデンサにより排気圧を下げれば発電効果は上がります．

［藤吉 秀昭］

Question 11

ごみ処理，リサイクルにかかる費用はどのくらい？

Answer

費用の種類

　ごみ処理やリサイクルに係る費用は大きく二つに分けることができます．一つが焼却工場やリサイクル施設の建設に使われる費用で，イニシャルコストとよばれるもので，例えば，ごみ焼却工場の建設には1日の処理能力1トンあたり4〜5千万円（用地費含まず）と多くの費用が必要になります．もう一つが，収集運搬や工場運転，埋立処分などに係る人件費や車両の燃料代，焼却時の公害防止に使用する薬品代などの費用で，ランニングコストとよばれるものです．そのほか，焼却工場の炉内耐火物や余熱利用のためのボイラー設備などは，高温でさまざまな腐食性のガスにさらされていることから，毎年の定期的な整備が必要になり，また大型の設備についても経年劣化により修繕や交換が必要になります．こうした作業にかかる費用をオーバーホール費用とよんでいます．

実際の処理コスト

　環境省が発表した「一般廃棄物の排出及び処理状況等（平成18年度実績）から算出した1トンあたりの全国平均処理費用は約3万8千円となります．一方，住民への説明責任を果たすため，ごみ処理費用を算出し，公表している自治体も増えており，参考に，各自治体の平成18年度における1トンあたりの処理

表1　各自治体におけるごみ1トンあたりの処理費用（平成18年度実績）

都市名等	札幌市	仙台市	横浜市	静岡市	大阪市
収集運搬（円）	16 649	6 962	27 050	18 131	25 533
処理処分（円）	19 682	16 954	15 351	19 884	11 547
合計	36 332	24 507	42 401	38 015	37 080

[各都市HPより]

費用を表1に示します．

各自治体によって，資源物処理費用を含むところと含まないところがあり，また，ごみの処理やリサイクルの状況などが異なることから，単純な比較はできませんが，概ね1トンあたり3～4万円の費用がかかっています．また，都市によっては，収集品目ごとの処理コストを算出しているところがあり，資源物の方が費用は多くかかっているといえます．

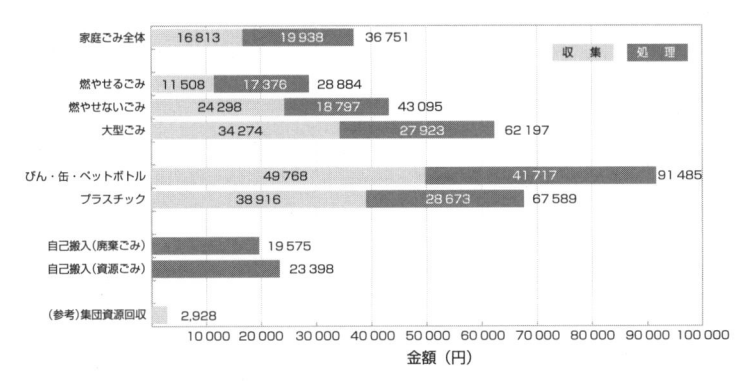

区分	収集	処理	合計
家庭ごみ全体	16 813	19 938	36 751
燃やせるごみ	11 508	17 376	28 884
燃やせないごみ	24 298	18 797	43 095
大型ごみ	34 274	27 923	62 197
びん・缶・ペットボトル	49 768	41 717	91 485
プラスチック	38 916	28 673	67 589
自己搬入（廃棄ごみ）	19 575		
自己搬入（資源ごみ）	23 398		
（参考）集団資源回収	2,928		

図1 ごみ種別1トンあたりの収集・処理費用（平成17年度決算）
［札幌市HPより］

コスト算出の課題

一方で，ごみの処理やリサイクルに係る費用の算出方法については，統一的なものはなく，また，算出を行っている自治体についても計算方法，範囲，区分は一致していませんでした．

現在，各自治体は，循環型社会の構築を目指し，3Rを中心としてさまざまな事業を展開していますが，具体的な施策や施設整備も含めた処理システムの最適化等の検討の基礎情報，住民や事業者に対して処理システムの必要性などを説明するための情報として，ごみの処理・リサイクルに係る会計の分析・評価を行うことがますます重要となってきています．

そうした中で，環境省からは平成19年6月に，費用分析の対象となる費用の定義や費用等の配賦方法，減価償却方法等について標準的な分析方法を定めた「一般廃棄物会計基準」が発表されたところであり，今後の活用が期待されます．

［濱田 雅巳］

Question 12

事業系廃棄物はどのように処理すればよい？

Answer

事業系廃棄物

廃棄物処理法では事業者責任について次のように規定しています．

　事業者はその事業活動に伴って生じた廃棄物を自らの責任において適正に処理しなければならない．

これが廃棄物処理法で定める重要な原則の一つである「排出者責任の原則」です．

　事業活動から生じる廃棄物すなわち事業系廃棄物には，事業系一般廃棄物と産業廃棄物があります．このうち，産業廃棄物は汚泥，廃油，廃酸，廃アルカリ，廃プラスチックなど法令で指定された20品目をいいます．また，事業系一般廃棄物は，事業系廃棄物のうち，産業廃棄物以外のものをいいます．ただし，事業系一般廃棄物という言葉は，法律に規定がされている用語ではなく，一般廃棄物・産業廃棄物の定義から帰結する，行政の実務者に一般的に使用されている用語です．

　そして，廃棄物の処理は，この一般廃棄物と産業廃棄物の区分に応じて，その処理責任の主体を明確にするとともに，廃棄物の適正処理を確保するために処理の基準や委託の基準がそれぞれ定められるなど，別の体系で行なわれています．

まずは3Rから

　事業者には，「排出者責任の原則」に基づき事業系廃棄物を自らの責任において適正に処理することが求められるわけですが，まずは，3R－Reduce（排出の抑制），Reuse（再使用），Recycle（再生利用）－を進めて，廃棄物の量を

減らすことが優先です．このことは，環境への貢献となるだけでなく，廃棄物の処理に係る費用を減らすことにもつながります．そのためには，廃棄物の分別が重要です．古紙，金属，プラスチックなどをきれいに分別すれば，多くの廃棄物が資源として有効にリサイクルできます．ただし，有価で売れる，あるいは無償で引き取られる場合以外は，廃棄物処理法に定められた手続きに沿って行なうことが必要です．

許可業者への委託

事業系廃棄物は，廃棄物処理法で定める基準に従い，排出事業者が自ら処理するか，または廃棄物処理業の許可をもつ企業に委託して処理することが必要です．

(ⅰ) 事業系一般廃棄物の場合

事業系一般廃棄物を委託して処理する場合には，事業者は，市町村長が許可した一般廃棄物収集・運搬業者，一般廃棄物処分業者とそれぞれ契約を結び，収集・運搬および処分する必要があります．この場合，多くの市町村では，事業者と契約した収集・運搬業者が事業系一般廃棄物を市町村の処理施設へ有料で持ち込んで処理・処分しています．

なお，どの業者と契約したらよいか分からない場合や，業者がどのような業務を行なっているか知りたいなどの場合には，市町村長が許可した処理業者名簿の閲覧など各市町村の廃棄物を所管する窓口に相談するとよいでしょう．

(ⅱ) 産業廃棄物の場合

産業廃棄物を委託により処理する場合には，事業者は，都道府県知事等が許可した産業廃棄物収集・運搬業者，産業廃棄物処分業者と契約を結び，収集・運搬および処分する必要があります．特に，産業廃棄物の場合にはその適正な処理の確保が重要であることから，事業者がその産業廃棄物の収集・運搬または処分を委託する場合には法で定める委託基準に従うことや，収集・運搬業者に産業廃棄物を引き渡す際に産業廃棄物管理票（マニフェスト）を交付することなどの義務を課しています（Q69参照）．

なお，産業廃棄物処理業者の業務内容や能力などについて知りたい場合には，各都道府県・政令市の産業廃棄物を所管する窓口に照会してください．

不適正処理の責任は誰に

「処理業者に引き渡したつもりの事業系廃棄物が不法投棄されてしまった」…万一,そんなことが起きると場合によっては大きな社会問題になり,排出した企業の責任が問われることにもなりかねません.また,委託契約に法令違反があれば,不法投棄された廃棄物の撤去を命じられる可能性もあります.事業系廃棄物の適正な処理は,排出事業者の責任ですので十分注意しましょう.

［古澤 康夫］

Question 13

廃棄物処理施設の事故例を教えて

Answer

火災や人身事故，ヒヤリハット

　一般廃棄物処理施設における事故の発生状況をみると，焼却施設および粗大ごみ処理施設は，そのほかの施設（資源化施設，し尿処理施設および最終処分場など）と比較して事故発生率が高くなっている状況です．

　爆発・火災については，粗大ごみ処理施設，焼却施設，最終処分場の順で発生しており，粗大ごみ処理施設などの破砕施設においては，廃棄物に混入したガスボンベなどによる爆発が多く発生しており，資源化施設においても破砕処理過程で発生しています．また，焼却施設においても前処理工程での爆発のほか，ごみピットにおいて火災が発生しています．

　また，労災事故の状況をみると，ほかの施設と比べ焼却施設での発生が多くなっている状況です．

　廃棄物処理施設においては，ヒヤリハット（労働災害や事故などには至らなかったが危険性が高かったもの）も発生しています．廃棄物処理施設の事故の未然防止をはかる上では，これらのヒヤリハット情報を各施設で共有化していくことが重要であると考えられています．

廃棄物処理施設の安全性と事故対策

　廃棄物処理施設における事故などの要因は大きく分けて，① 収集・搬入段階での危険なごみの混入による場合，② 機械設備面の設計上の不具合あるいは安全対策（異常状態の検出装置など）の不備などによる場合，③ 作業手順に誤りがあった場合などが考えられます．

　危険なごみの混入に対しては，排出者（市民や排出事業者）に対して適正な

ごみの出し方(廃棄物を適正に処理するためのごみの分別)について,理解と協力を求めていくことが重要です.

廃棄物処理施設側の対応としては,施設の各設備・装置でどのような事故やトラブルが発生するのか,リスクアセスメントなどのリスク分析を実施することが一つの方法です.具体的には,それぞれの設備・装置ごとに想定される事故の事象とそれを回避あるいは軽減するための措置などについて分析を行い,その結果を施設の維持管理においても反映させていくことが重要です.また,類似施設における事故事例などからそれらの事故対応や対策を分析し,施設の設備・装置の設計や安全対策に反映させることが重要であり,作業手順の見直しをはかるなど維持管理面の改善も事故防止対策に有効であると考えられています.

廃棄物処理施設事故対応マニュアル作成指針

廃棄物処理施設において事故が発生した場合には,施設の設置者(市町村や事業者)は周辺への被害(廃棄物の流出など)の拡大を防止するため,迅速かつ的確な対応をとる必要があり,あらかじめ事故時の対応などを定めたマニュアルを準備しておくことが有効です.

「廃棄物処理施設事故対応マニュアル作成指針」とは,廃棄物処理施設における事故のリスク把握や事故発生時における適切な対応のあり方,緊急連絡のあり方,関係機関への報告,事故後の対応,施設従事者への教育・訓練など,廃棄物処理施設の設置者が個々の施設における事故時の対応マニュアルを策定する際に,定めるべき項目と内容,留意点などについて環境省が示したものです.

廃棄物処理施設の安全確保にあたっては,廃棄物処理法などの諸法令において施設の設置者に安全管理が義務づけられており,安全管理のためのルールなどによって事故の未然防止がはかられていますが,個々の施設において発生が予測される事故についても適切な対処方法についてあらかじめ検討し,**事故発生に備えておくことが重要です**.

[藤原 周史]

参考文献
日本廃棄物処理施設技術管理者協議会,廃棄物処理事業に伴う事故事例調査結果報告書
環境省,廃棄物処理施設事故対応マニュアル作成指針

Question 14

廃棄物処理施設の延命化の取組みについて教えて

Answer

延命化の必要性－廃棄物処理施設のストックマネジメント

　バブル経済の崩壊後，国，地方とも財政が逼迫し，経済性の追及，経費の節減が喫緊の課題となっています．また，持続可能な社会を築いていくためには，物質のフローを小さく緩やかにすること，資源を節約し循環を進めていくことが必要です．こうした中，廃棄物処理施設は，適地が少なく新たな用地の確保が難しい上，整備には膨大な経費を要します．このため，埋立処分場を1日でも長持ちさせることが必要で，中間処理施設もより経済的に運営し，さらに延命化も求められてきます．2008年3月に閣議決定された「廃棄物処理施設整備計画」においても，厳しい財政状況の中でコスト縮減をはかりつつ，必要な廃棄物処理施設を徹底的に活用するため，ストックマネジメントの手法を導入し，施設の長寿命化・延命化の必要性が指摘されています．

延命化の取組み

(ⅰ) 埋立処分場の延命化

　いま，全国の自治体では限りある埋立処分場を長期有効活用するためにさまざまな施策を行なっています．

① 住民の生活スタイルを見直すとともに，分別の徹底やリサイクルを進めて廃棄物の排出そのものを減らしていく．

② 焼却などの中間処理を行なって廃棄物を減容化する（ごみを焼却処理すると容積は20分の1になります）．

③ 焼却に伴って発生する焼却灰や飛灰を溶融処理してさらに減容化する．その上で，溶融スラグやセメント化，山元還元などで資源化をは

かり，埋立容量を確保する．
④ 深堀工法や沈下促進工法などを採用して埋立容量を増加させる．また，過去に埋立てた廃棄物を掘り起こすなどにより新たな埋立容量を確保する．

(ⅱ) 処理施設の延命化

　建物では，適切な耐震性を確保するため，耐震性の補強や劣化した部分の補修を行ないます．施設については，計画的，効率的に予防保全と整備を行ないます．その上で，一定の時期に大規模なリニューアル，リフォームなどの更新が行なわれます．この場合には，ごみの排出量の予測，投資対効果，競争性の拡大と行政責任や人材育成などの課題があります．大規模なリニューアルの類型としては

① 新たな用地に別途建設　　② 既存施設の敷地内に別途建設
③ 既存施設の建替え　　　　④ 基幹設備の整備，更新（大規模改修）
⑤ 設備のみの全更新（プラント更新）

などがあり，②，③はスクラップアンドビルド手法，④，⑤がストックマネジメント手法となります．施設に対する社会的な要請，老朽度や費用対効果などを総合的に勘案したうえで，より良い方法を選択し，対応しています．

施設整備の方向性と課題

　施設の延命化を効果的かつ有効に行なうには，機能面で社会の要請を満たしていることは当然ですが，建築物自体が長寿命にできていることが必要です．さらに，強度や耐久性が求められる部分と機能面の変化に対応する部分とが明確に切り分けられていることが大切です．

　設備においては，日常の適正な運転管理や維持管理が行なわれていること，適切な補修や整備，更新が計画的に行なわれること，その履歴情報が適正に管理されていることが必須であり，重要です．

　どのような延命化の手法をとるにしても，多額の経費を必要とするわけですから，「処理基本計画」や「施設整備計画」で求められる条件や要求も総合的に勘案しながら，ケースごとにメリット，デメリットを比較考量した上で，社会の要請と行政責任，老朽度，費用対効果，LCA（Q23参照）などの長期的，巨視的な評価の裏づけが不可欠となります．

［伊東 和憲］

Question 15

最終処分場ってこれからどうなっていく？

Answer

最終処分場

　生活や事業活動から排出された廃棄物は，再使用（リユース），再生利用（リサイクル），また，中間処理により，減量・減容・無害化したのちに，最後には，最終処分場に埋め立てられます．この施設では，廃棄物を環境から隔離・保管し，時には数十年間という長期間にわたり管理を続けて，雨水による洗い出しや有機物の微生物による分解，化学反応による重金属の鉱物化などの自然の作用により，廃棄物を環境に影響を与えない状態になるまで安定化させます．

最終処分場の種類

　最終処分場には図1に示すように，埋め立てられる廃棄物の種類によって三つのタイプがあります．有害なばいじんや汚泥などの政令で定められた廃棄物を保管する「遮断型」，廃プラスチック類やがれき類などの不活性で，ガスや汚濁した水が発生するおそれがない産業廃棄物を埋める「安定型」，また，有害ではない産業廃棄物と家庭や小規模事業所から発生する一般廃棄物を処分する「管理型」（または一般廃棄物最終処分場）です．なお，わが国では，平成17年度末で，一般廃棄物最終処分場が1 847施設，産業廃棄物最終処分場が2 335（うち，遮断型33，安定型1 413，管理型889）施設稼働しています．

最終処分量の推移

　平成20年3月に閣議決定・公表された「循環型社会形成推進基本計画」（第二次）では目標の一つとして，最終処分量を平成27年度に約2 300万トンすることを掲げています．図2に示すように，平成12年度の5 700万トンから，平

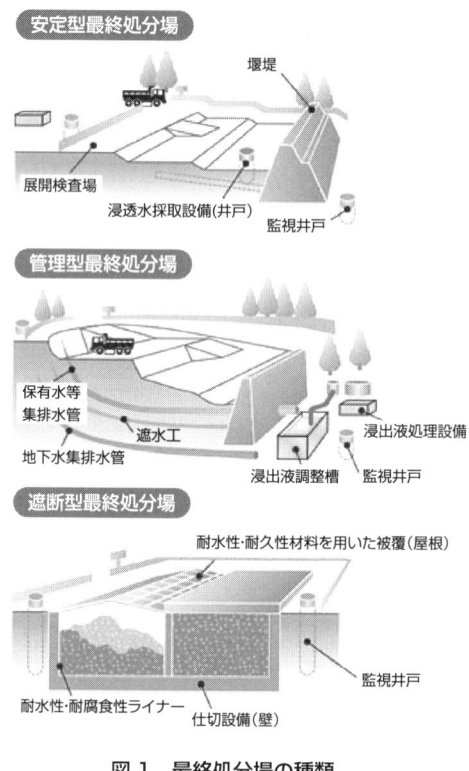

図 1 最終処分場の種類
[国立環境研究所（2007）環境儀 No. 24]

成17年度の3200万トンまで，すでに5年間で約44％減少しました．一般廃棄物，産業廃棄物ともに排出量や焼却などの中間処理量はほぼ横ばいなので，廃棄物の循環利用が盛んに行われたことが減少の原因です．

循環型社会の最終処分場

　以上のように最終処分される廃棄物の量は着実に減少しています．同時に最終処分される廃棄物は，資源回収されたあとの残さや，品質やコストが見合わずに再利用できなかった資源に変化しつつあります．さらに，最終処分量の減少や維持管理費用の高騰，施設が設置されようとする周辺地域住民の反対によ

り，地域に公平で，広域かつ効率的に廃棄物を集め，安全に処分し，価値のある跡地利用ができる立地が重要となっています．これらの要件を満たす一つのあり方は海面最終処分場です．海面最終処分場は平均で約 300 万 m^3 という巨大な容量をもち，居住区域から離れ，物流や生産の拠点である港湾区域に，埋立てによる土地造成計画の一部として設置されています．よって，海面最終処分場は広い範囲から廃棄物を集め，資源を回収し，資源をその場で利用または利用する場所まで輸送し，使えなかった資源を保管し，不活性な廃棄物で土地を造り，残りを安全に処分する循環型社会の最終処分場として有望です．

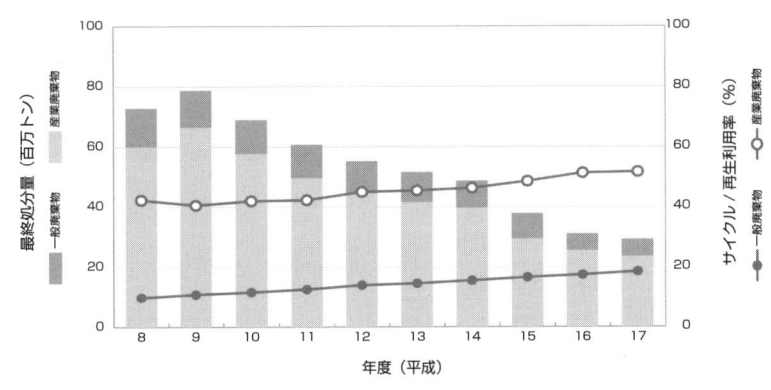

図2　最終処分量とリサイクル / 再生利用率 * の推移
[環境省統計より]

［山田 正人］

Question 16

埋立地再生ってどんなこと？

Answer

再生の対象となる埋立地

　一般的な埋立地は，海岸や河川に土を搬入して造成した土地を指しますが，ここでいう埋立地とは，「ごみ（廃棄物）を埋め立てた場所」を指しています．このような廃棄物の埋立地は，現在では「一般廃棄物最終処分場や産業廃棄物最終処分場（以下，処分場）」といわれています．ただし，過去において，処分場は「ごみ捨て場」とよばれていた時代もあり，太古の時代のものは「貝塚」として，遺跡にもなっています．

　貝塚のように長い年月をかけ，人にとって無害（現に生活環境保全上の支障が無くなったものと法的にはいわれます）になったものは埋立地再生の対象にはなりませんが，旧来のごみ捨て場や最終処分場はいまだに人にとって無害になっていない状態のものもあります．したがって，これらの処分場を安全にする必要があります．このような対策事業を「適正閉鎖・廃止事業」といいます．なお，埋め立てたごみが人にとって支障のない状況まで，微生物分解が進み，降雨などにより希釈し，化学的反応により浄化され，自然に復元するようになることを「安定化」といいます．しかしながら，この安定化の速度はきわめて遅く，数年〜数十年以上かかることがあります．

　さらに，現在では，陸上の処分場は廃棄物埋立ての管理を目的に浸出液（埋立物から生じる水）の系外への流出や放流を行わず，かつ，廃棄物そのものを将来資源と扱い，保管し，資源循環を目的とした「クローズドシステム」型の処分場の建設が盛んに計画，建設され始めました．この考えそのものも廃棄物の再生といえるのではないかと思います．

Question and Answer

実施段階(前処理工程)
掘り起こし廃棄物の選別調査

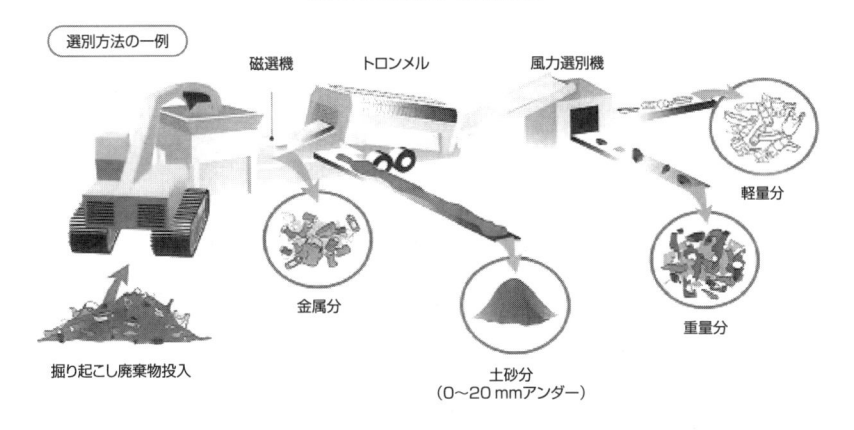

選別方法の一例　磁選機　トロンメル　風力選別機
軽量分
掘り起こし廃棄物投入　金属分　土砂分（0〜20mmアンダー）　重量分

図1　廃棄物掘起し後の前処理
［埋立地再生総合技術研究会資料より］

埋立地再生の目的

以下に埋立地再生の目的の概要をまとめます．

① 安定化を促進させ，いち早く人にとって無害な状態を作ることを目的に埋立てられているごみを掘り起こし，無害化する対策をとります．

② 旧来の処分場（嫌気的衛生埋立構造等）では，埋立物そのものが食べ物の残り物や生活上の不要物などが主体で，周辺環境へ与える影響が少ないものでした．しかし，石油製品や電化製品を多用する近年の生活から生じるごみは，焼却され，その際に生じる焼却灰や残さが埋立物の主体になり，重金属などの有害物質を含むものになりました．

したがって，これらからの浸出液は地下水汚染の原因となる可能性が高くなり，これらを封じ込めるための「遮水工」を施し，さらに浸出液を処理施設で無害化する必要があります．これらの周辺環境保全対策が十分でない処分場に対し，ごみを掘り上げた際に十分な対策を行い，処分場の構造そのものを改善することも埋立地再生は目的にしています．

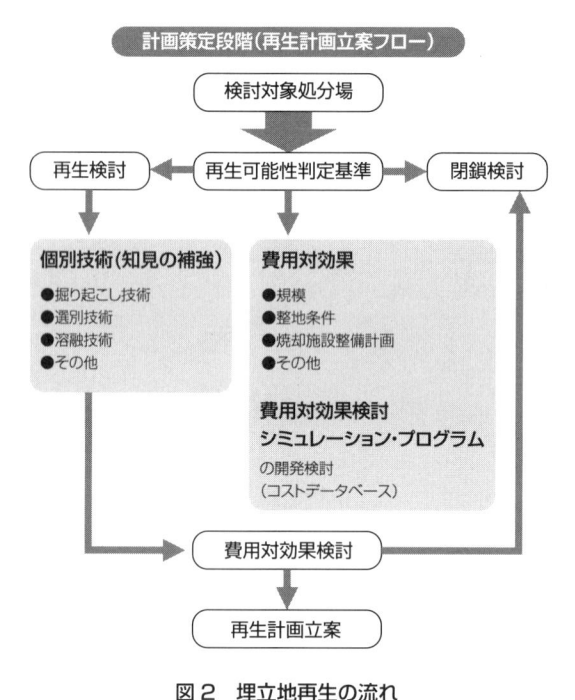

図2 埋立地再生の流れ
[埋立地再生総合技術研究会資料より]

③ 加えて，近年の新しい技術を用いて，掘り上げたごみから金属などの有用物を取り出したり，ごみそのものを再度，焼却，溶融し，スラグなどの資源を作り出し，この燃焼の際に生じる熱エネルギーを回収することで，枯渇する資源の補充をするような資源，エネルギー循環を行うことも埋立地再生の大きな目的の一つです．

④ これらの行為により，処分場内に空間を新たに作り，逼迫する処分場の残余年数を延ばす（延命化といいます）ことも目的の一つです．

図2に埋立地再生の流れを模式図にします．

埋立地再生に係る総合技術の研究は研究会の HP
http://www.jesc.or.jp/environmentS/report/inspection/index.html
を参考にしてください．

[八村 智明]

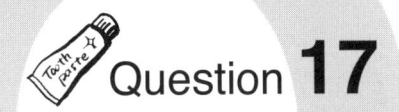

Question 17
プラスチックごみの処分状況を教えて

Answer

焼却炉の建設の目的

　日本のごみ処理の改善の歴史をみてみると，埋立処分場の確保が難しいために，燃えるものは焼却するようにと焼却施設の整備を進めました．「可燃分は全量焼却」を方針としながら，住民の反対などにより焼却施設が計画どおりに整備されないため，苦肉の策としてプラスチックは不燃物であるとした自治体も少なくありませんでした．その結果，多くのプラスチックが埋立処分されるようになりました．しかし現在では多くの自治体では埋立処分場を確保するのに大変苦労しています．埋立処分場にもっていくごみ量を減容するために焼却炉を建設するのが当初の目的でしたが，ダイオキシン類による大気汚染や炉が傷むといった理由からプラスチック焼却ができなくなり，その結果プラスチックが埋立処分場にいくようになってしまったのです．

ごみ処理の優先順位

　環境省は，2005年5月の「廃棄物の減量その他その適正な処理に関する施策の総合的かつ計画的な推進をはかるための基本的な方針」の中で，廃プラスチックの取り扱いに関しては，できる限り発生抑制を行い，次に容器包装リサイクル法などにより広がりつつある再使用・再生利用を推進し，それでもなお残った廃プラスチック類については，最近の熱回収技術や排ガス処理技術の進展，最終処分場の逼迫状況などを踏まえ，直接埋立ては行わず，一定以上の熱回収率を確保しつつ熱回収を行うことが適当であるとしました．

　これは，2000年に定められた「循環型社会形成基本法」での廃棄物・リサイクル対策の優先順位を，① リデュース（発生抑制），② リユース（再使用），

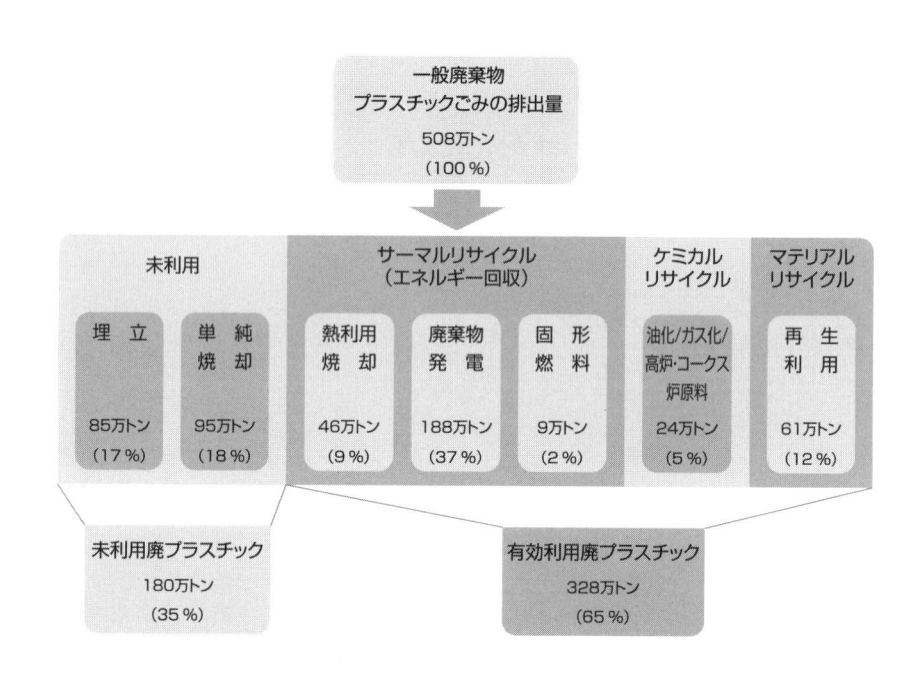

```
                    一般廃棄物
                プラスチックごみの排出量
                     508万トン
                     (100%)
                        ↓
┌──────────────┬──────────────────────┬──────────┬──────────┐
│    未利用    │   サーマルリサイクル │ ケミカル │マテリアル│
│              │   （エネルギー回収） │リサイクル│リサイクル│
│ 埋立 │単純  │熱利用│廃棄物│固形  │油化/ガス化/│再 生   │
│      │焼却  │焼却  │発電  │燃料  │高炉・コークス│利 用  │
│              │                      │炉原料    │          │
│85万ト│95万ト│46万ト│188万ト│9万ト │24万トン  │61万トン  │
│ン    │ン    │ン    │ン    │ン    │          │          │
│(17%) │(18%) │(9%)  │(37%) │(2%)  │(5%)      │(12%)     │
└──────────────┴──────────────────────┴──────────┴──────────┘
        ↓                    ↓
 未利用廃プラスチック   有効利用廃プラスチック
     180万トン              328万トン
      (35%)                  (65%)
```

図1 プラスチックごみ処理フロー（2006年）

③ マテリアルリサイクルおよびケミカルリサイクル，④ サーマルリサイクル（熱回収），⑤ 廃棄物としての適正処理，と定めたことに関連し，マテリアルリサイクルと並んでサーマルリサイクルも有効なエネルギー回収手段として位置づけられていることを示しています．

プラスチックごみは「埋立て不適物」

東京23区では2008年4月から順次，家庭から排出されるプラスチックごみを「可燃ごみ」として扱うことにしています．これまで，不燃ごみとして埋め立ててきたプラスチックごみを東京都では「有効資源」と位置づけ，「埋立て不適物」とうたっています．

プラスチックは，石油などの化石資源を主原料として製造され，その取り扱いの容易性から生活のあらゆる場面で活用されています．しかしながら，不燃物として排出されたあとは，なんら有効利用されないまま，埋立処分が行われ

てきました．

プラスチックごみの処分状況

　それでは，プラスチックごみの処分状況を図1でみてみましょう．プラスチック廃棄物約1 000万トンのうち，一般廃棄物（ここではプラスチックごみとよぶ）約500万トンをみてみると，ペットボトルやトレイなどの分別しやすいものに限ってみればマテリアルリサイクルについては61万トンと比較的進んでいます．しかし，「その他プラスチック」に分類されるものは，汚れ，複合素材，素材がわかりにくいものが多いなど，素材としてのマテリアルリサイクルが難しいのが現状です．油化，ガス化などケミカルリサイクルに24万トン，固形燃料化に9万トン，焼却して発電や熱利用が234万トンで約半分は発電や熱利用がされていることがわかります．また単純焼却を含めると330万トンで全体の3分の2は焼却炉で燃やしています．埋立ては約17％の85万トンです．自治体が責任を持つ一般廃棄物に比べ，産業廃棄物の廃プラスチック類はマテリアルリサイクルに適しています．主に生産・加工時に発生するロス品が多いためです．建設廃棄物の場合は，新築時の端材のリサイクルは進んでいますが，数10年が経過した建物の解体時のリサイクルは，汚れなどの付着によりマテリアルリサイクルが困難となっています．

〔田中　勝〕

Question 18

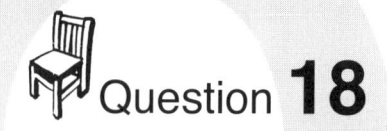

産業廃棄物の処分までの流れを教えて

Answer

産業廃棄物の処理方法

　産業廃棄物は都市ごみと違って，その廃棄物を排出する事業者に処理責任（排出事業者責任）があり，排出事業者が廃棄物処理法に従って自ら処理する必要があります．事業者が自ら処理できない場合は，廃棄物の種類に応じて，廃棄物処理法で定める許可を受けた処理業者に委託して処理することができます．

産業廃棄物の処分までの流れ

　産業廃棄物の処分までの流れは，その事業分野や産業廃棄物の性状にもよりますが，一般的には次のようになります（図1参照）．

（ⅰ）排出

　排出時に廃棄物の性状，種類に応じた分別を行うことにより，その後の処理やリサイクルがしやすくなります．建設工事などでは，発生現場での分別を進めることによってそのリサイクルが進み，最終処分量が大幅に減っています．

（ⅱ）収集運搬

　産業廃棄物を排出場所から収集し，飛散・流出させずに中間処理施設，リサイクル施設や最終処分場などの目的地まで運搬することで，廃棄物の性状に応じて最適な運搬容器や運搬車両が用いられます．廃油，廃酸，廃アルカリなどの液状廃棄物の場合は，その特性にあったドラム缶を用いるか，またはタンクローリなどの専用車両を使用します．産業廃棄物全体としては，ダンプ車，平ボディ車，パッカー車などによる車両輸送がほとんどですが，鉄道や船舶も状況に応じて使用されています．

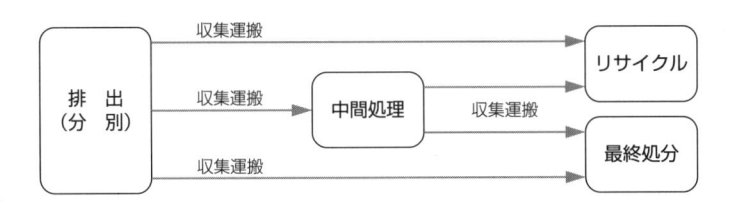

図1　産業廃棄物処理の流れ

(ⅲ) 中間処理

　ここでは，その後のリサイクルや最終処分をしやすくするため，有価物の選別，容量・容積の減容化，性状の安定化・無害化などが行われます．減容化や安定化のための破砕・脱水・焼却・油水分離，無害化のための中和・溶融・固化などの各種処理技術が用いられます．液状廃棄物の場合は，埋立処分が禁止されているため，中間処理が必要です．また，これらの技術は，ほかの工程の前処理として用いられることもあります．例えば，破砕処理での減容化により，その後の保管，運搬，焼却，最終処分などの効率を上げることが可能となります．汚泥の場合は，脱水処理により最終処分が可能となりますが，さらに乾燥処理を経て建設資材などにリサイクルされることもあります．

(ⅳ) 最終処分

　最終処分の目的は，廃棄物を安定化させて，それ以上変化させず，周辺環境にも悪影響を与えない状態にすることで，その主体は埋立てですが，海洋投入処分もわずかですが行われています．有機物主体の廃棄物の場合は，地中の微生物を利用して生物分解することにより安定化が進められます．処分場には，産業廃棄物の種類や性状によって，安定型，管理型，遮断型の三つのタイプがあり，廃棄物処理法で定める基準に従って処分する必要があります（Q15参照）．

［松村　治夫］

Question 19

産業廃棄物処理業者の選び方を教えて

Answer

産業廃棄物の処理業者を選ぶ際にいくつかの参考となる点を紹介します．

許可業者であること

　許可をもっていない業者に産業廃棄物を委託すると，委託した者も最高刑で懲役5年という重い罰則が規定されています．一般廃棄物の許可を所有している業者であっても，産業廃棄物の許可を持っていなければ産業廃棄物については無許可となりますので，Q68も参考の上，必ず許可業者に頼むことがまずは大原則でしょう．

産業廃棄物処理業者の優良性の判断に係る評価制度

　「産業廃棄物処理業者の優良性の判断に係る評価制度」という制度があり，許可証にもその旨記載されますので，処理業者を選ぶ際に参考となります．

　ただし，この評価制度は，産業廃棄物処理業界の優良化に向けた第一歩として期待され導入されていますが，あくまで評価基準への適合性を評価するものであり，基準適合者が不法行為や不適正処理を行わないことを都道府県が保証するものではありません．

　したがって，排出事業者が評価基準適合者を処理業者に選択したことをもって，排出事業者の責任や注意義務が免除されるものではなく，排出事業者はその責任をまっとうするため，自らの判断で処理業者の選定を行うことが必要となりますので，留意してください．

　評価基準は次の三要素から構成されています．

　　① 遵法性：5年以上申請区分の処理業を営み，行政処分を過去5年間受

Question and Answer

```
     行　政            排出事業者              処理業者
┌─────────────┐ ┌─────────────┐ ┌─────────────┐
│不法投棄・不適正処理の撲滅│ │排出事業者責任への対応│ │循環型社会を支え得る│
│              │ │              │ │業態への脱皮  │
├─────────────┤ ├─────────────┤ ├─────────────┤
│  処理業者の育成   │ │ 信頼できる処理業者の選択 │ │  自己構造改革   │
└─────────────┘ └─────────────┘ └─────────────┘
                      ↓
              ┌─────────────┐
              │  優良化推進事業   │
              └─────────────┘
┌─────────────┐ ┌─────────────┐ ┌─────────────┐
│優良性評価制度の普及・啓発│ │排出事業者・処理業者への支援│ │さらなる優良化のしくみのあり方│
├─────────────┤ ├─────────────┤ ├─────────────┤
│・制度の普及・啓発  │ │・人材育成      │ │・排出事業者のニーズ │
│・適合事業者名の公表と証明│ │・処理業の情報開示の活用│ │・処理業者のメリット │
│・許可更新時等の書類省略│ │・電子マニフェストの利用促進│ │・産業廃棄物処理業の優良化推進│
└─────────────┘ └─────────────┘ └─────────────┘
```

図1　産業廃棄物処理有料化推進事業
［産業廃棄物適正処理振興財団HP］

けていない
② 情報公開性：事業内容等を原則5年間インターネットで公開
③ 環境保全への取組み：ISO14001規格やエコアクション21などの認証の取得

契約書，マニフェストの遵守

　民事上の契約は，口頭でも成立します．例えば，物品を購入する時は，購入する意志を示して，お金を出して，代わりに商品をもらい受けて終了です．しかし，産業廃棄物の処理の場合は，過去に不適正な行為が横行したことから，委託関係が第三者にも明確にわかるように，文書で契約することが義務づけられ，かつ，一回一回の委託にあたっては，産業廃棄物管理票（通称「マニフェスト」）の交付や回付が義務づけられています．

　「文書での契約をしていないのに産業廃棄物を引き受けてくれる業者」「マニフェストがいつまで経っても返ってこない業者」は注意が必要です．

　情報伝達の方法として，平成18年に環境省は「廃棄物情報の提供に関するガイドライン」を策定しており，情報提供が必要な項目や契約書に添付できる廃棄物データシート（WDS）を提示しています．

　WDSを積極的に活用している業者であるかも，一つの指標となるでしょう．

現地確認

　なんといっても，確実なのは排出事業者自らにより，自らの廃棄物処理の一連のルートを自らの眼で確認することです．一般廃棄物の市町村委託のときは，廃棄物処理法政令第4条第9号ロにより義務づけられていることですが，産業廃棄物のときも是非すべきことです．契約書やマニフェストといった文書，書類が規定とおりに整備されていても，受託した業者が不法投棄や不適正な行為を行っていた場合は，排出者も措置命令の対象になる場合がありますから，最低でも年に何回かは委託している中間処理業者，最終処分業者の現地を確認するべきでしょう．

　その際，ストックヤードから産業廃棄物が溢れ出ていたり，悪臭や汚水などが発生しているようなときは委託契約を直ちに見直すべきでしょう．

産業廃棄物協会

　各都道府県単位に産業廃棄物協会が設立されています．この団体は社団法人として不法投棄の原状回復事業などの公益事業にも取り組んでいますので，この協会に加盟しているかも一つの指標となるでしょう．

［長岡　文明］

参　考　文　献
　　（財）産業廃棄物処理事業振興財団 HP
　　　http://www.sanpainet.or.jp/

Question 20
プラスチックごみはどんなものにリサイクルされているの？

Answer

ペットボトル

　ペットボトルとは合成樹脂（プラスチック）の一種であるポリエチレンテレフタレート（PET）を材料として作られた容器をいいます．ペットボトルは軽くて耐久性などに優れていることから，そのおよそ9割が飲料用として利用されており，そのほかにも調味料，化粧品，医薬品などの容器に用いられています．繊維製品への転用も可能です．ただし，ペットボトルには酸素透過性があり，多くの場合，酸化防止剤としてビタミンCが添加されていることから，ワインなどの長期保存には向かないといわれています．

ペットボトルの回収・再利用

　ペットボトルの回収は，スーパーマーケットなどによって自主回収されてい

表1　(財)日本容器包装リサイクル協会ルートのペットボトルの回収実績

年度	実績 市町村数	引取量 （トン）	再生処理事業者契約数	再商品化量 （トン）
1997	443	14 014	29	8 398
1998	764	35 664	28	23 909
1999	981	55 675	36	39 605
2000	1 707	96 652	42	68 575
2001	2 042	131 027	51	94 912
2002	2 186	153 860	56	112 485
2003	2 348	173 875	58	124 298
2004	2 315	191 726	59	147 698
2005	1 352	169 917	48	143 032
2006	1 082	140 416	46	106 445
2007	1 084	141 040	50	—

注）2004年以降の数字は，平成の市町村合併後の数字である

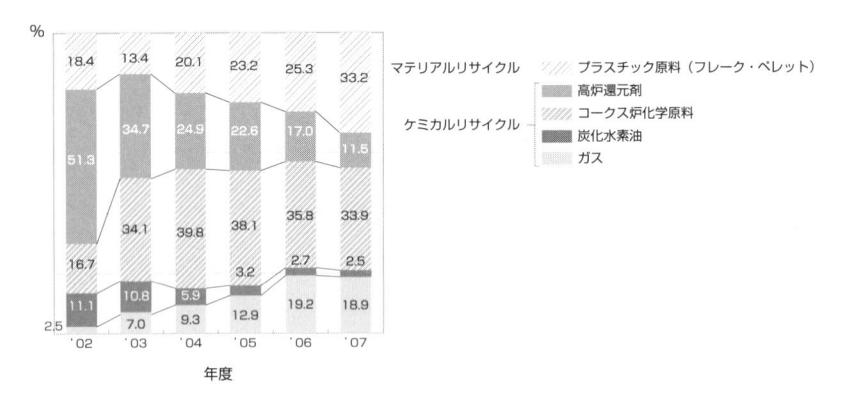

図1 プラスチック製容器包装（その他プラスチック）の再商品化の状況

ました．しかし，表1によると，容器包装リサイクル法（容リ法）が施行されたのちの1997年以降は，容リ法に基づき自治体が分別収集を行い，選別，圧縮，結束したのちに，マテリアルリサイクルの原料として再商品化するために容器包装リサイクル協会に引き取ってもらっていました．同じ表1をみると，この2年ほど前からこうした伸びが鈍化しているか，あるいは減少に転じる事態となっています．この最大の要因は，ペットボトルを協会に引き渡さずに中国への輸出が急増している点にあります．こうした現象は古紙や家電製品と同じく，いまやそれらのリサイクル事業が国際化の特徴を強めていることを如実に示しています．

その他のプラスチックの処理・再生利用

　プラスチックごみにはペットボトル以外のもの，すなわち「その他のプラスチック」といわれるものも少なくありません．

　それらの再商品化の内訳を図1に示します．そのうち，マテリアルリサイクルとしてどのような製品に再生化されているかを表2に示します．

　東京都区部をはじめかなりおおくの自治体では以前からプラスチックごみをその他の不燃物と一緒に集め，そのまま埋め立ててきました．ところが，最近になってこうしたプラスチックごみの分別収集を取やめてそれを可燃ごみとして焼却処理にゆだねることとし，その過程で発生する熱エネルギーの回収と再

利用(サーマルリサイクル)に努める，とする自治体も増えています．なお，ペットボトルと白色トレイ等一部のプラスチックごみの分別収集とマテリアルリサイクルを優先的に行っている自治体も少なくありません．

表2 マテリアルリサイクル製品の用途別内訳(2004年度上半期実績)

パレット	20%	日用雑貨	4%
杭・丸太・角材	15%	擬木	4%
建築用ボード	13%	工業用部品	2%
土木・建築資材	5%	樹脂原料として販売	27%
園芸農業資材	5%	その他	1%
ケーブルトラフ	4%		

[寄本 勝美]

Question 21
バイオマスってなに？

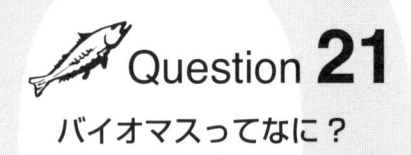

Answer

バイオマスとその利活用

　バイオマスとは，生物資源（bio）の量（mass）を表す概念で，一般的には「再生可能な，生物由来の有機性資源で化石資源を除いたもの」をよびます．バイオマスの種類には ① 廃棄物系バイオマス，② 未利用バイオマス，そして ③ 資源作物（エネルギーや製品の製造を目的に栽培される植物）があります．廃棄物系バイオマスは，廃棄される紙，家畜排せつ物，食品廃棄物，建設発生木材，製材工場残材，下水汚泥などがあげられ，未利用バイオマスとしては稲わら・麦わら・もみ殻などが，資源作物としてはサトウキビやトウモロコシなどがあげられます．

　バイオマスから得られるエネルギーのことをバイオエネルギー，またはバイオマスエネルギーといいます．バイオマスを燃焼することにより放出される二酸化炭素（CO_2）は，生物の成長過程で光合成により大気中から吸収した CO_2 であり，化石資源由来のエネルギーや製品をバイオマスで代替することにより，地球温暖化を引き起こす温室効果ガスの一つである CO_2 の排出削減に大きく貢献することができます．したがって京都議定書の CO_2 削減目標をわが国が達成するためには，大幅なバイオマスの利活用が必要であるとされています．このように，世界では温暖化問題・廃棄物問題の両面からバイオマス利活用の推進に取り組んでいます．

わが国のバイオマス利活用の状況

　わが国における個別のバイオマスの利活用状況について図1でみてみましょう．家畜排せつ物については，年間発生量約8900万トンのうち，約90％が堆

肥などの肥料として利用されています．食品廃棄物については，約2 200万トンが発生していると推計されていますが，再生利用されているものは約20％で，残りの約80％は単純焼却・埋立処分されているものと推計されています．

このように廃棄物系バイオマスは種類によっては，その利活用は進んでいますが，さらに利活用を進める努力がされています．

家畜排せつ物	約8 900万トン	たい肥等での利用 約90％ ／ 未利用 約10％
食品廃棄物	約2 200万トン	肥飼料利用 約20％ ／ 未利用 約80％
製材工場等残材	約 500万トン	エネルギー・たい肥利用 約90％ ／ 未利用 約10％
建設発生木材	約 460万トン	製紙原料・家畜敷料等への利用 約60％ ／ 未利用 約10％
下水汚泥	約7 500万トン	建築資材・たい肥利用 約64％ ／ 未利用 約40％
林地残材	約 370万トン	ほとんど未利用
農作物非食用部	約1 300万トン	たい肥，飼料，家畜敷料等への利用 約30％ ／ 未利用 約70％

図1　わが国でのバイオマス利活用の現状［2005年現在］

バイオエネルギー利活用技術の現状と課題

バイオマスの利活用技術は，エネルギーとしての利活用と製品としての利活用の二つに大別され，エネルギー活用のおもな技術と課題は以下のとおりです．

(ⅰ) エネルギー利活用の技術

木くず焚きボイラーやペレットストーブなどによる直接燃焼，炭化などは従来から広く利用されている技術です．さらに，家畜排せつ物などを原料としてメタンガスを生成するメタン発酵技術や食品廃棄物である廃食用油からバイオディーゼル燃料（bio diesel fuel：BDF）をつくり出すエステル化などの技術は，各地において利用が進められ注目されています．

(ⅱ) エネルギー利活用の課題

バイオマスは広く薄く存在しその回収が課題です．効率よく回収しないとそのためのエネルギーの消費がかさみます．BDFの製造については，品質管理と副産物のグリセリンの有効活用技術の開発が課題といえましょう．

［田中　勝］

Question 22

海外のリサイクル状況を教えて

Answer

　循環型社会の構築は世界共通の課題であり，3R（リデュース，リユース，リサイクル）の取組みは，世界各国で実施されています．

　米国では，1988年に全米リサイクル率25％という目標を掲げたのをきっかけとして，1980年代末から1990年代初頭にかけて各州が独自のリサイクル目標を設定し，これを達成するための規制をかけています．米国の規制は州ごとに異なりますが，例えばニューヨーク州では飲料容器のデポジットを導入し，容器を返しにきた人には5セント（約5円）が支払われます．

　経済成長のめざましい中国では，再生資源の需要が高く，日本で回収されたペットボトルを輸入していることが話題となっていますが，2008年にはレジ袋の生産・販売・使用規制が始まりました．この規制は，レジ袋の無料提供を禁止するとともに，耐久性の低い厚さ0.025 mm以下のレジ袋の使用を禁止するものです．

　このように，世界各国でさまざまな3Rが進んでいますが，最近の3Rは，拡大生産者責任（EPR）という言葉がキーワードになっています．拡大生産者責任に基づく3Rとして，ドイツと韓国の取組みを紹介します．ドイツでは1991年に包装廃棄物政令が制定され，世界に先駆けて拡大生産者責任による3Rを取り入れました．一方，韓国では，近年さまざまな廃棄物に関する法制度を整備し，積極的に廃棄物対策に取り組んでいます．

ドイツ

　容器包装に関するEU諸国全体の規制としてはEU包装廃棄物指令があります．ここには，リサイクル率などの目標が明記されており，各国は目標を達成

するための方法などを国内法で定めています．

　ドイツでは，容器包装についてわが国とは異なった取組みをしています．わが国では，自治体は収集・選別・保管，事業者は再商品化（リサイクル）という役割分担になっています．ドイツでは，デュアルシステムにより，収集からリサイクルに至るまでのすべての工程が事業者の義務になっています．

　3Rのうち，ドイツにはリデュースやリユースを優先するための仕組みがあります．例えば，事業者はリサイクルを行う費用のみならず，収集のための費用もグリューネプンクトというマークの使用料として負担しますので，このことが容器包装の軽量化を促しています．また，リサイクルがしにくい複合材の使用料を高く設定していることから，簡素化と単一素材化が進みました．

　リユースを維持するために飲料容器に対して強制デポジットという制度が盛り込まれています．これは，リターナブル容器（洗って何回も使える容器）の使用率が基準値（72％）を下回った種類の飲料に対して，ワンウエイ容器（1回だけ使用する容器）にもデポジットをかけるという制度です．ドイツでは，リターナブル容器には0.08～0.15ユーロ（約13円～24円，1ユーロ＝160円換算）のデポジットがかかっています．強制デポジット制度の導入により，2003年1月からはビール，ミネラルウォーターや炭酸ソフトドリンクに，2006年5月からは原則としてすべてのワンウエイ容器に0.25ユーロ（約40円）のデポジットがかけられています．このようなリターナブル容器の使用を促進する施策を

デュアルシステム

　デュアルシステムとは，直訳すると二重のシステムとなります．わが国では，ごみと容器包装の両方の収集を自治体が行っていますが，ドイツでは自治体ルートとは別に，事業者が容器包装の収集を行っています．飲料容器はデポジットがかかっているため店頭で回収され，飲料以外のプラスチック容器包装などは黄色い袋や容器で各家庭から事業者が収集します．

［杉山 涼子］

とっているドイツでも，リターナブル容器の割合は減少し，ワンウエイ容器の割合が増加する傾向にあります．

韓　国

わが国では，容器包装リサイクル法，家電リサイクル法など，品目別に法律が定められていますが，韓国では，資源の節約および再使用促進に関する法律に基づいてほとんどのリサイクルが行われています．

2007年10月現在，容器包装，電池，電気・電子製品，タイヤ，潤滑油，蛍光管について生産者責任再活用制度が導入されています．これらの製品の生産・輸入者は，生産量に応じて国に預け金を支払い，リサイクルした場合には預け金が返却されます．もし，リサイクル率が決められた割合に達しなかった場合には，罰金が科せられます．

生産者責任再活用制度の対象は幅広く，例えば電気・電子製品についてみると，わが国では家電4品目（テレビ，冷蔵・冷凍庫，洗濯機，エアコン）が対象ですが，韓国ではこれらに加えてパソコン，オーディオ，携帯電話，プリンタ，コピー，ファクシミリが対象になっています．

わが国でも，レジ袋の有料化が話題となり，自治体の条例で有料化を定めたり，販売店協定を結んだりする動きがみられるようになりました．韓国ではレジ袋の有料化を国の法律で定めています．レジ袋は50ウォン（約5円，1ウォン＝約0.1円）で販売し，逆に買物袋をもってきた消費者には50ウォンの値引きをしなければなりません．また，消費者が使い終わったレジ袋を返しにきた場合には，50ウォンを返さなければなりません．

レジ袋のほかにも，飲食店での割り箸や木製の楊枝，ホテルでの使い捨て歯ブラシやカミソリなどの無料提供が「一回用品使用規制」により禁止されています．ファーストフードの使い捨ての紙コップにはデポジットがかかっており，購入時には100ウォン（約10円）を支払い，飲み終わったあとにもっていけば100ウォンが返ってきます．

以上のように，各国でさまざまな3Rが行われていますが，各国が連携して取り組むことで，さらなる効果をあげることが期待されます．

Question and Answer

　日本は，2004年に米国ジョージア州シーアイランドで開催されたG8サミットにおいて，3Rが今後ますます重要になるとして，3Rを通じて循環型社会の構築を目指す「3Rイニシアティブ」を提案しました．これに基づいて，2005年にG8を含む20ヶ国と四つの国際機関などが参加して3Rイニシアティブ閣僚会合が開催されました．この会合では，3Rに関する取組みを国際的に推進するための議論が行われ，3Rに関する国際流通の障壁の低減，先進国と開発途上国との協力などの取組みを充実していくことで合意が得られました．

　さらに，2006年には，アジア3R推進会議が開催され，アジアの19ヶ国と八つの国際機関が参加しました．

　3Rについては各国の取組みや国際的な協調が進められているところであり，今後もさまざまな施策が実施されると考えられます．

[杉山 涼子]

デポジット

　飲料の価格に一定の金額を預かり金（デポジット）として上乗せして販売し，飲料の容器を返却したときに預かり金を返す仕組みです．わが国の代表的なデポジット容器はビールびんで，ビールびんを販売店に返すと消費者に5円が返されます．以前は，ビールの容器はほとんどがビールびんでしたが，最近では缶などのワンウエイ容器に取って代わられ，ビールびんの割合は年々減少しています．

[杉山 涼子]

Question 23

リサイクル商品は環境にどれだけ優しい？

Answer

リサイクル商品への期待

　何回も使われるビールびんや布おむつ，再生品であるトイレットペーパーはどれだけ環境に優しいのでしょうか．環境に優しい商品かどうかは，その商品の製造に必要な資源の採掘，商品の生産，流通，消費，廃棄の段階で資源の投入量が少なく，また大気や水環境に排出される汚染物や温室効果ガスなど健康や環境に望ましくない環境負荷が少ないかどうかによって評価されます．それらを定量的に評価するライフサイクル・アセスメント（LCA）が注目されています．

　リサイクル商品は，この資源採取，場合によっては生産の段階を省いたりできるので，物質資源の消費や環境負荷を削減でき，環境に優しい商品ではないかと期待され，またそのように評価されています．そのために廃棄物を再生した商品，リサイクル商品に力が入れられています．

ライフサイクル・アセスメント

　ゆりかごから墓場までをライフサイクル（life cycle）とよび，それを評価することをアセスメント（assessment）とよびます．LCA（ライフサイクル・アセスメント）とは，地球温暖化，オゾン層の破壊，天然資源の消費など，地球規模の環境への影響を定量的に評価するための，国際的に共通化された手法です．考慮する環境負荷の幅広さ，消費や生産段階だけでなく，ライフサイクルの環境への影響を積算することが大きな特徴といえます．

　私たちの生活を豊かにする商品についても，資源を大切にし，環境に負荷を与えない商品であって欲しいものです．そこで，その製品（product）のライ

フサイクルを評価して，本当に環境面で良い製品はどちらかを比べるようになりました．典型的な比較は，紙おむつと布おむつの例です．簡単に使える，便利な紙おむつも大量にごみが発生することから，大きな環境問題ではないかと思われます．しかしプロダクト・ライフサイクル・アセスメントをしてみれば，意外と紙おむつは燃やしてエネルギーを活用すれば資源の浪費にならず，布おむつを繰返し使うと洗濯に大量の水，電気を使って，その汚水を処理するので，資源や環境面からはむしろ紙おむつの方が環境に優しい商品というレポートもあります．

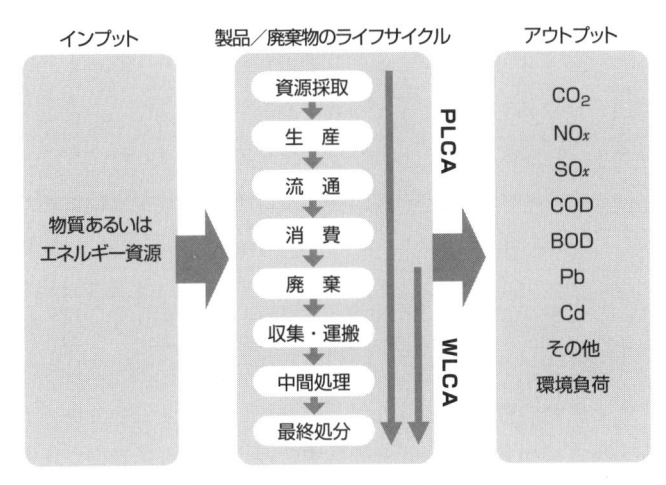

図1　製品のライフサイクル・アセスメント

世界最初のLCA－コカ・コーラのリターナブルびんと缶では，どちらが環境に対して影響が少ないのか

　1969年にコカ・コーラ社がミッドウエスト研究所（現フランクリン研究所）へ依頼して行った研究は，リサイクル商品と使い捨て容器，すなわちバージン製品との比較として有名であり，LCA適用の最初の調査事例でないかと思われます．具体的には，9つの飲料製品容器を，7つの異なるパラメータ（バージン原料の使用，エネルギー使用，水使用，生産時と消費時の廃棄物量，大気汚染物質，水質汚濁物質）により分析し，その結果輸送時に排出されるCO_2やNO_xの量は，リターナブルびんのほうが重いために使い捨て容器よりも環

境負荷は大きくなること，そのため，一般的にはリターナブルびんのほうが環境負荷は小さいが，輸送距離が長くなってくると優位性は薄れること，また，リターナブルびんを使ったとしても，返却する消費者の割合が小さい場合，リターナブルびんのほうが環境負荷は大きくなってしまうことなどが述べられています．

このように，繰返し利用される布おむつが紙おむつより，また再使用タイプの容器が使い捨ての容器より環境に優しいとは限らないのです．

LCAと拡大生産者責任

生産者は商品のライフサイクルを考えて，環境に優しい商品を設計したり，素材を選ぶことが求められるようになり，商品の消費後のことにも責任を担うようになりました．「商品を売ったあとはもう知らない」ということは許されない時代になったといえます．消費後のことにも生産者が責任を担うことを，拡大生産者責任（extended producer responsibility：EPR）といいます．消費後の容器や包装類を引き取ってリサイクルをするとか，家電製品についても，回収してリサイクルをすることが日本では容器包装リサイクル法，家電リサイクル法などで規定されています．EPRには，法律に基づいて引き取りリサイクルすることを義務づけるのもあれば，自主的に回収するのもあるし，例えば含有する有害物質についての情報を提供するといった生産者の責任の程度の違いがあります．

廃棄物のライフサイクル・アセスメント

商品の一生涯を評価するのに対して，廃棄物の一生涯，すなわちウエイストライフサイクル・アセスメントを行って環境に優しいごみ処理を選んでいく必要があります．現行のごみ処理に対して，色々な方策や技術による改善提案がなされますが，本当に現状より良くなるのかを評価するために，廃棄物（waste）の収集・運搬・処理・処分の一連の流れにおける資源・エネルギー消費，環境負荷を定量的に見積もり（waste life cycle assessment：WLCA），また処理費用を解析して，資源効率性，環境効率性，経済効率性を定量的に比較することが重要と思われます．

［田中　勝］

Question 24
産業廃棄物ってどんなものにリサイクルされているの？

Answer

産業廃棄物のリサイクル

　産業廃棄物は，発生状況，形態，性状が多種多様であるため，そのリサイクルの進展は産業界の取組み状況，リサイクル技術の進歩，社会的要請の有無などによって大きく左右されます．環境省の調査によると，産業廃棄物の再生利用率は1995年度の37％から2005年度の52％へと，この10年間で大きく増えております．種類別にみると，その再生利用率は図1のように，動物のふん尿，がれき類，金属くず，鉱さいなどが高く，いずれも90％を超えています．一方，汚泥は中間処理でその量が大きく減るため10％に満たないという状況ですが，最近は建設汚泥，有機汚泥などのリサイクルが進みつつあります．ここでは代表的な事例として，廃タイヤと建設混合廃棄物のリサイクルを取り上げます．

廃タイヤのリサイクル

　タイヤ交換時や廃車時に発生する廃タイヤは，どこの国でもその処分に困る廃棄物です．わが国の2007年の廃タイヤの発生量は106万トン（9 900万本）で，そのうちトレッドゴムを張り替えて再使用できるようにした更生タイヤや，再生ゴム原料などにマテリアルリサイクルが行われているのは全体の15％です．残りの多くは，廃タイヤ用の破砕機を導入して小さく裁断することにより，セメント焼成，金属精錬，ボイラ燃料などにサーマルリサイクルされており，全体としてのリサイクル率は89％に達しています．

建設混合廃棄物

　建設工事現場から排出される廃棄物は，がれき類とよばれるコンクリート，

アスファルトの廃棄物や汚泥のほかに，建設混合廃棄物があります．建設混合廃棄物とは，建物の新築，改修および解体により発生する廃棄物のほか，工事の端材，梱包材，仮設工事の廃材などで，工事現場では選別できない廃棄物として発生する廃プラスチック類，木くず，紙くず，金属くずなどの混合物です．1995年度の排出量は約1 000万トンで，最も経費の安い安定型埋立で処分されることが多く，不適正な埋立てが行われたこともあって，社会問題となりました．その後，最終処分に対する規制の強化が進むとともに，「建設リサイクル法」の制定や「建設廃棄物処理マニュアル」の発行などの各種施策の実施により，建設業界が積極的に選別を進めるとともに，混合廃棄物用の選別施設が全国各地に新設されました．その結果，2005年度の建設混合廃棄物の排出量は約300万トンと10年間で3分の1以下に減少しております．

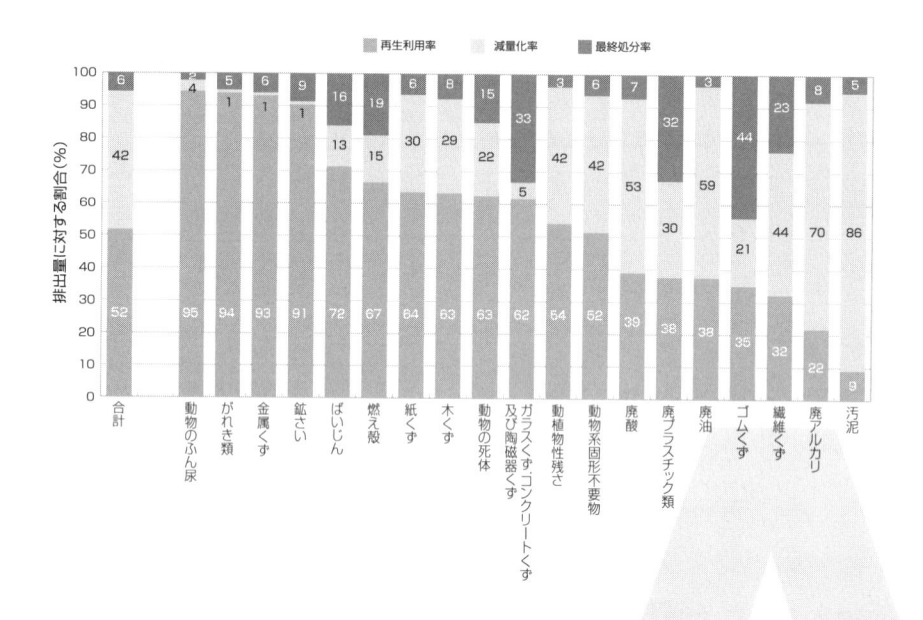

図1　産業廃棄物の種類別再生利用率（2005年度実績）
［環境省HP，中間処理による減量化率および最終処分率］

［松村 治夫］

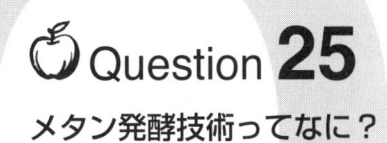

Question 25
メタン発酵技術ってなに？

Answer

メタン発酵

　ごみのメタン発酵とは酸素のない条件（嫌気的条件）で，でんぷん，タンパク質，脂肪あるいは繊維質などの有機物を嫌気性細菌の働きでメタンガスに変換する生物学的プロセスで，古くから汚水，下水，し尿処理の分野で用いられてきた技術です．地球温暖化対策としてごみ中のバイオマスエネルギーを有効に回収する技術として注目されています．

　ごみの中の厨芥類は水分が多く焼却後の熱回収効率を高める観点からは負の影響を与えます．そのため湿ってはいるものの，有機物を多く含む点を生かしてメタン発酵技術によりメタンを回収しエネルギー利用の向上をはかる試みが高まってきています．具体的にはごみ焼却とメタン発酵を組み合わせたコンバインドシステムの有効性が実証されつつあります．

メタン発酵の原理

　メタン発酵処理の工程はまず前処理でごみ中の有機物成分を選別し，水と混ぜてスラリー化（泥状化）します．次に発酵過程にはいりますが，発酵は次のような工程を経てメタンが生成されます．

　まず高分子有機物が低分子有機物へ分解する可溶化，加水分解工程，次に低分子有機物から有機酸，アルコール類などを生成する酸生成工程があります．

　続いて有機酸から酢酸と水素を生成する酢酸生成工程，最後に水素や酢酸などからメタンと二酸化炭素を発生するメタン生成工程となります．

　こうして発生したメタンガスは回収され同伴している有害物（硫化水素ガスなど）を除去し，一度タンクに貯められたのち利用されます．ガスエンジンな

どによる発電あるいはボイラ燃料，自動車燃料などに利用されます．発酵後の残さは脱水後乾燥されて汚泥として排出され，堆肥化施設で有効利用されたりごみ焼却施設で処理されたりします．残った汚水は処理され下水道などに流されます．

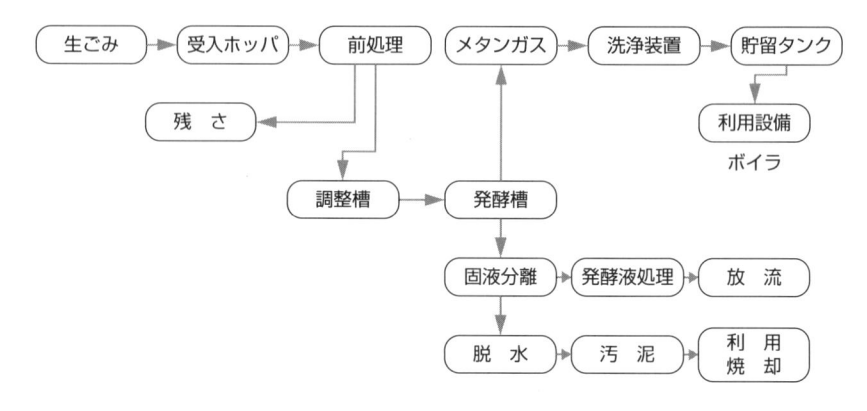

図1 生ごみメタン発酵の処理フロー

メタン発酵方式の種類

　メタン発酵方式には多くの種類があり，より高効率でかつ経済的なシステムの開発が行われています．これらの方式を分類すると，まず湿式と乾式に分けられます．湿式は前処理で水を加えて水分を90％前後まで高める方式です．乾式は水分60〜70％程度で発酵させるものです．水分の高いスラリーを作ったほうが発酵効率は高まるので湿式が有利ですが，発酵後の汚水の処理負担が増加する欠点があります．逆に乾式は多少発酵効率は低下しますが，処理後汚水の処理負担が軽減されます．また，発酵温度で分ける場合もあります．メタン発酵はその適用温度域で無加温発酵（25℃以下），中温発酵（30〜40℃），高温発酵（50〜60℃）に分けられます．実用的には中温か高温発酵が行われます．高温発酵は加水分解率や病原性微生物の死滅率が高く，発酵速度が速くて高負荷処理が可能です．反面有機酸が蓄積しやすく発酵が阻害されやすい傾向があります．中温発酵は分解速度は遅いものの安定性があります．

メタン発酵施設の運転管理上の留意事項

　メタン発酵施設の運転管理上の留意事項として，pH，アンモニア阻害，硫化水素阻害，有機酸阻害などがあります．また，生成したメタンガスはガスホルダーに貯留されたあと利用されますが，メタンガスは爆発性の可燃ガスであるため取り扱いに注意が必要です．

分別負担増への対策

　生ごみのメタン発酵では普通生ごみの分別収集を行います．その収集頻度が少ないと腐敗しやすい生ごみの家庭内貯留が大きな問題となります．とくに暑い夏場は腐敗が早く悪臭発生の原因となるため，一部の都市では混合収集のまま集めて，処理の入り口で機械的に生ごみと可燃ごみに分ける装置を検討しています．導入にあたっては，その選別装置でどの程度の選別が可能か，選別に係るエネルギーはどの程度かなどの検討が必要です．

〔藤吉 秀昭〕

3R

　3Rとは，Reduce（リデュース：発生抑制），Reuse（リユース：再使用），Recycle（リサイクル：再生利用）の頭文字を取った言葉です．これに，Refuse（リフューズ：抑制・断わる），Repair（リペア：直す・修理する）などを加えて4R，5Rなどと表現される場合もあります．循環型社会形成推進基本法では3Rの優先順位が定められており，最も重要なのが発生抑制，2番目が再使用，3番目が再生利用になります．

〔杉山 涼子〕

Question 26

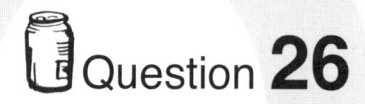

バイオディーゼル燃料ってなに？

Answer

バイオディーゼル燃料

　植物性油脂などのバイオマス由来の油脂からつくられる軽油代替燃料の総称でBDF（bio deasel fuel）ともよばれます．バイオディーゼル燃料の原料としては，わが国では廃食用油などが主に利用されていますが，ドイツ，フランスなどの欧州では主に菜種油が利用されており，米国では主に大豆油が利用されています．

バイオディーゼル燃料の製造方法

　バイオディーゼル燃料の製法としては現在アルカリ触媒法が実用化されています．この方法は，簡単にいうと油脂の大きな分子を切断して小さな分子（メチルエステル）を作るものですが，「前処理工程」「エステル化反応工程」「分離・精製工程」の三つの工程からなります．処理の中心である「エステル化反応工程」は廃食用油などの植物性油脂にメタノールを添加し，アルカリ触媒（主に水酸化カリウム）により脂肪酸のメチルエステル変換を行い，脂肪酸メチルエステル（軽油に近い性質をもった物質）を生成するものです．この際，グリセリンが副産物として生産され，また，中間反応物として，ジグリセライド，モノグリセライドが生成されます．これらを除去するため分離・精製工程が必要となります（図1参照）．

バイオディーゼル燃料の供給可能量

　環境省のエコ燃料利用推進会議が平成18年5月に出した「輸送用エコ燃料の普及拡大について」という報告書によると，現状の廃食用油の回収による

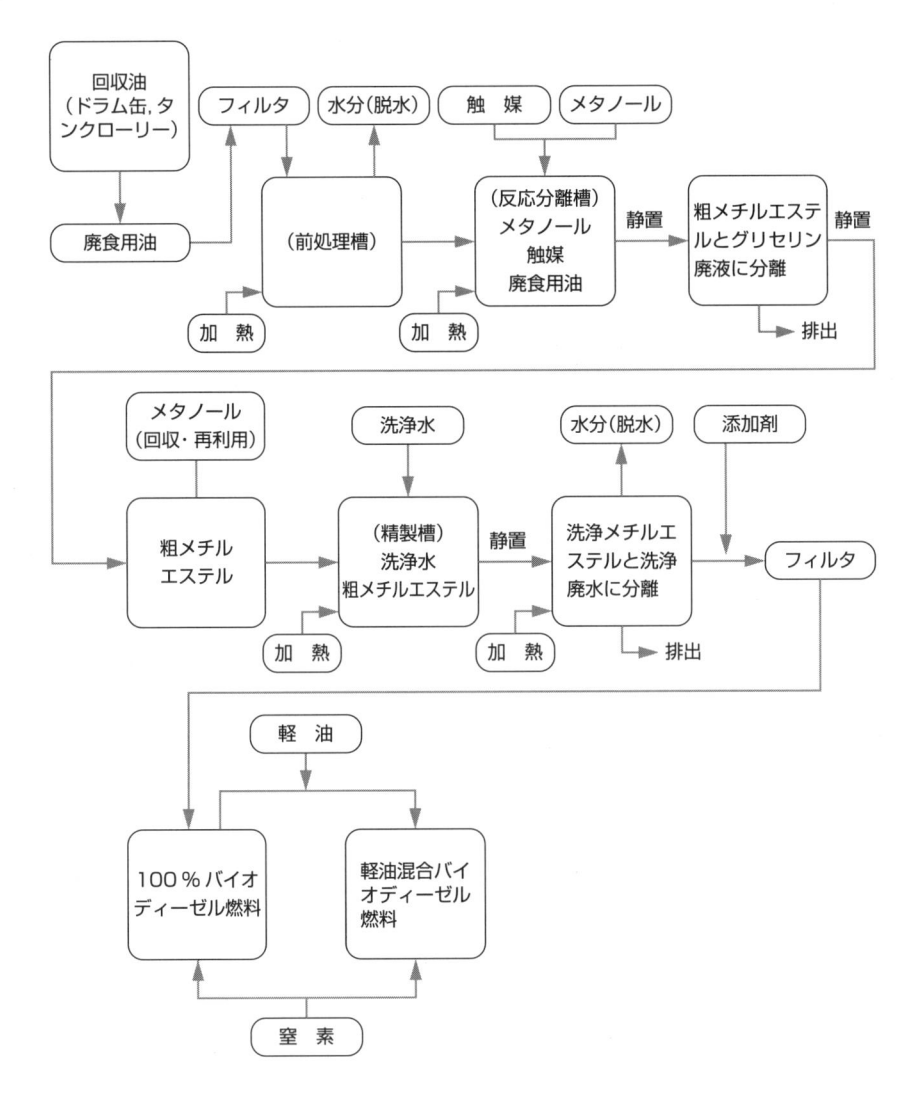

図1 アルカリ触媒法によるBDF化工程の概要

BDFへの利用量は原油換算で0.5万kL/年程度です．廃食油の発生量と有効利用量については正確な統計がありませんが，全国油脂事業協同組合連合会が推計したものがあります．それによると廃食油の発生量は年間40万トンで，

このうち飲食店や食品工場から発生する事業系廃食油26万トンについてはすでに回収され，飼料や石けん原料として利用されています．残りの14万トンは一般家庭から発生しています．かりにこの家庭系廃食油を全量回収しBDF化すれば16万kL（原油換算15万kL）が得られるとしています．しかし，現実には2010年度における供給可能量は最大でも現状の値の3倍増と仮定して1万〜1.5万kL／年と見込んでいます．

バイオディーゼル燃料として求められる品質

バイオディーゼル燃料に求められる品質としてはエステル含有量，残留グリセライド類および遊離グリセリン，メタノール，金属類，酸価，ヨウ素のような性状に一定の基準が設けられています．

自動車燃料としての品質基準

自動車燃料としての品質の具体的項目には密度（15℃），動粘度（40℃），流動点，目詰まり点，10％残留炭素，セタン価，水分，引火点，硫黄分があり，必要な基準を満たす必要があります．

［藤吉 秀昭］

Question 27

溶融スラグはどんなものにリサイクルされる？

Answer

溶融スラグ

　溶融スラグとは，一般的には製鉄工程で得られる鉄鋼スラグを指し，天然土砂の代替品として道路の路盤材やコンクリート骨材として広く用いられます．一方，一般廃棄物や下水汚泥を直接あるいはその焼却残さを溶融処理する技術が近年になって普及し，この溶融スラグが「エコスラグ」とよばれています．焼却灰を溶融スラグにして利用するのは，最終処分場を延命する効果があります．溶融スラグは，処理物としては重金属の溶出がなく，ダイオキシン類を含まない必要がありますが，リサイクルする上では資材に適した物性であること，一定の品質であることが必要です．なお，溶融処理以外の焼却残さのリサイクル方法としては，焼成固化法，セメント化法，物理選別法などもあります．

表1　有効利用用途

	利用用途	JIS 規格
① 道路用骨材	路床材、下層路盤材、上層路盤材、アスファルト混合物用骨材など	JIS A 5032 一般廃棄、下水汚泥またはそれらの焼却灰を溶融固化した道路用溶融スラグ
② コンクリート用骨材	コンクリート用砕砂、コンクリート用砕石など	JIS A 5031 一般廃棄、下水汚泥またはそれらの焼却を溶融固化したコンクリート用溶融スラグ骨材
③ コンクリート二次製品	インターロッキングブロック、空洞ブロック、透水性ブロック、舗装用コンクリート平板、汚水枡など	
④ 盛土材、埋め戻し材など	盛土材、埋戻し材、覆土材など	
⑤ その他窯業原料など	タイル、レンガ、軽量骨材、陶管など	

［(財) 廃棄物研究財団 "スラブの有効利用マニュアル" より抜粋］

溶融スラグのリサイクル方法

利用先としては，表1のとおり大きく5種類に分けられます．スラグの利用方法としては，スラグをそのまま利用する方法（①，②，④）と加工して利用する方法（③，⑤）があります．これらのうち①，②については2006年にJIS規格も制定されたので，スラグのリサイクルが進むことが期待されています．

溶融スラグの利用状況

エコスラグ利用普及センターのまとめによると，2005年度現在で6割が利用されており，具体的用途としては表2のとおり道路用骨材，コンクリート用骨材，盛土，覆土，埋戻（①，②，④）で9割以上を占めています．溶融スラグのリサイクルは進んできていますが，4割近くがいまだ未利用であるともいえます．

表2 自治体のスラグ利用先

利用用途	2004年度 利用の内訳(%)	2004年度 利用の内訳(%)
① 道路用骨材	41.7	47.6
② 埋戻，覆土，盛土	24.0	22.0
③ コンクリート用骨材	23.2	21.2
④ 管渠基礎材等土木基礎材	3.2	2.2
⑤ 凍上抑制材	3.2	1.6
⑥ 地盤・土質改良材	2.7	4.3
⑦ その他(砂代替，砂利代替，セメント原料)	2.0	1.1
合計	100	100

[(社)全国都市清掃会議が平成15年2月に環境省に行った"廃棄物処理法改正に係る適性処理困難物に関する要望"より]

溶融スラグ利用上の課題

溶融スラグを100％利用できないのは下の例のような課題を抱えているためです．このうち，①～③は製造上の問題，④，⑤は流通上の課題です．

① 溶融処理しても，処理が不十分だったり，重金属を含む副生成物と分離できない構造だと，スラグから重金属が溶け出すケースもあります．

② 利用に適した粒径等の条件を満たせないと，後処理装置が必要となり

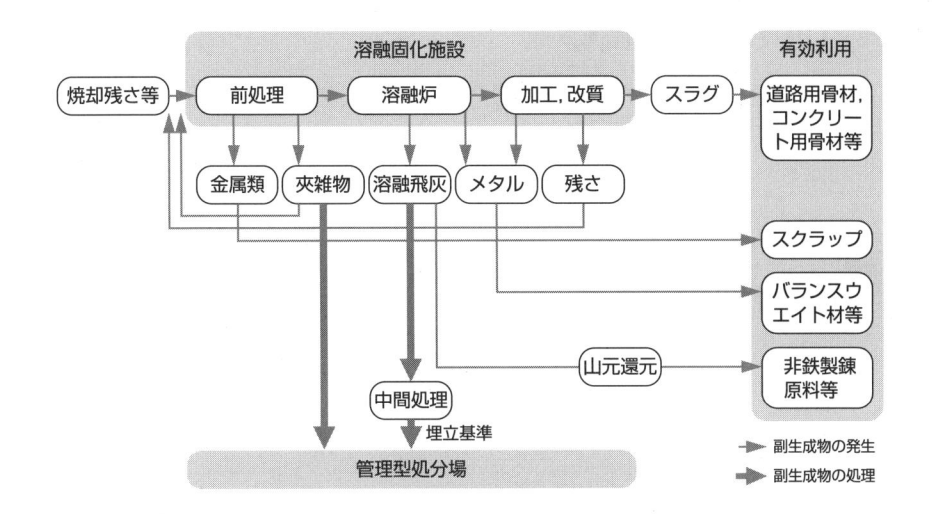

Question and Answer

図1 溶融副生成物の処理
[エコスラグ利用普及センターまとめより]

ます.
③ スラグにアルミや鉄などの金属が混入すると,利用先によってはさびや発熱などの問題があって,これらを取り除く処理なしには使えない場合があります.
④ 利用先の開拓が不十分で需要が少なかったり,利用量が一定でないためスラグを貯留するヤードに貯めきれないで埋め立てる場合もあります.
⑤ 道路路盤材等直接利用するスラグは撤去時に産業廃棄物扱いとなります.また,溶融処理においてはスラグのみではなく,図1に示すとおり,メタル,溶融飛灰等の副生成物が発生します.これらについても,処理するのみでなく有効利用をはかっていく必要があります.

[小田原 伸幸]

Question 28

E-waste のリサイクルってどうなってる？

Answer

　主に使用済みの家電製品とパソコンについて，現在国内で行われているリサイクルやフローを紹介します．なお，E-wasteという用語についてはQ37で説明していますが，途上国での不適正なリサイクルを伴うものという意味合いをもって使われることもあるので，注意が必要です．

家電製品のリサイクル

　テレビ（ブラウン管式のもの），エアコン，冷蔵庫・冷凍庫，洗濯機という家庭用電化製品の4品目については，2001年4月に施行された家電リサイクル法（特定家庭用機器再商品化法）によって，消費者には適正排出（収集運搬料金とリサイクル料金の支払いなど），小売業者による引取り，家電メーカー等（製造業者，輸入業者）による指定引取場所における引取りと家電リサイクルプラントにおける再商品化（リサイクル）などの役割分担がそれぞれ定められました．

　全国の指定引取場所における使用済み家電4品目の引取台数は，法施行時の2001（H13）年度の854万台から，2007（H19）年度には1 211万台まで伸びています．また，家電メーカー等の家電リサイクルプラントに搬入された使用済み家電は，リサイクル処理によって鉄，銅，アルミニウム，ガラス，プラスチック等が有価物として回収され，家電メーカー全社において法定基準を上回る再商品化率が達成されています．近年は各種素材の高騰の影響もあって再商品化率は上昇し，2007年度については，エアコンで87％（法定基準60％），ブラウン管式テレビで86％（同55％），冷蔵庫・冷凍庫で73％（同50％），洗濯機で82％（同50％）となりました．

さらに，エアコンや冷蔵庫・冷凍庫に冷媒として用いられているフロン類約1 400トン（エアコン約1 100トン，冷蔵庫・冷凍庫約300トン），および冷蔵庫・冷凍庫の断熱材に含まれるフロン類約600トンも，それぞれ回収・破壊されました．

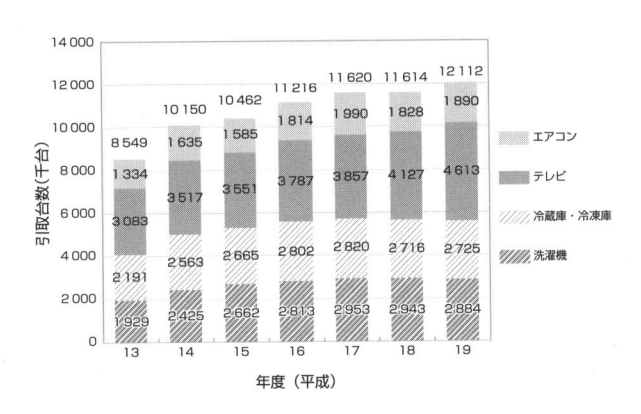

図1 指定引取場所における使用済み家電4品目の引取台数
［家電製品協会[1])］

注) 2001年度には11千台，2002年度には10千台の未分類がそれぞれ4品目合計に含まれています．

一方，家電リサイクル法の制度外で取引きされている使用済み家電製品も推定排出台数の半数程度存在し，回収業者などを通じて輸出される量が増えているとみられています．

パソコンのリサイクル

パソコンについては，資源有効利用促進法によって指定再資源化製品に定められ，パソコンメーカー等（製造業者・輸入業者）による自主回収・再資源化（リサイクル）が義務づけられました．デスクトップパソコン（本体），ノートパソコン，ブラウン管式ディスプレイ，および液晶ディスプレイの四つを回収対象として，事業系パソコンは2001年4月から，家庭系パソコンは2003年10月から，メーカーによるリサイクルが始まりました．家庭系パソコンの場合は，2003年10月以降に販売された製品にPCリサイクルマークが貼付され，廃棄する場合は消費者がメーカーに申し込み，ゆうパックなどで回収，リサイクル

が行われるようになっています(2003年10月より前に販売された家庭系パソコンはPCリサイクルマークがないため,回収・リサイクル料金は消費者が負担します).

しかしながら,電子情報技術産業協会[3]によれば,2006年度の使用済みパソコンの排出(発生)台数が約908万台と推定された中で,メーカーに回収されたのは72万台(事業系54万台,家庭系18万台)にとどまり,資源有効利用促進法に基づくリサイクルルートは全体の1割以下しか利用されていないとみられています.

使用済みパソコンの多くは,中古買取・販売業者などを通じて中古品またはスクラップとして輸出されるか,国内で資源再生されるか,または国内リユースされると考えられます.2001年のパソコンリサイクル開始以降,リース・レンタル業者から中古品取扱業者(古物商)への引渡し台数の増加が海外輸出の増加につながったとみられています.

[寺園 淳]

参 考 文 献
1) 家電製品協会:家電リサイクル年次報告書 平成19年度版 (2008)
  http://www.aeha.or.jp/02/pdf/kadennenji19.pdf
2) 電子情報技術産業協会:IT機器の回収・処理・リサイクルに関する調査報告書 (2008)

Question 29

「リサイクル」ってどんな意味？

Answer

　筆者が地方自治研究の一環としてごみ問題の研究を始めてからかれこれ30年余りになります．当時リサイクルという外来語は多くの人にとって耳慣れないものでしたが，今ではほとんど連日のごとくマスコミに登場し，すっかり「日本語」として定着しています．このリサイクルという現代用語ですが，これには狭い意味と広い意味があります．

リサイクルの意味

　そもそもリサイクルとは再生利用をいい，① 古新聞をトイレットペーパーに再生利用するなどの「マテリアルリサイクル」，② ごみ発電などの廃棄物から熱を取り出す「サーマルリサイクル」，③ 廃プラスチックを化学工業などの原料として利用する「ケミカルリサイクル」を指します．

　広い意味でのリサイクルとは再生利用のほかに製品のリユース（再使用）と混同して理解されさまざまな有効利用までも含むことがあります．

　一方で，「まだ使えるのに燃やしてしまうなんてもったいない」などとサーマルリサイクルすら含めず，マテリアルリサイクルのみ本当のリサイクルと考える人もいないわけではありません．

　したがって私たちは，リサイクルといいう言葉に接するたびにそれが狭い意味で使われているのか，それとも広い意味で使われているのかを判断しなければなりません．そうでないと，例えば広い意味でのリサイクルをいっているのに，リサイクル（再生利用）よりもリユース（再使用）の方が大切だといって批判されてしまうことになりかねません．

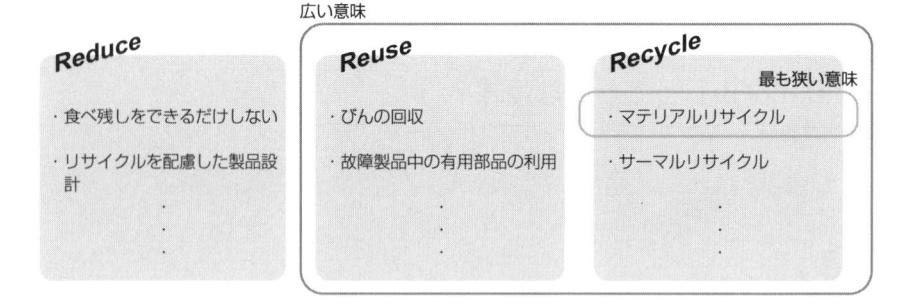

Reduce	Reuse （広い意味）	Recycle
・食べ残しをできるだけしない ・リサイクルを配慮した製品設計 ・ ・ ・	・びんの回収 ・故障製品中の有用部品の利用 ・ ・ ・	・マテリアルリサイクル（最も狭い意味） ・サーマルリサイクル ・ ・ ・

図1　リサイクルの意味

リサイクルの誤解

　リサイクルには次のような批判もあります．すなわちリサイクルをしているからといって，それが大量生産，大量消費の免罪符となってはならないという点です．いいかえれば，ごみ問題の本質的な要因は大量生産，大量消費，大量廃棄のメカニズムにありますが，大量廃棄に代えて大量リサイクルに努力しているからといって大量生産と大量消費が許されていいはずがないということです．確かにそれはそうですが，このようなリサイクル批判に対して私には異論がないわけではありません．というのはもはや大量生産，大量消費，大量廃棄は許されないからといって，それでは大量という数量をいかほどに減少させればよいのかという数値目標については，誰もなにもいっていないのです．

　最近の環境・循環型社会白書では適量生産，適量消費，少量廃棄という表現がみられますが，適量とは現状に比べてどの程度の量をいうのかとなると，答えるのが非常に難しい問題です．経済の回復と安定をはかるためにはそれに必要な量の生産と消費活動が不可欠であり，だとすれば経済と環境との両立こそが求められなければならないはずです．

　むだな生産や消費は徹底的に改めなければなりませんが，必要量の経済活動や消費活動から出てくる廃品や廃棄物はエネルギーの利活用も含め徹底的にリサイクルする，廃棄物の減量や資源の有効利用に努める，これこそが問われているのです．こうしてリサイクル社会の構築によってこそ，環境と経済の両立が可能となるのです．

［寄本　勝美］

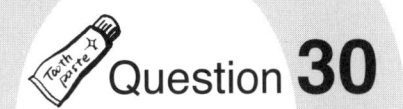

Question 30
稼働しなくなった焼却処理施設の問題を教えて

Answer

休廃止した焼却施設の現状

　2002年12月から「ダイオキシン類対策特別措置法」による清掃工場から排出するダイオキシン類の規制が強化されました．前年の2001年度には全国に1 680の焼却施設が設置されていましたが，規制が強化された2002年度には1 490施設に激減しました．この年度に新設された焼却施設が67で，差引き1年間で257施設が1年間廃止されています．さらに，2006年度の焼却施設数は1 280となり，2001年度に比べて施設数は400減少しています．この間，198の焼却施設が新設されいるので，実質的には598の焼却施設（2001年度に設置されていた焼却施設の36％）が休・廃止されて減少しています（Q8図1参照）．

　また，環境省の調査によれば，2007年12月1日現在で廃止されたものの未解体の施設が全国で612ヶ所，うち解体予定のある施設は，233ヶ所で多くの施設が放置状態ともいえる状態にあります．

　これは，ダイオキシン類などに汚染された焼却施設を解体するには多額の費用が必要ですが，自治体の財政難もあり，解体にまでなかなか手が回らないのが原因です．このように放置された焼却炉は，老朽化が進むことで汚染物質が漏えいするおそれや建物の崩壊の危険などがあるといえます．また，この焼却施設の用地を有効に活用する機会を失っているともいえます．

　このような状況を打破するため，国は焼却炉の解体に対し循環型社会形成推進交付金や特別交付税などによる解体を支援しています（ただしこの支援を受けるには何らかの形で廃棄物処理事業のために跡地を利用することが条件となっています）．

解体を行なう際の手順と所要期間および費用

焼却施設を解体する際の手順を示すものとしては,「廃棄物焼却施設内作業におけるダイオキシン類暴露防止対策要綱」(2001年4月,厚生労働省労働基準局が策定)と「廃棄物処理施設解体作業マニュアル」(2001年5月,厚生労働省労働基準局が策定)があります.これは,2000年7月に大阪府能勢町の焼却炉解体工事の際,工事従事者の血液から高濃度のダイオキシン類が検出されたことを契機に策定されたものです.

「対策要綱」では,焼却施設の運転・点検などの作業および解体作業を対象として,作業に従事する労働者のダイオキシン類暴露を未然に防止する観点から,ダイオキシン類の測定やその結果に基づく管理区域,保護具の選定,特別教育の実施などを定めています.

焼却施設の解体の手順については「廃棄物処理施設解体作業マニュアル」に次のように示されています.

① 事前調査
解体方法の選定や解体工事計画作成の資料を得るため,ダイオキシン類 濃度を調査
② 解体工事計画の届出
管理区域の決定や保護具の選定,解体方法の決定などを含む解体工事計画を作成し,労働基準監督署へ提出
③ 汚染物除去作業の準備・実施
作業員への特別教育の実施や管理区域ごとに作業場所を分離・密閉化などの養生,高圧ジェット水などによる汚染物の除去および排水の処理
④ 汚染物除去結果の確認と解体工法の決定
汚染物除去結果を確認し,解体作業管理区域および保護具の選定,解体工法を決定
⑤ 解体作業の実施
解体計画に基づき作業管理区域に応じた工法により解体
⑥ 廃棄物の管理
リサイクルに配慮し,一般廃棄物,特別管理一般廃棄物,産業廃棄物

　　　　および特別管理産業廃棄物に分別して処分
　　⑦　敷地境界周辺の環境調査
　　　　解体作業終了後，敷地境界周辺の環境調査を実施
　　⑧　記録の保存
　　　　測定記録の保存は30年間
　焼却施設の解体は以上のような手続きで行なうため，解体に要する期間や費用は一般の建築物の解体に比べて長くかつ高額になります．具体的な期間や金額は，解体する施設の規模や汚染の状況，近隣の状況などにより大きく影響を受け，各個別の施設の状況にあわせた工期の設定と積算が必要となります．参考として，東京二十三区清掃一部事務組合が行なった世田谷清掃工場の解体についてみてみます．

　世田谷清掃工場は，1969年3月から2002年9月まで稼動し，その能力は900トン／日（300トン／日炉が3炉）でした．2002年9月に操業停止したのち，解体工事は，2004年11月の終了まで2年以上の期間を要しました．

　これは，ダイオキシン類の調査や，焼却炉，ボイラ，集じん機，煙道および煙突などの付着物や灰を除去する解体前清掃を含めた解体工事に要した期間です．

　また，費用については，解体工事費として約7億4千万円，解体前清掃などの費用として約7千万円かかっています．

解体時のアスベスト対策

　アスベスト対策は，焼却施設に限らずアスベストが使用されている建築物などの解体時に必要になります．2006年6月，環境省から「廃棄物処理施設解体時等の石綿飛散防止マニュアル」が通知されました．これは，廃棄物処理施設の工作物（プラント施設）の解体時に石綿含有製品からの飛散防止対策を適切かつ円滑に実施するため作成されたものです．マニュアルに示された手順はダイオキシン類と同様の手順・手続きが求められています．

〔伊東　和憲〕

Question 31

PCB廃棄物ってなに？

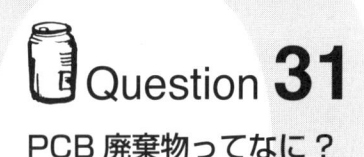

Answer

ポリ塩化ビフェニル廃棄物の排出量

2005年3月31日現在における，環境省が調査したポリ塩化ビフェニル（PCB）廃棄物の種類と保管状況およびPCB使用製品（将来のPCB廃棄物）の種類と使用状況を表1に示します。

使用中のものも含めると，PCB廃棄物の排出量は，高圧トランス・高圧コンデンサが約31万台，蛍光灯などの安定器が約600万個，PCBを含む油が約

表1　PCB廃棄物の保管状況およびPCB使用製品の使用状況

廃棄物(製品)の種類	単位	保管中	使用中	合計
高圧トランス	台	20 731	5 173	25 904
高圧コンデンサ	台	259 500	26 860	286 360
低圧トランス	台	36 114	810	36 924
低圧コンデンサ	台	1 955 864	36 292	1 992 156
柱上トランス	台	2 252 756	1 564 229	3 816 985
安定器	台	5 740 284	419 633	6 159 917
PCB	トン	56	(※1)	56
PCBを含む油	トン	179 510	(※2)	179 510
感圧複写紙 (ノーカーボン紙)	トン	655	0	655
ウエス	トン	339	0	339
汚泥	トン	34 080	0	34 080
その他の機器など	台	121 852	5 492	127 344

注）平成17年3月31日現在［環境省報道発表資料］
　　(※1)=89kg，(※2)=18kg

8万トン，ノーカーボン紙（感圧複写紙）が約700トン，ウエスが約300トン，汚泥が約3万トンなどです．

上記PCB廃棄物以外に，微量PCB混入廃重電機器の存在が明らかになっています．これは，重電機器に封入されている絶縁油中に意図せず混入した微量のPCBが含まれたものが約120万台が存在し，そのPCB含有濃度の分布は，50 mg/kg以下が全体の台数の約97％を占めている，と推定されています．

PCB廃棄物の種類

PCBは，化学的に安定し，熱により分解しにくく，水にきわめて溶けにくく，絶縁性がよく，不燃性であるなどの優れた特性を有しているため，日本では1954年から1972年まで製造され，トランス・コンデンサ・安定器など電気機器用の絶縁油，熱媒体，ノーカーボン紙，潤滑油，各種可塑剤，塗料，シーラント剤などに用いられました．これらのPCBを使用した製品が廃棄されたものおよびPCBを含んだ汚泥やウエスなどがPCB廃棄物です．PCBは難分解性を有していることから，PCB廃棄物は残留性有機汚染物質でもあります．

PCB廃棄物は法律上3種類あり，廃PCB等，PCB汚染物およびPCB処理物に分類されます．廃PCB等とは，廃棄されたPCBあるいはPCBを含む廃油であり，常温では特殊な物を除けば液体です．PCB汚染物とは，PCBが付着した，あるいは浸み込んだ（含浸した）廃棄物であり，トランスやコンデンサの部材である金属くず，陶磁器くず，紙くず，木くずのほか，塗料かすや汚泥など多種類にわたり，通常は固体です．PCB処理物とは，廃PCB等またはPCB汚染物を処分するために処理したもので，環境省令で定める基準に適合しないもの，いわゆるPCB廃棄物を卒業できていないものです．

PCBを無害化するための判定基準（卒業基準）は，廃PCB等を処理した場合，処理した油について含有PCB濃度が0.5 mg/kg以下です．これは世界で最も厳しい基準です．

PCB特別措置法の制定

PCB廃棄物を処理するための体制を速やかに整備し，確実かつ適正な処理を推進するため，2001年にPCB特別措置法（ポリ塩化ビフェニル廃棄物の適

正な処理の推進に関する特別措置法）が公布，施行されました．

[泉澤 秀一]

PCB

　polychlorinated biphenylは，ビフェニル骨格に塩素が1～10個置換したもので，209種類の異性体があります．化学的に安定し熱により分解しにくく，水にきわめて溶けにくく，絶縁性がよく，不燃性であり，高沸点です．トランス・コンデンサ・安定器など電気機器用の絶縁油，熱媒体，ノーカーボン紙，潤滑油，各種可塑剤，塗料，シーラント剤等に用いられました．PCBの人体影響事例としては，油症や塩素痤瘡等があげられます．1968年（昭和43年）にカネミ油症事件が発生し，1974年（昭和49年）以降PCBの製造・輸入・使用が禁止されました．

[泉澤 秀一]

PCB卒業判定基準

　特別管理産業廃棄物であるPCB廃棄物を処分するために処理したものが，PCB処理物でなくなる，すなわち普通の産業廃棄物になるための判定基準のことです．PCB濃度が，廃油については0.5 mg／kg以下，廃酸・廃アルカリについては0.03 mg／L以下，紙くず・木くず・繊維くず・汚泥については溶出試験で0.003 mg／L－検液以下，金属くず・廃プラスチック類については拭き取り試験の場合 $0.1\,\mu g/100\,cm^2$ 以下です．

[泉澤 秀一]

Question 32

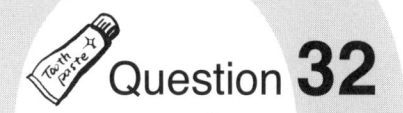

PCB 廃棄物の処理方法を教えて

Answer

ポリ塩化ビフェニル廃棄物の処理技術

　ポリ塩化ビフェニル（PCB）廃棄物を処理する方法として，1 100 ℃以上の高温で熱分解する高温焼却処理技術があり，鐘淵化学工業（株）高砂工業所に保管されていた約5 500トンの液状廃PCBを1987～1989年に高温熱分解処理するためにこの技術が用いられました．そののち，この高温焼却処理技術を用いたPCB廃棄物処理施設は，地元の合意を得ることが難しいなどの理由で今日まで設置されていませんが，焼却以外の処理技術として多くの化学処理技術が開発されるようになり，それらの技術が第三者機関により評価され，廃棄物処理法に規定され，PCB廃棄物の処理方法として認められるようになりました．認められた化学処理技術は多数ありますが，実際に用いられている処理技術の代表例として，PCBの塩素を水素で置き換える脱塩素化反応を利用した技術があります．

ポリ塩化ビフェニル処理施設の設置場所と処理能力

　PCB廃棄物を保管している事業者（学校法人や個人なども含まれる）が，PCB廃棄物の処分を委託できるPCB廃棄物処理業者は，現在政府100％出資の日本環境安全事業（株）（略称JESCO）のみです．JESCOは全国5ヶ所にPCB廃棄物処理施設を整備し，運営しています．表1に処理事業実施場所と対象地域およびPCB廃棄物処理能力（PCB分解量）を示します．

　これらの5ヶ所で採用されているPCB分解技術は，いずれも化学処理技術です．なお，微量PCB混入廃重電機器については，JESCOでは対象としていませんが，環境省が焼却処理技術も考慮した処理方策を検討しています．

表1　日本環境安全事業株式会社におけるPCB廃棄物処理事業

事業	実施場所	事業対象地域	PCB分解量 (トン/日)	処理開始時期	備考
北九州事業	北九州市若松区響町	中国, 四国, 九州, 沖縄17県	1.5	2004年12月	第2期施設建設中
豊田事業	愛知県豊田市細谷町	東海4県	1.6	2005年9月	
東京事業	東京都江東区青海地先	南関東1都3県	2.0	2005年11月	
大阪事業	大阪市此花区北港白津	近畿2府4県	2.0	2006年10月	
北海道事業	北海道室蘭市仲町	北海道, 東北関東, 甲信越, 北陸1道15県	1.8	2008年5月	増設施設建設中

注）2008年7月現在

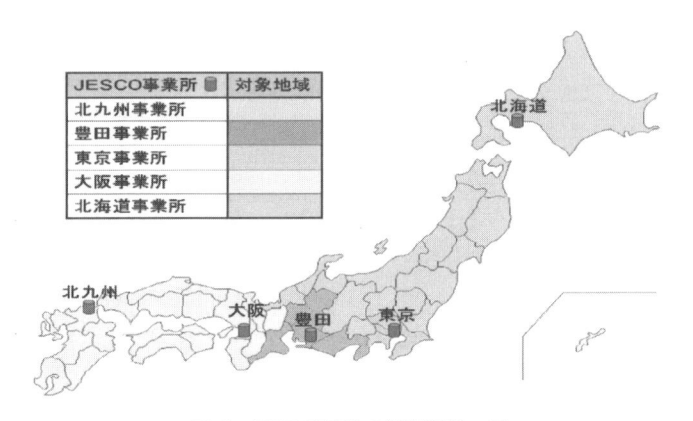

図1　PBC廃棄物の処理実施ヶ所

PCB廃棄物の処理における事務手続き

　保管事業者は，現在保管している地域により該当する処理施設へPCB廃棄物の処分を委託しなければなりません．処分の委託は2016年までに行わなければなりませんが，実際の委託時期は，各自治体とJESCOの各事業所により自治体ごとに処理計画が作成されているので，それに従う必要があります．処理施設への搬入は，JESCOの各事業所ごとに入門許可を与えている収集運搬業者に委託します．費用としては，収集運搬業者に支払う収集運搬料金およびJESCOに支払う処分費用としての処理料金があります．

Question and Answer

　トランス類やコンデンサ類の10kg以上のPCB廃棄物については，中小企業者，一定規模以下の学校法人・医療法人・社会福祉法人・宗教法人，および過去にそれらに該当していて解散または事業廃止で対象廃棄物を承継して保管している個人は，処理料金の70％を，PCB廃棄物処理基金（（独）環境再生保全機構が運用）からの助成金および国からの国庫補助金により軽減できます．処理対象物は，当初10kg以上のトランス類・コンデンサ類とPCB油のみであり，これら以外のものについてはその後追加される予定ですが，JESCOへ問い合わせて確認する必要があります．

　下記に具体的な処理申込みの手続きと処理までの過程を示します．
　① 保管PCB廃棄物が現在処理対象となるのかJESCOに問い合わせ
　② 処理の時期がいつ可能なのかJESCOに問い合わせ
　③ 対象となるPCB廃棄物の調査票の記入・提出（この場合，PCB使用機器の銘板の確認が必要）
　④ 処理料金軽減措置が該当する場合，処理料金の軽減の申請
　⑤ JESCOとの処理契約締結
　⑥ 収集運搬業者との収集運搬契約締結
　⑦ 収集運搬業者によるPCB廃棄物の収集運搬，JESCOへの搬入
　⑧ JESCOによるPCB廃棄物の処理・処分

［泉澤　秀一］

Question 33

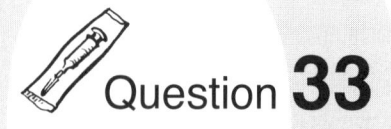

在宅医療廃棄物はどうやって処理する？

Answer

在宅医療廃棄物

　在宅医療は，入院医療・外来医療に加えて，第3の医療といわれ，高齢社会を背景に政府の施策と相まって今後も拡大を続けると見込まれており，医師・看護師らが訪問して行う場合（訪問診療等）と，患者等が自ら医療処置（在宅療養）を行う場合の二つに大別されます．

　この在宅医療に関わる医療処置に伴い，家庭から排出される廃棄物を在宅医療廃棄物といいます．例として，訪問診療等では，在宅寝たきり患者処置から，使い捨て注射器（針付き）・輸血用バッグ・点滴針・気管内吸引カテーテルなどが発生します．在宅療養では，在宅自己注射（糖尿病）から，ペン型自己注射針・脱脂綿類等，在宅自己腹膜灌流（腎不全）から，ビニールバッグとチューブ（CAPDバッグ）などが発生します．

在宅医療廃棄物の適正処理に関する国の対応

　環境省は，増加する在宅医療廃棄物の適正処理をはかるため平成15〜16年度に在宅医療廃棄物に関する検討を行い，とくに平成16年度の検討会報告では，在宅医療廃棄物は一般廃棄物であるとした上で，現段階で最も望ましい処理方法として

　　① 注射針等の鋭利な物は医療関係者あるいは患者・家族が医療機関に持ち込み，感染性廃棄物として処理する

　　② その他の非鋭利な物は，市町村が一般廃棄物として処理する

という方法が考えられるとしました．環境省はこの報告書を踏まえ，平成17年

Question and Answer

9月,市町村は関係者と連携をはかりつつ,地域の状況に応じた処理方法を検討するよう通知しました.

表1 在宅医療廃棄物の種類別の留意事項

分類	種類	具体例	感染症への留意※1
鋭利ではないもの	ビニールバッグ類	輸液,蓄尿,CAPD,栄養剤バッグ 等 栄養剤バッグ　CAPDバッグ	
	チューブ・カテーテル類	吸引チューブ,輸液ライン 等 チューブ類　カテーテル類	×
	注射筒(針以外の部分)	使い捨てペン型インスリン注入器　栄養剤注入器 ※針は附属しない	
	脱脂綿・ガーゼ		
鋭利ではあるが安全なしくみをもつもの	ペン型自己注射針	(針ケース装着時)	○※2
鋭利なもの	医療用注射針,点滴針	自己注射以外の医療用注射器	○

※1 「感染症への留意」は,○:取扱いによっては感染等への留意が必要なもの,×:通常,感染への留意が不要なもの
※2 鋭利なもののうちペン型自己注射針は,針ケースを装着した場合,「感染等への留意」は「×」となる

[在宅医療廃棄物の処理に関する取組推進のための手引き]

市町村の処理の現状と手引きの作成

　環境省は市町村の処理状況を把握するため，平成19年2月にアンケート調査を実施したところ，市町村の取組みにはさらに改善の余地があると考えられること，また在宅医療廃棄物の種類（性状・材質）や感染の可能性に関して情報が不足していることなどの課題もわかってきました．このため，環境省は市町村の取組みの参考となるよう「在宅医療廃棄物の処理に関する取組推進のための手引き」を市町村に通知しました．

適正処理のための課題

　在宅医療廃棄物を適正に処理するためには次のような課題があります．現行法では感染性廃棄物とは「医療関係機関等から生じ，人が感染し，若しくは感染するおそれのある病原体が含まれ，若しくは付着している廃棄物又はこれらのおそれのある廃棄物をいう」と規定され，医療機関等が処理を行うことになっています．しかし，在宅医療廃棄物は，医療関係機関等と同様の医療行為を伴うにもかかわらず，家庭から排出されるので感染性廃棄物とされず，さらに在宅医療は，特別に感染症患者を対象に実施されるものではないことなどから，一般廃棄物扱いとされています．このため，在宅医療廃棄物の処理のあり方については，とくに感染性の判断基準をはじめ，処理責任の所在の整理，法制度の整備等について，国において早急に検討を行うことにより，患者が安心して在宅医療を受けられるようにすることが重要です．

〔深野 元行〕

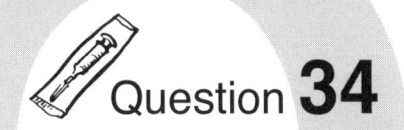

Question and Answer

Question 34
医療廃棄物の処理方法を教えて

Answer

法規制

　医療関係機関等は，廃棄物の排出事業者として責任があるので，適正に処理し，減量に努めるなど，しっかりと管理を行わなければなりません．排出事業者や処理を行う業者は，廃棄物処理法に従って処理を行わなければなりません．

　現在，「廃棄物処理法に基づく感染性廃棄物処理マニュアル」(平成16年3月改訂)が策定されており，感染性廃棄物の判断基準，管理方法，処理方法などを確認することができます．最新のマニュアルは，環境省のホームページからみることができます．

医療廃棄物

　医療廃棄物とは，法律上は使用されていない言葉で一般的に医療関係機関等(病院，診療所(保健所，血液センターなどを含む)，衛生検査所，介護老人保健施設，助産所，動物の診療施設および試験研究機関(医学，歯学，薬学，獣医学に関わるものに限る))から排出される廃棄物のことをいいます．医療廃棄物は，図1のように分類することができます．

図1　医療廃棄物の分類

```
医療廃棄物 ─┬─ 非感染性廃棄物 ─┬─ 産業廃棄物
            │                    └─ 一般廃棄物
            └─ 感染性廃棄物 ───┬─ 特別管理産業廃棄物
                                 └─ 特別管理一般廃棄物
```

また感染性廃棄物は，三つの事柄から判断されます．
（ⅰ）形状：① 血液，血清，血しょうおよび体液，② 手術等のときに発生する臓器や組織など，③ 血液等が付着した鋭利なもの，④ 病原微生物の試験や検査等に使用されたもの
（ⅱ）排出場所：感染症病床，結核病床，手術室，緊急外来室，集中治療室および検査室で治療・検査などに使用され排出されたもの
（ⅲ）感染症の種類：① 感染症法の一類，二類，三類感染症，指定感染症および新感染症，結核の治療・検査などに使用されたのち，排出されたもの，② 感染症法の四類および五類感染症の治療・検査等に使用されたのち，排出された医療機材など

　医療関係機関から排出される非感染性廃棄物には，資源ごみ（新聞・ダンボール，ビン・カンなど）や生ごみなども含まれます．

感染性廃棄物の処理方法

　廃棄物の処理方法は，地域的な理由や経済的理由により選択されますが，ここでは一般的な感染性廃棄物について説明します．

　医療関係機関等で発生した廃棄物は，発生した場所で分別され，集荷された後に所内の決められた場所で保管されます．

　分別については，一般的に ① 感染性廃棄物，② 非感染性廃棄物，③ ①，② 以外の廃棄物，と大きく三つに区分することができます．さらに形状や処理方法などの違いにより分別を行うなど，効率的に収集，運搬，処理ができるように分別をするのが望ましいです．

　感染性廃棄物の保管は，飛散・流出・地下浸透・悪臭発散が生じないようにしなければなりません．また，感染性廃棄物であることをしっかりと明示する必要があります．

　感染性廃棄物の処理は，専門の特別管理産業廃棄物収集運搬業者によって特別管理産業廃棄物中間処理業者に運ばれます．収集運搬の際は，必ず容器に収納して収集運搬することになっています．あらかじめ，① 密閉できる，② 収納しやすい，③ 損傷しにくい容器にいれておかなければなりません．

　中間処理業者では，焼却，溶融などの処理が行われ，感染性廃棄物は非感染

Question and Answer

表1 医療機関から排出される廃棄物の種類別具体例

種類		例
産業廃棄物	燃え殻	焼却灰
	汚泥	血液(凝固したものに限る),検査室・実験室等の排水処理施設から発生する汚泥,その他の汚泥
	廃油	アルコール,キシロール,クロロホルム等の有機溶剤,灯油,ガソリン等の燃料油,入院患者の給食に使った食料油,冷凍機やポンプ等の潤滑油,その他の油
	廃酸	レントゲン定着液,ホルマリン,クロム硫酸,その他の酸性の廃液
	廃アルカリ	レントゲン現像廃液,血液検査廃液,廃血液(凝固していない状態のもの),その他のアルカリ性の液
	廃プラスチック類	合成樹脂製の器具,レントゲンフィルム,ビニルチューブ,その他の合成樹脂製のもの
	ゴムくず	天然ゴムの器具類,ディスポーザブルの手袋等
	金属くず	金属製機械器具,注射針,金属性ベッド,その他の金属製のもの
	ガラスくず,コンクリートくず及び陶磁器くず	アンプル,ガラス製の器具,ビン,その他のガラス製のもの,ギブス用石膏,陶磁器の器具,その他の陶磁器製のもの
	ばいじん	大気汚染防止法第2条第2項のばい煙発生施設および汚泥,廃油等の産業廃棄物の焼却施設の集じん施設で回収したもの
一般廃棄物		紙くず類,厨芥(生ごみ),繊維くず(包帯,ガーゼ,脱脂綿,リネン類),木くず,皮革類,実験動物の死体,これらの一般廃棄物を焼却した「燃え殻」等

[廃棄物処理法に基づく感染性廃棄物処理マニュアルより]

性廃棄物となり,焼却灰は最終処分場に運ばれ,埋め立てられます.

　もう一つの方法は,発生した所内で高圧蒸気滅菌,乾熱滅菌または薬剤消毒を行って非感染性廃棄物（すなわち一般の産業廃棄物）とし,産業廃棄物収集運搬業者によって産業廃棄物中間処理業者に運ばれ,焼却,溶融処理後に埋め立てられます.日本では,滅菌あるいは消毒されたものをそのまま埋め立てされる例はほとんどありません.滅菌処理については,処理マニュアルでも具体的な方法を紹介されています.

　そのほかに,表1の廃油や廃酸,廃アルカリなど液状の廃棄物は,専門の処理業者によって処理されるのがよいでしょう.廃酸,廃アルカリは,中和処理を,廃油や廃プラスチックは焼却処理等を行います.また,汚泥は,その特性に応じて焼却処理や生物処理などを行います.

[仁田 由美]

感染性廃棄物

　医療機関等から発生する廃棄物で，感染性病原体が含まれ，もしくは付着している廃棄物またはこれらのおそれがある廃棄物をいい判断基準があります．なお，非感染性の廃棄物であっても，鋭利な物については感染性廃棄物と同等の扱いとされます．特別管理廃棄物として法的な位置づけを受け，さらに処理マニュアルも作成されました．一方，在宅医療廃棄物は医療行為を伴うにもかかわらず家庭から排出されるため感染性廃棄物とされず判断基準や処理基準がありません．

［深谷 元行］

Question 35
アスベストってなに？

Answer

アスベスト

　アスベスト（石綿）とは，天然に産する繊維状ケイ酸塩鉱物であり，国際労働機関（ILO）などでは図1の6種をアスベストと定義しています．

　アスベストは工業用原料として理想的な性質を備え，かつ安価であることから，わが国でも1890年代から建築材料などに幅広く利用されることとなりました．しかし，アスベストによる健康障害（石綿肺・肺がんなど）が明らかとなり，わが国では，1995年からアモサイトおよびクロシドライトを製造等禁止，2004年からクリソタイルを原則製造等禁止，また2006年からアンソフィライト，トレモライト，アクチノライトを含めた6種のアスベストに対して全面製造等禁止（一部代替品のない製品を除く）と規定しています．

　今なお建築材料などに使用されているアスベストは500～600万トンとみられており[1]，（社）日本石綿協会の報告によると，アスベストを含有する廃棄物の排出は，建築物の解体などにより，2020～2040年頃をピークに年間100万トン以上となることが予想されています．では，日本のアスベスト鉱山の現状はどうなっているのでしょうか．原子力安全・保安院が2005年から実施したアスベスト鉱山（31鉱山）の調査結果によると，その内26鉱山が周辺の山林との一体化などへの転用が進んでいるとし，アスベストが飛散する確率はきわめて低いなどと評価しています．なお，これ以外の5鉱山については，終掘から相当の歳月が経過しているため，所在不明としています．

建屋内の壁からのアスベスト

　アスベストが劣化等により粉じんとなり飛散し，建屋にいる人がその粉じん

```
アスベスト(石綿)
├─ 蛇紋石族 ─── クリソタイル(温石綿・白石綿)
└─ 角閃石族 ┬─ クロシドライト(青石綿)
            ├─ アモサイト(褐石綿)
            ├─ アンソフィライト
            ├─ トレモライト
            └─ アクチノライト
```

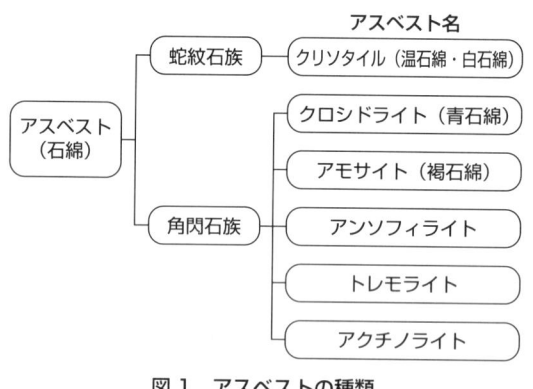

図1 アスベストの種類

表1 石綿含有建築材料の使用部位

使用部位	石綿含有建築材料の種類
内壁,天井	石綿含有スレートボード,石綿含有ソフト巾木 など
内壁・天井の吸音・断熱	石綿含有ロックウール吸音天井板,吹付け石綿,石綿含有吹付けロックウール,石綿含有吹付けバーミキュライト(ひる石),石綿含有吹付けパーライト
天井の結露防止	石綿含有屋根用折版裏断熱材
床	石綿含有ビニル床タイル,石綿含有フリーアクセスフロア材
外壁,軒天	石綿含有窯業系サイディング,石綿含有押出成形セメント板,石綿含有スレートボード,石綿含有スレート波板 など
鉄骨の耐火被覆	吹付け石綿,石綿含有吹付けロックウール,石綿含有耐火被覆板 など
屋根	石綿含有スレート波板,石綿含有住宅屋根用化粧スレート

注)製品により使用時期は異なるが,現在製造される製品では使用を中止されている

[日本石綿協会HP]

にばく露するおそれがあるときは,除去,封じ込め,または囲い込みなどの措置を講じる必要があります.なお,アスベストを除去する場合,そのアスベストが飛散性のもの(廃石綿等(特別管理産業廃棄物))か,非飛散性のもの(石綿含有産業廃棄物または石綿含有一般廃棄物)かにより,処理処分の方法は異なります.

[永塚 栄登]

参 考 文 献
1) 森永謙二 編,"アスベスト汚染と健康被害",日本評論社 (2005)

Question and Answer

Question 36
アスベストの処理技術を教えて

Answer

アスベストの処分

Q35のとおり,アスベストには飛散性ものと非飛散性のものがあり,前者は管理型最終処分場で,後者は安定型最終処分場で処分することが,現状として主たる方法です.

なお,最終処分場の残余が逼迫している問題等を踏まえ,環境省では2006年から「石綿含有一般廃棄物等に係る無害化処理大臣認定制度」を設けており,今後大量に発生するアスベスト廃棄物の減容化および無害化の促進・誘導をはかっています.

「適正に処理できた」とする判断基準

大臣認定制度の申請要領によると「適正に処理できた」とする判断基準は以下のとおりとなります.

① 人の健康又は生活環境に係る被害が生じるおそれがない性状にすることが確実であると認められるもの.

表1 アスベストの処理技術の一例

処理方式	技術の一例
高温溶融処理(1 500℃以上)	プラズマ溶融炉により1 500℃以上の高温でアスベストを溶融処理 シャフト炉式ガス化溶融炉により1 500℃以上の高温でアスベストを溶融処理
低温溶融処理(1 500℃未満)	脱イオン剤との組合わせにより1 200℃でアスベストを溶融処理 フロン分解物,塩化ナトリウムとの組合わせにより700℃でアスベストを溶融処理
化学処理	ケイ素樹脂とアルカリイオン水を吹きつけることによりアスベストを固化処理 フロン分解廃液に浸すことによりアスベストを分解処理
物理処理	ボールミルによりアスベストを微粉末(粉砕)処理 水溶性アクリル樹脂を注入することによりアスベストを密着処理

② 上記 ① の「性状」とは，石綿が検出されないことをいう．
③ 上記 ② の「検出されないこと」とは，位相差顕微鏡を用いた分散染色法およびX線回折装置を用いたX線回折分析法による分析方法により検定した場合において検出されないことをいう．また，これによりアスベストの有無を判断することが困難な場合は，電子顕微鏡を用いた分析方法により検定することとする．

なお，処理の際は，生活環境に係る被害が生じるおそれがないよう対応することもあわせて必要となります．

アスベストの処理技術とその特徴

アスベストの処理技術を処理方式別にみると，表1に示すとおり，高温溶融（1 500 ℃以上），低温溶融（1 500 ℃未満），化学処理，物理処理に分類されます．

現在開発されている技術の多くは，溶融処理（高温溶融または低温溶融）であり，その内高温溶融についてはすでに確立されている技術です．また，薬剤などの混合によってアスベストの溶融点を下げる方法（低温溶融）についても，CO_2 発生量の削減およびコストの低減の観点から期待される技術です．

化学処理について，例えばクリソタイル（耐酸性：弱い）を対象としてみた場合，強酸による処理が可能と考えられますが，アスベストの種類により特性が異なることから，さまざまな工夫が必要になると思われます．

[永塚 栄登]

Question 37
E-waste ってなに？

Answer
E-waste

　E-wasteについては，環境NGOのBAN（The Basel Action Network）とSVTC（Silicon Valley Toxics Coalition）が中国などのアジア各地における輸入E-wasteのリサイクルによる環境汚染を2002年2月に「Exporting harm」[1]で告発して以来，世界的に注目を浴びるようになってきました．また，2005年10月にBANが発表した「The Digital Dump」[2]では，E-wasteによる環境汚染とともに，情報流出の観点からも先進国のIT機器ユーザーに対して警鐘を鳴らしています．

　E-wasteという用語は，英語ではelectrical and electronic wasteなどの略語とされ，最近はよく用いられるようになっています．しかしながら，これまでのところ正確な定義を行っている例はみあたりません．日本語では電気電子機器廃棄物，廃電気電子機器などの名称があたると思われます．具体的には，家電製品やパソコン・携帯電話のような電気電子機器の廃棄物に対して表現されることが多くなっています．

　関連の大きい規制として，EUのWEEE（Waste Electrical and Electronic Equipment）指令2002/96/ECでは，対象とする電気電子機器のカテゴリーと製品リストを提示しています．対象カテゴリーには，① 大型家庭用電気器具，② 小型家庭用電気器具，③ ITおよび通信機器，④ 民生用機器，⑤ 照明器具，⑥ 電気・電子工具，⑦ 玩具，レジャー・スポーツ用機器，⑧ 医療器具，⑨ 監視・制御装置，⑩ 自動販売機の10種類が含まれており，広範な電気電子機器が回収・リサイクルの対象とされています．

　また，バーゼル条約では廃棄物の有害性によって規制対象を定めていますが，

E-wasteに関係するものは表1のように例示されます．バーゼル条約では，規制対象となるA表と規制対象外のB表が提示されています．A表には，鉛蓄電池その他の分別されていない電池と，CRTガラスとそのくずが含まれ，これらが規制対象となっています．さらに，附属書Iの成分（カドミウム，水銀，鉛，PCBなど）が含有されているか否かによって，規制対象となる電気部品および電子部品を定めています．被覆電線については，2004年10月に開催されたバーゼル条約第7回締約国会議でA表とB表のどちらに分類すべきかが議論された結果，附属書Iの成分を含有していない場合，野焼きの対象としないことなどの限定付きでB表に入れるという提案が採択されました．

表1 バーゼル条約におけるE-waste

	番号	内容
附属書VIII（規制対象）	A1160	鉛蓄電池の廃棄物
	A1170	分別されていない電池の廃棄物
	A1180	電気部品及び電子部品の廃棄物またはそのくず（A表に掲げる蓄電池その他の電池などを含むもの，または附属書Iの成分に汚染されているもの）
	A1190	鉛など付属書Iの成分を含有又は汚染されている，被覆電線の廃棄物
	A2010	陰極線管（CRT）その他の活性化ガラスから生ずるガラスのくず
附属書IX（規制対象外）	B1110	電気部品及び電子部品 ・金属又は合金のみから成る電子部品 ・電気部品及び電子部品の廃棄物又はそのくずで，A表に掲げる蓄電池その他の電池などを含まないもの，附属書Iの成分に汚染されていないもの ・直接再利用を目的として，再生利用又は最終処分を目的としない電気部品及び電子部品（基板・電子機器の構成物及び電線を含む）
	B1115	被覆電線の廃棄物（A1190に含まれないもので，野焼きなどの非制御熱処理を含む処分作業が行われないもの）

注）環境省の和訳3)を参考に，著者が作成したもの．鉛蓄電池などの電池類は，単独でE-wasteとして議論されることはあまりありませんが，バーゼル条約における分類としては関係が深いので含めています．

E-wasteの有害性・資源性と適正管理

E-wasteは，ほとんどのアジア諸国で国内発生量が増加しているとともに，中古品や部品・材料の形での国際貿易が拡大しています[4]．このようなE-wasteの管理について，中国・韓国・タイなど自国での規制を設けたり，検

Question and Answer

討したりしているアジア諸国は増加しています．また，電気電子機器の中古品や廃棄物に対しては，中国・タイ・ベトナムなど独自に輸入規制を行うアジアの国々も増えており，輸出する場合はそれらも遵守する必要があります．

E-wasteが含む電池や基板などには金属が含まれ，基板やプラスチックケースなどには臭素系難燃剤が用いられている場合があり，E-wasteは有害性と資源性をあわせもっているといわれています．

アジアの途上国では，酸を用いて基板からの貴金属を抽出したり，被覆電線などを野焼きしたり，有価物を取り除いた後の残さやCRTガラスなどを投棄したりする場合があります．このように不適正な取扱いによる環境汚染を防止し，資源を有効に利用する必要があります．

参 考 文 献
1) The Basel Action Network (BAN) and Silicon Valley Toxics Coalition (SVTC)：Exporting harms, 2002
   http://www.ban.org/E-waste/technotrashfinalcomp.pdf
2) The Basel Action Network (BAN)：The Digital Dump, 2005
   http://www.ban.org/BANreports/10-24-05/documents/TheDigitalDump_Print.pdf
3) 有害廃棄物の国境を越える移動およびその処分の規制に関するバーゼル条約（環境省による和訳）http://www.env.go.jp/recycle/yugai/law/conv_j.pdf
4) 寺園 淳：日本からアジア各国へ向かう使用済み電気電子機器：ごみか資源か，科学, Vol. 78, No. 7, 768-772 (2008)

Question 38

リサイクル家電のフロン類はどうやって処理されているの？

Answer

フロン類

　フロン類は，炭化水素の水素を塩素やフッ素で置換した化合物の総称で，このうち水素を含まないものをクロロフルオロカーボン（CFC），水素を含むものをハイドロクロロフルオロカーボン（HCFC），塩素を含まないものをハイドロフルオロカーボン（HFC）とよんでいます．これらの物質は，化学的に安定で反応性が低く，ほとんど毒性を有しないこと，また揮発性や親油性などの特性をもっていることから，冷媒や発泡剤などとして幅広く使用されてきました．しかし，CFCやHCFCは対流圏ではほとんど分解されずに成層圏に達し，そこで塩素を放出して，紫外線を吸収する役目をもっているオゾン層を破壊する原因であることがわかり，オゾン層の保護に関するウィーン条約（1985年）やオゾン層を破壊する物質に関するモントリオール議定書（1987年）により規制が進められてきました．一方，HFCはオゾン層破壊物質ではありませんが，温室効果ガスとして地球温暖化対策推進法での対象物質になっています．

家電に使用されているフロン類

　CFCやHCFCは主にエアコンや冷蔵庫の冷媒，冷蔵庫断熱材のウレタンフォーム発泡剤として使われてきましたが，モントリオール議定書に基づく規制により生産削減が進められています．そこでオゾン層破壊物質でないHFCが代替フロンとして使用されてきましたが，先に述べたとおり，温室効果ガスとして規制対象になったことから，家電リサイクル法ではこれらのフロン類すべてを回収処理することが家電メーカーに対して義務づけられています．

Question and Answer

フロン類の回収と処理

それでは実際に家電メーカーでは，フロン類をどのように回収し処理しているのでしょうか．典型的なやり方としては，リサイクル施設に集められたエアコンと冷蔵庫の中の冷媒（液体）は，手解体作業の中で配管等に穴を開けるなどして直接吸引してボンベに充てんし回収します．このとき，できるだけ取り残しがないように，例えばエアコン室外機を逆さまにしたり傾けたりして，完全に回収できるようにさまざまな工夫がなされています．冷蔵庫の断熱材に含まれるフロンは，密閉された破砕機でウレタンフォームを破砕し，放出されたフロンを活性炭などに吸着させて回収します．回収したフロンは，リサイクル施設内の設備で破壊処理されたり，外部の産業廃棄物の焼却施設やセメントキルンで混焼されたりして，分解破壊処理がなされます．なお，以上のような回収から破壊処理の過程で，大気への漏えいを極力防いでいくことが重要です．

平成19年度においては，エアコンで約1千トン，冷蔵庫・冷凍庫で約300トンの冷媒フロンが，また約600トンの断熱材フロンが家電リサイクル法の下で回収処理されています（（財）家電製品協会）．

今後の課題

1970年代にオゾン層破壊の問題が発見され，1980年代に先に述べたように国際的なルールのもとでフロン類の削減が進んできました．家電リサイクル法に基づくフロン回収は，私たち自身が取り組むことができる地球環境問題への対処策です．これまでの世界的な取組みにより，近年オゾン層破壊の進行が鈍ってきているのではないかとの研究報告もでてきました．

しかし，家電リサイクル法の下で集められている家電製品以外に，海外に輸出されている中古品・部品も相当量存在しており，エアコンや冷蔵庫が海外輸出された際に，フロンが大気に放出されている可能性が懸念されています．

一方，根本的な対策として重要なことは，冷媒などにフロンを使用しなくても同様の機能を有する物質を開発していくことです．現在では多くの家電メーカーが冷蔵庫のノンフロン化を進めており，地球環境に配慮した製品が主流になっていくことが期待されます．

［大迫 政浩］

Question 39
カラス対策の実施例を教えて

Answer

カラスによるごみの散乱問題

　近年，市街地においてカラスは自然環境下にはみられないほど高い密度で生息するようになってきており，これによって人とカラスの間にさまざまな問題が生じています．その典型的な例がカラスによるごみの散乱問題です．
　かつては東京だけで深刻化していた問題でしたが，今では全国の市街地に広がってマスコミに取り上げられることが多くなり，住民からの苦情も増加し，地方自治体や自治会ではその対策に苦慮しています．

カラス対策の基本的な考え方

　カラス対策を考えるときに必要なことは，都会のカラスの生態や現状をよく知ることです．その上で，なぜカラスがごみの集積所や埋立処分地に集まって来るのか，なぜごみを散乱させるのか，その理由を考えます．キーポイントは次のように整理されます．
　① カラスは食べ物を求めてごみの集まる場所に集まってくる
　② カラスは好きな食べ物を選ぶためにごみを散乱させる
　③ カラスは主に視覚でごみを探している
　ごみの埋立処分地では，分別や処分技術の向上によって生ごみが持ち込まれることは少なくなりましたが，市街地のごみ集積所には丁寧に分別して半透明の袋に入れられたごみが沢山ありますから，カラスは効率よく好きな食べ物をえることができます．だから集まってくるのです．さらにいえば，カラスがごみを食べて，十分な栄養を得て，多くのひなを育てて数を増やしていると考えられています．

Question and Answer

このように考えると，カラス対策の最もよい方法は食べ物となるごみを集積所に置かないことですが，現実的ではありません．リサイクルなどによってごみを減らす努力をしながら，カラスの生態や実態を理解した対策を実施することになります．

表1　ごみ集積所におけるカラス対策の実施例

目　標	具体例	ねらい	効　果	問題点
〈防除〉 ごみ集積所などに降りさせない	カラスの模型 黒いビニール 光るテープやCD 目玉模様 ラジオなど	視覚的脅し 視覚的脅し 視覚的脅し 視覚的脅し 聴覚的脅し	短期間 短期間 短期間 短期間 不　明	持続性 持続性 持続性 持続性 持続性不明
とらせない	釣糸など 針金など さおなど 磁石 忌避剤	物理的排除 物理的排除 物理的排除 磁力的排除 嗅覚的脅し	長期間 長期間 長期間 不　明 不　明	美　観 美　観 美　観 効果不明 効果不明
ごみを食べさせない	ポリ袋など 覆い（バケツ・カゴ・小屋） 覆い（ネット・シート） 早朝・夜間収集 生ごみを徹底して減らす	物理的隔離 物理的隔離 物理的隔離 時間的隔離 資源の排除	な　し あ　り 多少あり あ　り あ　り	隔離効果 設置場所の確保 使い方の徹底 費　用 地域ぐるみのシステムの構築

［環境省自然保護局，"自治体担当者のためのカラス対策マニュアル"（2001），p.60］

カラス対策の実施例

具体的な実施例をみてみましょう．一般的に，カラスにごみを食い荒らされないためには，カラスからごみを物理的に遮断してしまう方法と時間的に遮断してしまう方法があります（表1参照）．

物理的に遮断してしまうためには，視覚的にカラスを脅かしてごみ集積所に来ないようにしたり，さまざまな仕掛けをしてごみをとらせない，あるいはごみを物理的に隔離して食べさせない方法があります．時間的に遮断してしまうためには，カラスが活動する時間帯を避けて，早朝または夜間に収集してしまう方法があります．

しかしながら，それぞれの方法は，効果の持続性や美観，費用などの問題点があります．とくに，カラスは高い学習能力があることがわかっており，視覚的にカラスの警戒心を利用した方法では，それに慣れてしまうと効果が失われるという問題があります．簡便にはごみにネットをかぶせてしまう方法が効果的で，普及しています．

ごみ出しルールを守る

市街地にカラスが増えた原因は，ごみの中から食べ物を得ることができるからです．人間の生活が深くかかわっているのです．したがって，カラス対策は，リサイクルなどの促進により生ごみの量を減らす，あるいはごみ収集方法の改善によって生ごみとカラスを遮断し，カラスの食べ物の量をコントロールすることが最も早く効果的な対策ということができます．その実効性を高めるためには，住民一人ひとりが生ごみの量を減らす努力とごみの分別やごみ出しのルールを守ることが必要不可欠です．問題解決には多岐にわたる分野からのアプローチが必要です．

例えばいくらネットを用意しても，住民がごみ出しの日時を守り，ネットの中にきちんとごみを入れなければ効果がありません．

［村岡 良介］

Question 40

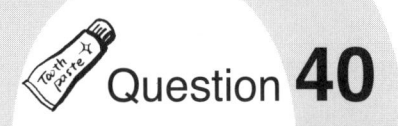

漂流・漂着ごみってなに？

Answer

漂流・漂着ごみの現状

　漂流・漂着ごみには，図1に示すようにペットボトルなどの生活系廃棄物，魚網などの漁業関係の廃棄物，注射器などの医療系廃棄物，さらに，流木や海藻などの自然由来の廃棄物などが含まれています．

　漂着ごみの量は年間約15万トンで，そのうち外国由来のものは，重量で6％，個数で2％という調査結果が報告されています．

　廃棄物処理法では産業廃棄物を規定し，それ以外は一般廃棄物とされるため，漂流・漂着ごみについては，明らかに産業廃棄物である場合を除いて一般廃棄物として取り扱われています．

　漂流・漂着ごみは，海岸機能の低下，環境・景観の悪化，船舶航行上の安全阻害，漁業への被害などを引き起こすとともに，その処理に関して各自治体などに大きな負担となっています．また，海底に沈んだ「海底ごみ」も漁業などに被害をもたらしています．

国などの対策

　気象庁は，定期的に北太平洋および日本周辺海域の一定航路上で浮遊プラスチック類の観測を実施しており，海上保安庁も一般市民への啓発活動の一環として漂着ごみ分類調査を行っています．

　また，（財）環日本海環境協力センターは「日本海・黄海沿岸の海辺の漂着物調査」を沿岸諸国と共同で実施しています．

　国は，2006年度に「漂流・漂着ゴミ対策に関する関係省庁会議」を設置し，2007年3月には当面の施策を取りまとめました．

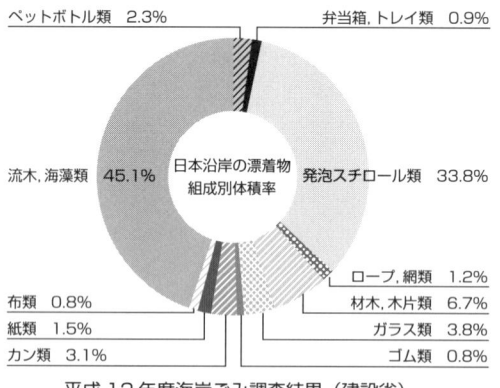

図1 漂流・漂着ごみの構成（体積ベース：全国平均値）

円グラフ内容：
- 流木、海藻類 45.1%
- 発泡スチロール類 33.8%
- 材木、木片類 6.7%
- ガラス類 3.8%
- カン類 3.1%
- ペットボトル類 2.3%
- 紙類 1.5%
- ロープ、網類 1.2%
- 弁当箱、トレイ類 0.9%
- 布類 0.8%
- ゴム類 0.8%

日本沿岸の漂着物組成別体積率
平成12年度海岸ごみ調査結果（建設省）

漂流・漂着ごみの処理

　海岸には，大きく区分して海岸保全区域と一般公共海岸区域があり，基本的にはどちらも都道府県が管理者とされています．

　海岸管理者は，廃棄物処理法上，海岸の清潔の保持に努めなければならず，漂流・漂着ごみの対応に関する義務を負います．しかし，現状では，海岸管理者からの要請や生活環境保全上から，一般廃棄物の処理について統括的責任を有する市町村が漂着ごみの処理を行っているケースが多くあります．また，漂着ごみの回収については，地域住民やボランティアなどの協力を得ながら行われており，円滑な処理のためには，海岸管理者，市町村，地域住民，ボランティア等の協力，連携が求められています．

　処理に要する経費については，国土交通省，農林水産省が海岸保全区域を対象に海岸管理者に対して，また，環境省が海岸保全区域以外を対象に市町村に対して補助する制度を設けているほか，都道府県が市町村に対して補助を行っている事例もあります．

もとを絶つにはどうしたらいいか

　発生源対策としては，① 国内の陸域や沿岸域における対策と，② 外国由来のごみ対策があげられ，① については，ポイ捨てなどを防止し一人ひとりが

発生源とならないよう啓発していくことが必要ですし，②については，国際的な取組みをさらに進めていく必要があります．

なお，廃棄物の投棄による海洋汚染を防止するため，1972年にロンドン条約が採択され，1980年にはわが国も同条約を批准し，現在は海洋汚染防止法により廃棄物の海洋投棄は原則禁止であり，特定の廃棄物のみ許可により投棄可能となっています．

[宮本 伸一]

参 考 文 献
漂流・漂着ゴミ対策に関する省庁会議とりまとめ（2007）
直原史明，都市清掃，60(276)，121（2007）
藤谷亮一，都市清掃，60(276)，166（2007）
石橋和隆，インダスト，23(245)，22（2008）
直原史明，インダスト，23(245)，26（2008）
井手邦典，インダスト，23(245)，32（2008）

Question 41
災害ごみはどうやって処理されるの？

Answer

処理の順番は「し尿」それから「ごみ」

　ごみは，災害の後片づけのときに排出されますが，し尿は毎日排泄されることや，仮設トイレを設置した場合には容量も限られ，くみ取りを頻繁に行う必要があるため，衛生面を考慮すると，し尿処理の計画をきちんと立て，それに基づき適切に処理することが必要となります．また，その処理にあたっては，し尿処理業者との緊密な連携をはかる必要があります．

「ごみ」は一段落した段階でどっと出る

　地震の場合では，災害発生後，1週間後くらいから，大量のごみが排出されます．災害ごみであっても，リサイクルをきちんと行うことが大切であり，そのためには，当該自治体の廃棄物処理施設の状況を確認するとともに，いつの段階から災害ごみの収集を行うという詳細な情報を住民に周知することが大切なこととなります．

　住民へ周知する内容としては，収集日（日曜・祝日を含む），収集時間，収集場所，ごみの分別方法（最初の1～2週間は，可燃・不燃・粗大ごみの分別を行い，その後は，通常のごみカレンダーどおりに行うなど），料金体系などの内容を新聞やテレビなどを通じて毎日お知らせしていく必要があります．

　また，収集にあたっては，ガスの供給が止まっている地域では，小型のガスボンベが多量に使用されることから，使い切りや分別を徹底し，収集車の火災事故を防止するとともに，処理にあたっても，破砕施設の管理を徹底し，混入に留意する必要があります．

　災害が大きくなればなるほど，ごみ量も増加し，臨時集積場も最終処分場内

Question and Answer

図1 災害時の臨時集積場
家庭ごみの臨時集積場　　　　可燃製粗大ごみの臨時集積場
［新潟県中越沖地震廃棄物関係資料］

や大規模公園など大きなものを数ヶ所に設置することが必要となります．処理に係る時間も長期にわたりますので，臨時集積場を事前に選定しておくとともに，その選定にあたっては，長期の集積が可能で安全に分別作業ができ，周辺の状況からしても環境保全上の支障が生じない場所を決めておくとよいでしょう．

災害時のごみ処理対策として，一時的に大量に受け入れられる臨時集積場の存在は大変重要となります．

また，収集運搬作業としても，委託業者等と緊密な連絡を取り合い，区域内での処理が不可能な場合は，近隣市町村への支援の検討・依頼を行う必要があります．

大規模な災害になればなるほど，近隣自治体との連携が大事

大災害になればなるほど，区域内での収集運搬体制や処理に支障をきたすため，都道府県を中心とした，広域処理体制の確保が必要となってきます．そのため，日頃から県内市町村や県外市町村との災害時での連携を深め，災害協定などに基づく相互応援を的確に実施するとともに，収集運搬・処理業者との連携を密にしておくことが大事なこととなります．

［佐藤　秀則］

Question 42

国際資源循環の抱える問題は？

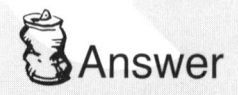

Answer

国際資源循環の状況

　中国などアジア諸国の経済成長を背景として，日本や欧米から中国などへの循環資源の越境移動が活発になっています．貿易統計によれば，2007年に日本から輸出された主要な循環資源は，スラグ・灰1 071万トン（うち鉄鋼スラグ848万トン，非鉄製錬スラグ49万トン，その他173万トン），鉄スクラップ645万トン，古紙384万トン，プラスチックくず152万トン，銅スクラップ42万トンなどとなっています．

　循環資源の輸出は，2000年前後から急増しています．金属や古紙の場合は2005年頃から輸出量がやや頭打ちになっていますが，これは原材料価格の高騰のためであり，輸出価格は増加傾向が続いています．主な輸出先は，スラグは台湾と韓国，鉄スクラップは韓国と中国，その他は中国（香港を含む）となっています．輸出先では，鉄鋼スラグはセメント原料，金属は金属製品，ペットボトルを含むプラスチックくずは繊維やプラスチック製品の原料，古紙は製紙原料などとして利用されています．

　これらのほか，再使用（リユース）目的の中古車や，家電・パソコンなどの中古電気電子機器なども輸出されています．

循環資源貿易の考え方

　1992年に発効したバーゼル条約では，有害廃棄物の越境移動に関する締約国の義務として，非締約国との有害廃棄物の輸出入の禁止，締約国間の有害廃棄物の越境移動について事前通告と同意を必要とすることなどを規定しています．家庭ごみおよびその焼却灰や，処分作業（焼却，埋立て，リサイクルなど）

を行う有害廃棄物は有価であっても規制対象となります.しかしながら,中古品や有価・無害なものを含め,バーゼル条約の規制対象である有害廃棄物に含まれない循環資源の貿易が拡大しています.途上国との間で不適正な貿易やリサイクルが行われることで,輸出先で環境汚染や輸出国の責任が指摘される事態も発生するため,その対応が必要となっています.

循環資源の貿易に関して,環境負荷の程度を表す有害性と,経済価値を表す有価性に即して整理したものが図2です.バーゼル条約の規制対象物をはじめとした有害物については,発生国内での処理を原則とすべきです.無価物(廃棄物処理法上の廃棄物)については,有害性を含まない場合でも適正処理を行うインセンティブがないことから,その処理は発生国内で行うことが基本となり,国内処理原則が適用されます.廃プラスチックなどの有価・無害な循環資源については,越境移動の枠組みが整備されていませんが,輸出先国での環境汚染の可能性や,国内のリサイクル体制への影響を十分考慮することが重要です.中古品などの輸出は,資源の有効利用への貢献になる一方で,短期間で廃棄物となる可能性が高いことから,環境汚染の防止と関係国の相互理解に基づいて実施される必要があります.

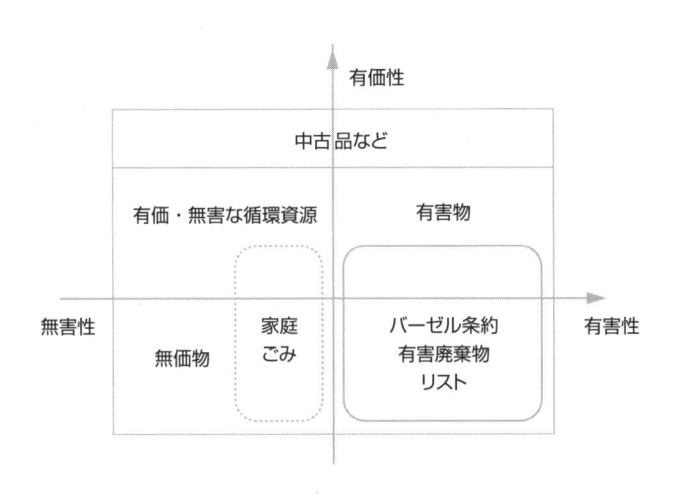

図2 循環資源の性質に応じた分類
[中央環境審議会資料を修正]

国際的な循環型社会構築の方向性

　国際的な循環型社会の構築にあたっての基本的な考え方として，環境省では，まず，① 各国の国内で循環型社会を構築し，次に ② 廃棄物の不法な輸出入を防止する取組みを充実・強化し，その上で ③ 循環資源の輸出入の円滑化をはかることの三点を挙げています．循環資源の越境移動については，相手国で環境汚染を招かないよう不適切な輸出の防止をすること（②）が大前提であり，その上で資源の有効利用に資する循環資源の輸出入の円滑化を行うこと（③）が必要になります．

　また，2008年3月に閣議決定された第二次循環型社会形成推進基本計画では，個々の循環資源や地域の特性に応じて，最適な規模の地域循環圏を構築することも提唱されています．使用済みのペットボトルの例にあるように，輸出が増加した結果，国内のリサイクル施設に原料が不足し，国内のリサイクル体制がぜい弱になって，将来輸出が続かない状態に耐えられないおそれもあります．これまで国内の各種リサイクル法は循環資源の輸出を想定していませんでしたが，資源価格の高騰や海外の資源需要も見据えながら，国内で一定のリサイクルを確保する施策が必要と考えられます．

〔寺園 淳〕

Question 43

廃棄物分野の地球温暖化対策は？

Answer

廃棄物分野全般の地球温暖化対策

　ごみに関しては3R推進，直接埋立抑制，ごみ発電の推進が温暖化対策となります．

　産業廃棄物については，木くずは廃棄物ではなく貴重なバイオマス燃料として品質を高めるべく分別収集しチップ化することで，製紙会社などエネルギー多消費型産業にて高効率な熱電供給（コジェネ）となる産業用ボイラの燃料に販売されています．廃プラスチックや古紙の一部もRPFとして流通し，ごみ焼却炉よりも大幅に高効率な発電が行われて，処理処分の対象から有価物という風に取り扱いもさまがわりして，地球温暖化対策が進められています．

　食品系バイオマスは，発酵槽にて効率的にメタンガスを回収し，ガスエンジンなどの燃料に利用することが温暖化対策となります．

　産業廃棄物焼却施設においても，余熱回収して外部熱供給や発電を行い，省エネ機器の導入も進めることで温暖化対策が十分に大きな効果を持つ場合に，そのための初期投資に環境省の補助金が付けられて，有意義な対策の促進がはかられています．

ごみ処理システムの3R改革

　市町村のごみ処理システム構築には，施設整備とあわせて3Rの取組みを組合せて実施することが循環型社会構築にとって重要です．このことは同時に，温室効果ガスの排出削減に直結します．ごみ焼却による温室効果ガス排出量は(1)式により算定されますが，温室効果ガス排出量は，ごみ焼却量にほぼ比例しており，ごみの発生抑制に関し普及啓発・環境教育などを行って住民の自主

的な取組みを促進し，分別収集の推進および再生利用により，適正な循環利用に努めることで，ごみ焼却量を減らしていくことが地球温暖化の対策にもなっているのです．

温室効果ガス GHG（トンCO_2/年）は

GHG＝CO_2p×p×M＋k_1×（CH_4/トン）×M＋k_2×（N_2O/トン）×M…（1）

一例として連続炉の場合を見てみましょう．

　CO_2p：ごみ中プラスチックによる排出係数＝2.69

　p：ごみ中プラスチック比率（デフォルト0.181×0.8）

　M：年間ごみ焼却量（トン／年）

　k_1：メタンの地球温暖化係数＝21

　（CH_4/トン）：排出係数　0.00000096（連続炉の場合）

　k_2：一酸化二窒素の地球温暖化係数＝310

　（N_2O/トン）：排出係数　0.0000565（連続炉の場合）

例えば10万人都市のごみM＝36 000トン／年について連続炉で焼却した場合，温室効果ガス排出量は

　GHG＝(0.39＋21×0.00000096＋310×0.0000565)×36 000

　　　＝0.41×36 000＝14 760（トンCO_2／年）

一人あたり排出量では

　14 760÷100 000≒0.15（トンCO_2／年・人）

となります．

有機物の直接埋立てを原則廃止

生ごみ，木くずなどの有機物の最終処分場への直接埋立ては，温室効果の高いメタンの排出を伴うことから，環境省では平成20年度から始まる5ヶ年計画の期間中に，原則として廃止するように努めることとしています．

最終処分場から排出されるメタンガス排出量は，平成18年度から計算することとし，下表に示す廃棄物の種類ごとの排出係数と分解年数を用いて，算定期間ごとに分解量を計算して求めます．

表1　廃棄物の埋立処分における排出計数他

廃棄物の種類	排出係数	分解期間	固形分割合
食品くず	0.143トンCH4/トン	10年	0.25
紙くず	0.138トンCH4/トン	21年	0.80
繊維くず	0.149トンCH4/トン	21年	0.80
木くず	0.138トンCH4/トン	103年	0.55

[環境省，温室効果ガス排出量算定・報告マニュアル，p.Ⅱ-109～110より]

例えば，人口1000人の村がごみ（食品23%，紙22%）を平成18年度に400トン，19年度に350トン，20年度に300トン直接埋立てした場合の20年度終了時点のメタン排出量は

$$CH_4 = (0.143 \times 0.23 \times 0.25/10 + 0.138 \times 0.22 \times 0.8/21) \times 400$$
$$+ (0.143 \times 0.23 \times 0.25/10 + 0.138 \times 0.22 \times 0.8/21) \times 350$$
$$+ (0.143 \times 0.23 \times 0.25/10 + 0.138 \times 0.22 \times 0.8/21) \times 300$$
$$= 13.0 \text{（トン } CH_4 \text{/年）}$$

メタンの地球温暖化係数＝21より一人あたりのCO_2排出量は

$$13 \times 21/1000 = 0.23 \text{（トン } CO_2 \text{/年・人）}$$

となり，3ヶ年分の有機物分解によるメタンガスながら温室効果ガスとしては，ごみ焼却炉の場合よりも多い排出量となります．埋立てを継続したと仮定すると，さらにこの約3倍の温室効果ガスが排出される計算になります．

有機物は，直接埋立てをしないで，飼料や肥料に再資源化するか，メタン発酵設備にてメタンを高効率に回収する方法，あるいは連続炉にて焼却することが求められています．

ごみ発電の推進

連続燃焼式ごみ焼却炉では，燃焼ガスから廃熱回収して発生した蒸気により蒸気タービンを回して，発電を行っています．このごみのサーマルリサイクルによる発電電力量は，家庭用消費電力の4%以上に該当する規模になりますから，地球温暖化防止対策として大きな意義をもっています．従来の設計では，ボイラ水管の腐食がネックになり，発電効率は10～15%程度にとどまっていましたが，発電優先の設計思想と数々の工夫により，トップランナーの発電効

率は23％を超えるようになってきました．今後，地球温暖化防止を配慮した施設整備として，ごみ発電が推進されていくことでしょう．

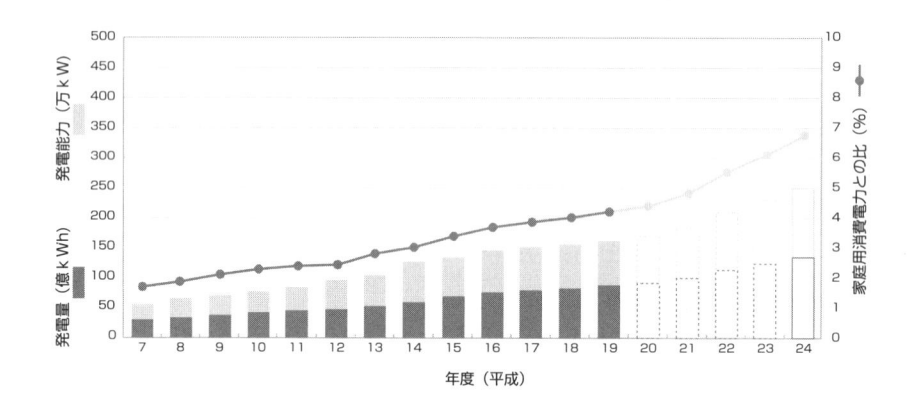

図1　ごみ発電の今後

[河上　勇]

拡大生産者責任

　拡大生産者責任とは，製造者や販売者などの生産者が製品の生産や販売だけではなく，製品が消費されて不用になった後も一定の責任を担うという考え方です．わが国の家電リサイクル法や自動車リサイクル法では，生産者自らが廃製品の収集・リサイクルを行っています．容器包装リサイクル法では，収集・選別・保管は自治体が，再商品化（リサイクル）は生産者が行うという役割分担の基に進められています．

[杉山　涼子]

Question 44

身近な努力で二酸化炭素ってどのくらい減る？

Answer

　現在，私たちは大量生産・大量消費・大量廃棄を基調とした，エネルギー多消費型の経済の中で生活しています．かつてないほど便利な生活を営めるようになりましたが，家庭でもオフィスでも包装やコピー用紙などの廃棄物があふれていますし，電動化によりエネルギー消費が増大しています．このような生活から抜け出すことは難しいと思いますが，このような行き方に疑問をもち始めている方も多いと思います．

　二酸化炭素の排出は，むだなエネルギーや物の消費を減らすことや，同じ効用をえるためのエネルギーや物の消費をできるだけ少なくすること，エネルギー消費型のサービスに依存しないというようなことによって削減できます．

　一人一日1kgの二酸化炭素の排出削減を実現するには大変な努力が必要です．これを実施すれば達成できるという特効薬はなく，さまざまな小さな取組みを組み合わせていく必要があります．

ライフスタイルを見直す

　その基本はライフスタイルの変更ですが，ちょっとした取組みで電気代が浮くなどの経済的にもプラスになる場合が多いです．

　使っていない部屋の照明や空調は消す，みていないテレビなどはこまめに消す，水道を流し放しにしないというのはあたり前ですが，1日1時間テレビを見る時間を減らすと，年間約14kgの二酸化炭素が削減できますし，エアコンの冷房温度を1℃高く，暖房温度を1℃低く設定すると，年間約33kg二酸化炭素が削減できます．

　待機電力は，家庭の消費電力量の7.3%を占めています．省エネモードの利用，

可能な限り主電源をオフにする，テレビや洗濯機などについては使わないときにプラグを抜くなどの使い方の工夫によって待機電力は最大50％近く削減できます．これにより，年間約60 kgの二酸化炭素が削減できます．

最近はガソリン価格が高騰しているので，エコドライブも魅力的な取組みとなっています．急発進をしない，定速走行に努める，エンジンブレーキを最大限に活用する，駐車中はアイドリングをしないなどのエコドライブを行うと，ガソリン消費量の削減につながります．ガソリン消費量削減による二酸化炭素の排出削減の効果は大きく，1日5分間のアイドリングストップを行うだけでも，年間約39 kgの二酸化炭素が削減できますし，週2日往復8 kmの車の運転をやめると，年間約184 kgもの二酸化炭素が削減できます．

買い物に行く際には，マイバッグを持参してレジ袋をもらわない，できるだけ長く使えるものや簡易包装のものを購入するなどの買い物時点で廃棄物を少なくする工夫も二酸化炭素削減に貢献します．これらを実践すると，年間約58 kgの二酸化炭素が削減できます．

費用をかけずに得をして，二酸化炭素の排出削減にも寄与できるというのがライフスタイルの変更ですが，第一歩を踏み出すことが重要ですので，できることからやってみることが大事です．

省エネ型の機器

第二は省エネ型のものへの買い換えや転換です．家庭における消費電力量は，エアコン，照明，冷蔵庫，テレビで3分の2程度を占めています．これらを省エネ型のものに換えるだけで，かなりの削減ができます．長時間使用するものほどその効果は大きいのです．ただ，廃棄物となった家電製品の処理やリサイクルという観点も考慮する必要がありますので，新規購入や買い換え時期にきた家電製品の買い換えが対象となります．

エアコンの性能は大幅に向上しています．10年前のエアコンをエネルギー効率トップの最新製品に買い換えると消費電力量は50％近く削減できます．

冷蔵庫の消費電力量も減少しています．ある特定機種（450 l）のデータでは，実使用時の年間消費電力量は，2005年度では1998年度に比べて33％も少なくなっています．

最も手軽にできるのは照明の省エネです．蛍光灯の「グロースターター型」を「インバーター型」に換えると，同じ明るさで約20％の省エネになります．また，白熱電球を「電球型蛍光ランプ」に換えると約80％の省エネになります．電球型蛍光ランプの価格は高いのですが，寿命は白熱電球の6～10倍なので，一定期間を過ぎると経済的にも得になります．

自然のエネルギー

第三は，自然エネルギーの利用です．太陽光発電や太陽熱温水器で太陽のエネルギーを直接に利用することにより，発電所などでつくられた電気やガスの消費量を削減でき，二酸化炭素の排出削減となります．

さまざまな分野の取組み

第四は，さまざまな分野の取組みの結果としての二酸化炭素排出削減です．遠くから運ばれてくる食品には多くの輸送エネルギーがかかっています．これを地元のものを食べる地産地消にすれば，輸送エネルギーが節約できます．また，ハウスものは多くのエネルギーを使っていますが，旬の時期に露地ものを食べる旬産旬消を行えば，そのエネルギーの消費や農業用ビニールの排出を抑制できます．これらは，地域の農業の活性化にもつながります．

買い物や通勤を自動車を使わず自転車や徒歩で行うようにすれば，健康づくりになり，生活習慣病の予防になります．その一方，自動車を使わなければ，二酸化炭素の排出削減になります．

このように，これまでのありようを見直すような価値の実現は，二酸化炭素の排出削減につながることが多いように思われます．このような見直しが進み，住みやすい，生きがいのある社会が形成されていけば，二酸化炭素の排出が少ない「低炭素社会」が形成されていくように思われます．

[高木 宏明]

参考文献
環境省，身近な地球温暖化対策～家族でできる10の取組み
環境省，省エネルギー家電ファクトシート

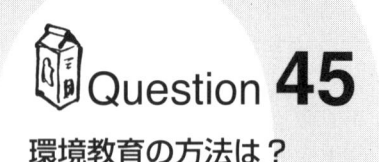

Question 45
環境教育の方法は？

Answer

扱う教科

　学校教育の内容は，教育課程（小学校，中学校，高等学校）ごとに，各教科の学習指導要領で決められています．学習指導要領は，各教科の目標や内容，教育課程の編成，指導計画策定の配慮事項などに関する国のミニマムスタンダードです．「ごみ」を扱う教科は，社会科，家庭科，国語，理科，保健・体育，道徳，特別活動，「総合的な学習の時間」などです．あらゆる教科で行われているといえますが，小学校では2年生以上で学習されています．教室内で学ぶだけでなく，学年が上がると教室以外での学習が増えています．

　環境教育は問題を教えることではなく，自らの解決に至る思考過程と実践力を重視して，展開されなければなりません．

　中・高等学校では，家庭科や「総合的な学習の時間」での実施が多い傾向にあります．児童・生徒の発達によって，授業の展開は異なります．また座学だけではリアリティのない学習になりますので，学校周辺や通学路，山・川・海辺などフィールドでごみの散乱状況を実際にみるなどの体験型学習が多く取り入れられています．特に，小学生はごみ処理施設の見学が大好きですが，自治体によるバスの手配の順番待ちで，教室で学習している月と実際の見学時期が異なる場合もあり，教員は工夫を重ねています．

学習の展開（流れ）

　ごみ学習の流れは，大きく2通りに大別されます．一つは，学習の始まりから「ごみ」に焦点をあてて，学習していくプロセスを経ていく流れ（展開A）で，二つ目は，ほかのトピック，例えば河川や公園などの生き物調べの学習か

ら散乱ごみや下流にごみが多いことに気づき，川の歴史など他の領域に学習が発展していく展開です．実践を示しますと，次のような展開をしています．
展開A：小学校社会科，総合的な学習の時間，道徳などで

　A－1　ごみが町や地域にあふれている → 町に出て調べる → 家庭のごみの量を調べる → ごみの行くへを調べる → 居住地の自治体の取組みを調べる → ごみ収集の現場を見学する → 収集作業の苦労を聞く＜不十分な別分に気づく＞ → ごみ最終処分場を見学する → 自分たちでできることを考える → 地域の人にもよびかける → 学習のまとめと発表

　A－2　年々ごみが増えていること知る → 焼却処理場を見学 → ごみ減量のためになにをすればよいか考え，調べる → 身の回りのものをリサイクルする → 他のリサイクルしているものを調べる → 学習結果を発表

展開B：総合的な学習の時間，理科，社会などで学習が一方的に流れるのではなく，各段階の学びが相互に関連していく

　B－1　ヤゴを調べる → きれいな水に生息する → 地域を流れる川の汚れやごみが多いことに気づく → 生物と水の汚れの学習 → さらに川をきれいにする地域の取組みを調べ，考える → 行政の取組みや地域の人の活動を知り，地域の人にごみ減量などを訴える

　B－2　小学校の公園の生き物調べから公園内の散乱ごみにきづくことから学習する展開で，図1に示すような展開となっています．

　中学校における展開Bを紹介します．循環型社会づくりへむけた「総合的な学習の時間」で次のような展開例もあります．
　七夕祭りで使われた竹が祭りを終えるとそのまま焼却される事に疑問をもった生徒たちから炭にする提案があり，子ども，教師，地域の農家の方やPTAが協力しあって校庭に炭焼き窯を作ります．その炭で明治時代から使われている地域の川から引いている農業用水の汚れを浄化する提案が生徒から出され実行され，校庭には浄化した農業用水を利用したビオトープを作り，座学だけに終わらずに学習を展開します．一方，その学習は水源の源となっている森林の学習，水源の森をつくる体験学習へ，炭を利用した土壌学習へと発展し，さら

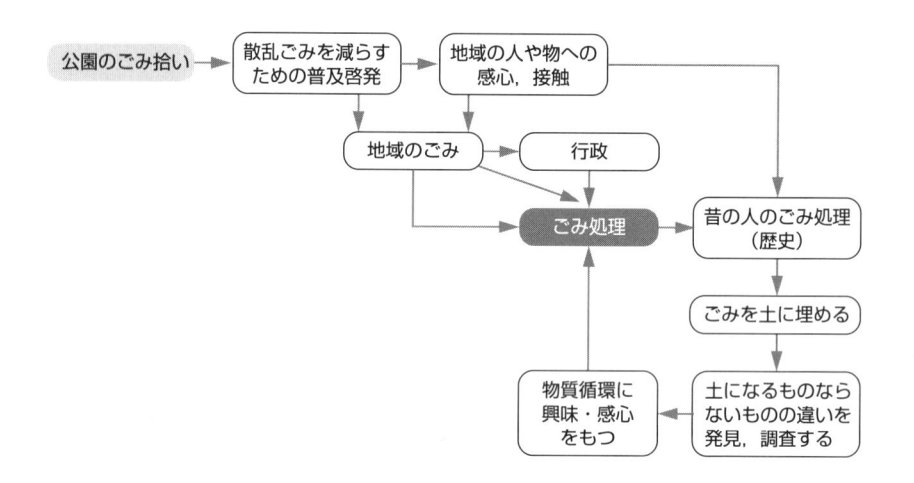

```
公園のごみ拾い → 散乱ごみを減らす → 地域の人や物への
               ための普及啓発     感心, 接触
                    ↓              ↓
                 地域のごみ  →   行政
                    ↓         ↙
                      ごみ処理  →  昔の人のごみ処理
                                    （歴史）
                                      ↓
                                  ごみを土に埋める
                                      ↓
              物質循環に    ←    土になるものなら
              興味・感心           ないものの違いを
              をもつ               発見, 調査する
```

図 1　環境学習の展開例

に川と海の関係の調べ学習となり，地域を流域としてとらえる学習に発展していきます．こうした体験型学習だけでなく「炭焼きを科学する」という単元で理科学習と連携させて科学的認識力を育成する学習も行われています．

環境教育のあり方

　日本の教育は伝統的に知識や技能を教員から伝達する，結果のみを重視する「何を学んだ」かを重視し，「どう学ぶ」かといった視点からの教育が行われていませんでした．実践のBに示すように，環境教育は，試験に応ずるために一方的に知識や文化を注入（伝達）するのではなく，一人ひとりの考えの道筋や興味・関心が異なることを前提として，児童・生徒の思考態度や探求の方法をそれぞれ豊かに醸成していくこと，主体的に学び続ける能力を育成することが求められています．つまり「知識伝達型」の教育から，学習のプロセスを重視する「探求創出表現型」の学習観へ変革していく実践が行われています．

［小澤 紀美子，向中野 裕子］

Question 46

環境学習施設ってどんなもの？

Answer

環境学習施設と地球温暖化対策法

　わが国の二酸化炭素の排出量は，12億7400万トンで，このうち家庭から排出されるものが13％におよんでいます（2006年度）．二酸化炭素は，私たちの日常生活に伴うエネルギー消費から発生するものなので，市民の意識や行動をかえるための情報を提供していくことが必要です．

　環境学習施設に明確な定義はありませんが，環境保全のために市民の意識や行動の変化のために設置された施設として考えることができます．

　1997年に「気候変動に関する国際連合枠組条約第3回締約国会議」（COP3）において京都議定書が採択され，日本は二酸化炭素の排出量を1990年に比べ6％削減しなければならないことになりました．これを受けて成立した地球温暖化対策推進法（1998年）は，国，地方公共団体，事業者，国民が地球温暖化対策に取組むための枠組みを定めています．環境学習施設の中にも，この法律にもとづいて設置されたものがあります．

環境学習施設の設置主体

　環境学習施設には，設置する主体によって，次のような施設が考えられます．

① 地球温暖化対策に関する基本方針を定める地球温暖化対策の推進に関する法律にもとづいて，設置されているもの．全国地球温暖化防止活動推進センターは，ストップおんだん館（東京・港区）を設け，ユニークな展示物や活動プログラムを提供や貸し出しを行っています．

② 自治体によって設置されているもの．自然とのふれあいやごみ処理やリサイクルなどを目的としていた環境学習施設は，近年，温暖化防止

○地方公共団体，事業者，国民の取組の支援等　（国の責務）

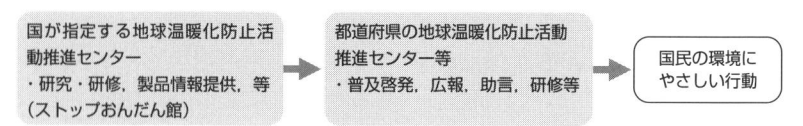

```
┌─────────────────────┐      ┌─────────────────────┐      ┌──────────────┐
│ 国が指定する地球温暖化防止活 │ ───→ │ 都道府県の地球温暖化防止活動 │ ───→ │ 国民の環境に  │
│ 動推進センター            │      │ 推進センター等           │      │ やさしい行動  │
│ ・研究・研修，製品情報提供，等 │      │ ・普及啓発，広報，助言，研修等 │      └──────────────┘
│ （ストップおんだん館）       │      │                       │
└─────────────────────┘      └─────────────────────┘
```

○住民・事業者の活動の促進のための情報提供等　（自治体の責務）
○温室効果ガスの排出抑制等　（国民・事業者の責務）

図 1　地球温暖化対策推進法による位置づけ
[地球温暖化対策推進法の構造（http://www.env.go.jp/earth/ondanka/ondanref.pdf）より作成]

のための啓発施設としての役割が大きくなってきています．地域での公害克服の経験や江戸時代の生活など，地域に即したプログラムを持っている施設も少なくありません．

③ 民間の企業がCSRの一環として設置しているもの．設立した企業の事業に即した展示やプログラムを持っている施設が少なくありません．

環境学習施設の種類

環境学習施設は，おおむね次の3つに分類できます．

（ⅰ）リサイクルプラザ系施設

廃棄物処理施設や再資源化施設に併設されている広報・啓発施設で，一般市民が見学できるだけでなく，小学生の社会科見学の訪問先としても重要な役割をはたしています．

（ⅱ）自然系施設

自然への理解や環境保全のための啓発・学習・交流施設としてのビジターセンターなどがあります．

（ⅲ）都市系施設

環境保全の啓発・学習・交流施設として設置された都市型施設に分けられます．

その他，上記以外の施設で，博物館や科学館なども環境についての学習施設としての役割があります．

環境学習施設の整備状況

　自治体が設置・管理している環境学習施設は，全国に526設置されているという調査があります（平成18年，環境省・環境学習施設ネットワーク）．

　人口が多い自治体ほど環境学習施設の設置をしている傾向にあり，自然系の施設は，70年代に設置されたものも多くなっていますが，リサイクルプラザ系・都市系の施設は，90年代に入ってから設置されたものが多くなっています．

環境学習施設での活動

　環境学習施設は，環境に関する情報の拠点として，さまざまな活動をしています．

（ⅰ）展　示

　環境に関する問題をわかりやすく学べる展示をしています．ただ展示品をみるだけでなく，触ったり，動かしたりして楽しみながら学べる「ハンズオン」とよばれる展示が近年重視されてきています．ストップおんだん館のように，展示について説明したり，来館者と一緒に考えることによってより深い理解へと導くインタープリター（解説員）を配置する施設も増えてきています．

（ⅱ）啓発・学習

　省エネ・エコライフ講座やボロ布を利用したはた織りなど各種の講座を開催したり，都市と農村をつなぐエコツアーを主催するなど，さまざまなイベントをとおして啓発活動を行っています．

（ⅲ）再　生

　不用品や粗大ごみから家具や自転車を再生し安価で販売したり，フリーマーケットの開催，牛乳パックや廃食油の回収をするなど，再生・リサイクル拠点としての役割を担っている施設も少なくありません．

（ⅳ）ネットワーク

　地域の環境保護団体の活動を支援したり，学校への出前授業・校外学習の受け入れをしている施設もあります．新宿区立環境学習情報センターで開催している，地域で環境学習のために活動しているNPOや企業と学校が連携交流する「まちの先生見本市」はこうした取組みの好例といえます．

（ⅴ）リーダー養成

　地域の環境活動のリーダー養成するためのコースを終了すると終了証を授与するリーダー養成講座を開催している施設も少なくありません．また，ボランティアを受け入れてインタープリターとして研修し，将来地域の環境リーダーとして活躍することを期待する京都市京（みやこ）エコロジーセンターの「エコメイト」の例もあります．

　こうした環境学習施設は，市民の生活が変わることによって環境負荷の減少をねらうものです．市民の生活がどれだけ変わるか，それによってどのくらい環境負荷が軽減されたるのかについての検証は容易ではありませんが，こうした環境学習施設やそれに関わる人の力によって，より環境にやさしい社会へ変わっていくことが期待されます．

〔碇　康雄〕

Question 47
廃棄物処理計画ってなに？

Answer

市町村が定める一般廃棄物処理計画

　廃棄物処理法では，市町村が一般廃棄物の処理について全般的な責任を負っています．このため，市町村は，その管轄区域内の一般廃棄物の処理について一般廃棄物処理計画を定め，この計画に従って，一般廃棄物を適正に処理することになっています．

基本計画と実施計画

　一般廃棄物処理計画には，一般廃棄物の処理に関する基本的な事項について定める「基本計画」と基本計画を実施するために必要な各年度の事業について定める「実施計画」があり，それぞれごみ処理および生活排水処理について策定することになっています．なお，基本計画は，目標年次を概ね10年から15年先において，概ね5年ごとに改定するとともに，計画策定の前提となっている諸条件に大きな変動があった場合には見直しを行なうことが適当とされています．一般廃棄物処理計画には次の事項を記載することとなっています．

① 一般廃棄物の発生量及び処理量の見込み（一般廃棄物の性状，処理主体，処理方法等を考えた区分ごとに定める）
② 一般廃棄物の排出の抑制のための方策（市町村，住民及び事業者が講ずべき方策を定める）
③ 分別収集する一般廃棄物の種類及び分別の区分（再生利用の推進その他その適正処理を進める観点から）
④ 一般廃棄物の適正な処理及び処理を実施する者に関する事項（一般廃棄物の性状を考えた区分ごとの処理方法や処理方法ごとの処理主体に

⑤ 一般廃棄物の処理施設の整備に関する事項（施設の種類ごとに施設能力，処理方式などを定める）など

都道府県廃棄物処理計画

　廃棄物処理法では，都道府県は，国が定める基本方針に即して，区域内における廃棄物の減量その他その適正な処理に関する計画（都道府県廃棄物処理計画）を定めることになっています．また，廃棄物処理計画は，概ね5年ごとに策定することとされていますが，基本方針の変更その他計画策定の前提となっている諸事情に変化があったときは必要に応じて見直しを行なうことになっています．この廃棄物処理計画には，次の事項を定めることになっています．

① 廃棄物の発生量および処理量の見込み
② 廃棄物の減量その他その適正処理に関する基本的な事項（廃棄物の種類ごとに，廃棄物の排出量，中間処理量，最終処分量及びその適正な処理に関する目標量などを定める）
③ 一般廃棄物の適正な処理に必要な体制に関する事項（一般廃棄物の広域的な処理に関する事項．一般廃棄物の適正な処理に必要な市町村間の調整その他の技術的援助に関する事項を定める）
④ 産業廃棄物の処理施設の整備に関する事項（産業廃棄物の適正な処理に必要な処理施設の確保のための施策等を定める）

国が定める計画・方針

　廃棄物の処理や循環型社会の形成に関する施策を総合的，計画的に推進するため，国は次に示すような計画や基本方針を策定し，公表しています．

① 第2次循環型社会形成推進基本計画（平成20年3月閣議決定）（循環型社会形成推進基本法）
② 廃棄物処理施設整備計画（平成20年3月改定）（廃棄物処理法）
③ 廃棄物処理に関する基本方針（平成17年5月改正）（廃棄物処理法）
④ 各種リサイクル法に定める基本方針

［古澤　康夫］

Question 48
拡大生産者責任ってなに？

Answer

拡大生産者責任の概念

　拡大生産者責任（extended producer responsibility：EPR）とは，生産者（製造者や販売者）に，消費後の段階における製品の管理（回収や処理など）についての責任を課すものです．この考え方は，1990年代初めからドイツやフランスなどで法制化されてきたもので，わが国においても拡大生産者責任の考え方が循環型社会形成推進基本法に取り入れられたほか，この考え方に基づく個別リサイクル法が定められています．

　平成13（2001）年のOECDのガイダンスマニュアルにおいては，「OECDはEPRを，製品に対する製造業者の物理的および（もしくは）財政的責任が，製品ライフサイクルの使用後の段階にまで拡大される環境政策アプローチと定義する」とされています．

　一般原則において処理責任を課せられている主体である地方自治体（一般廃棄物），排出者（産業廃棄物）を，製品についての技術的知識や情報，製品設計における選択可能性を有するために製品の製造から廃棄までの循環を管理できる，生産者に置き換えたものといえます．個別リサイクル法の設計においては，およそ地方自治体が処理責任を有している一般廃棄物のうち，どれを生産者の責任に置き換えていくかが議論の大きな争点になります．

　また，拡大生産者責任には，処理とリサイクルの物理的責任つまり実施責任と，財政的責任つまり費用負担責任が含まれますが，費用負担責任に重点がおかれています．それは，処理とリサイクルの費用を生産者に負担させることにより，生産者が最も環境適合的な製品を設計する誘因になるからです．その意味で，拡大生産者責任（EPR）の概念は，環境配慮設計（Design for Environment：

DfE) の概念と密接な関係があります.

なお,生産者責任としての費用負担責任は,実質的に費用負担を行うのは誰かということとは異なるということに注意する必要があります.生産者が費用負担を行う場合でも,経済学的には最終的にその負担は多かれ少なかれ消費者に帰着しますし,法的に誰に負担をさせるのか（生産費用に内部化されるのか,料金として消費者に別払いを求めるのか）にはさまざまな形態がありうるからです.リサイクル各法を見る際には,生産者責任の範囲とともに,費用をどのように関係者に負担させるかについても留意する必要があります.

各法における拡大生産者責任

循環型社会形成推進基本法には,事業者の責務として,廃棄物となることの抑制,設計・表示等の工夫,引き取り・循環的利用等が規定されています（第11条）が,これは抽象的な責務規定であり,拡大生産者責任に基づく事業者の具体的な法的義務が規定されているのは,容器包装リサイクル法,特定家庭用機器再商品化法（家電リサイクル法）,使用済み自動車の再資源化等に関する法律（自動車リサイクル法）の三つの個別リサイクル法です.

容器包装リサイクル法は,商品の容器および包装のうち,市町村が分別収集したものについて,容器包装を利用する事業者に再商品化の義務を課すものです.実際には指定法人（容器包装リサイクル協会）が再商品化事業者と契約を結んで再商品化を行っており,個々の事業者は指定法人に再商品化費用を支払う義務を負っています.この再商品化費用は商品価格に含まれて（内部化されて）います.このように,容器包装リサイクル法の拡大生産者責任の範囲は,市町村が分別収集（中間処理を含む）し,引き渡した容器包装廃棄物の再商品化に限られており,分別収集は含まれていません.

家電リサイクル法は,小売業者が消費者から引き取った家電製品について,製造業者に再商品化の義務を課すものです.再商品化費用は排出時に消費者が支払うリサイクル料金でまかなわれています.このように,家電リサイクル法の拡大生産者責任の範囲は,原則として小売業者が引き取った廃家電に限られ,また対象品目も配送品であるなどの要件を満たした4品目となっています.

自動車リサイクル法は,製造業者にシュレッダーダスト,エアバッグ類,フ

ロン類の3品目を引き取って再資源化（フロン類については破壊）する義務を課すものです．この費用は購入時に消費者が支払うリサイクル料金でまかなわれています．このように，自動車リサイクル法の拡大生産者責任の範囲は，3品目の再資源化となっています．

課　題

　現行法で規定する拡大生産者責任の範囲は上記のとおりですが，現在自治体で適正処理が困難とされるものや資源循環の観点から有効利用をはかるべきものとして議論されているものは，パソコンやオーディオなどのデジタル機器など多数にわたっています．EU諸国などではこれらのものが拡大生産者責任の範囲とされていることもあり，環境保護と循環型社会に対する国民の意識の高まりに伴って，今後の検討課題となってくるものと思われます．

〔西村　淳〕

参　考　文　献
　環境省，"平成20年版環境・循環型社会白書"日経印刷（2008）
　大塚　直，"環境法"有斐閣（2006）
　細田衛士，"資源循環型社会"慶應義塾大学出版会（2008）

Question 49

資源有効利用促進法ってなに？

Answer

法律ができた背景

従来，廃棄物処理法では排出者による適正処理を原則としていました．しかし，循環型社会を形成するためには，適正処理，再生利用（リサイクル）対策だけでは不十分であり，拡大生産者責任による発生抑制（リデュース），再使用（リユース）の導入が強くいわれました．

このことから，平成3年に制定された「再生資源の利用の促進に関する法律」を抜本的に改正した「資源の有効な利用の促進に関する法律」（法律名も改称）が平成12年に公布され，平成13年から施行されています．

法律の概要

資源有効利用促進法は，主として事業者，製造者が取り組むべき3R施策をいくつかのパターンで分類し，その取組みが著しく不十分な事業者には勧告，公表，命令が適用される規定を設けています．

以下に，3Rに取り組むべき業種・製品と内容を紹介します．似たような文言が並びますので注意してください．

(i) 特定省資源業種

原材料などの使用方法を改善，改良することにより，副産物の発生を抑制し，それでも発生する副産物については再生資源として利用を促進する取組みが求められる業種です．自動車製造業や製鉄業等5業種が指定されています．

具体的な取組みとしては，製鉄業の場合は，生産工程でのスラグの発生を抑制するとともに，発生するスラグは路盤材として使用できような一定の品質に加工することなどです．

（ⅱ）特定再利用業種

再生資源または再生部品を利用する取組みが求められる業種です．自分の廃棄物だけでなく，他者が出したものも含めて，積極的にリサイクル製品等を使って欲しい，という業種です．紙製造業，複写機製造業，建設業等5業種が指定されています．

例えば，使用済みの複写機からモーターなどの部品を取り出し，メンテナンスを行い，新しい複写機の部品として再利用することなどです．

（ⅲ）指定省資源化製品

製造する製品が長持ちすることや投入する原材料等の節約により，使用済み物品等の発生抑制が求められる製品で，自動車，家電製品，パチンコ台等19品目が指定されています．

例えばパソコンを製造する際は，小型軽量部品で設計したり，本体全部を廃棄して買い換えるのではなく，わずかな部品の交換により，アップグレードができるよう，製品の設計・製造を当初からしておくことなどです．

（ⅳ）指定再利用促進製品

再生資源または再生部品の利用促進（リユースまたはリサイクルが容易な製品の設計・製造）が求められる製品です．自動車，家電製品，小型二次電池使用機器等50品目が指定されています．

例えば自動車を製造する際は，設計・製造段階で簡単に分解ができ，汚れにくく，再生部品として利用しやすい部品を採用することなどです．

指定再利用促進製品の判断基準省令の改正により，平成18年から，特定の化学物質（鉛，水銀等6物質）を指定の対象製品（テレビ，冷蔵庫等7品目）に含有率基準値を超えて使用する場合，「含有マーク」（図1）を機器本体，機器の包装箱，カタログ類に表示することが義務づけられました．

また，この指定の対象製品を産業廃棄物として廃棄する場合は，産業廃棄物処理委託契約書に含有マークの表示に関する事項を含むことが，廃棄物処理法で規定されています．

（ⅴ）指定表示製品

分別回収を推進し，再生資源の利用を促進するために，製造・輸入する製品に表示を行うことが求められる製品です．スチール・アルミ製のカン，ペット

ボトル，塩ビ性建材等7品目が指定されています．

既に図2のマークはお馴染みだと思います．指定表示製品にはこういったマークの表示が求められています．

図1　特定化学物質含有マーク　　図2　回収促進マークの一例

(vi) 指定再資源化製品

製造・輸入業者自ら回収，再資源化の取組みが求められる製品です．

なお，小型二次電池を部品として使用する製造・輸入業者自らにより回収の取組みが求められる製品も含まれます．パソコンと小型二次電池の2品目，小型二次電池を使用する製品は29品目が指定されています．

(vii) 指定副産物

事業者により再生資源の利用促進の取組みが求められる副産物です．電気業の石炭灰，建設業のコンクリート・木くず等5品目が指定されています．

廃棄物処理法の特例

資源有効利用促進法は，家電リサイクル法や食品リサイクル法のように，具体的に処理業の許可が不要になる規定はありませんが，第31条に「廃棄物処理法における配慮」という規定をしています．

これは，資源有効利用促進法で規定している物や行為が，廃棄物処理法で規定する許可制度等が逆に3Rを阻害する障壁になっている場合など，特別の扱いを廃棄物処理法の方で規定する，というものです．

例えば，前述（vi）の指定再資源化製品であるパソコンと小型二次電池などは，廃棄物処理法第9条の9の規定により，環境大臣の広域認定を受けています．この認定を受けることにより，家庭から廃棄される一般廃棄物であるパソコンと小型二次電池の処理を行う場合も，個々の市町村からの一般廃棄物処理

業の許可は不要となります.

　また，事業所から廃棄されるパソコンと小型二次電池は産業廃棄物となりますが，これについては廃棄物処理法第15条の4の3の規定により，「品目」ではなく「事業」として広域認定を受ける制度があります．この大臣認定を受けることにより，個々の都道府県の産業廃棄物処理業の許可は不要となります．

［長岡 文明］

参 考 文 献
　　経済産業省平成13年4月プレスリリース資料
　　同省"資源循環ハンドブック2008"

Question 50
容器包装リサイクル法ってなに？

Answer

容器包装リサイクル法制定の経緯

　家庭から排出される廃棄物のうち，容器包装廃棄物は容積で約6割，重量で2～3割を占めており，市町村の廃棄物処理に大きな影響を与えてきました．こうしたことから，この容器包装廃棄物のリサイクルを促進することなどにより，廃棄物の適正処理と資源の有効利用を進めるため，「容器包装に係る分別収集および再商品化の促進等に関する法律」（以下，容器包装リサイクル法）が平成7年6月に制定されました．そして，平成9年4月からガラスびんおよびペットボトルのリサイクル（再商品化）が，さらに，平成12年4月から紙製容器包装およびプラスチック製容器包装のリサイクルが開始されました．

　法制定10年を前にした平成16年7月から容器包装リサイクル制度の見直し，検討が開始され，約1年半に及ぶ審議等を踏まえ，平成18年6月に改正容器包装リサイクル法が公布されました．

容器包装リサイクル制度の仕組み

（ⅰ）関係者の役割

　この制度では，容器包装廃棄物の処理について消費者や，容器包装を利用または製造する事業者も一定の役割を担うことになりました．関係者の主な役割は次のとおりです．

　　① 消費者は市町村が定める分別排出ルールに従って容器包装廃棄物を排出する
　　② 市町村は家庭から排出された容器包装廃棄物を分別収集し，事業者（実際は，事業者から再商品化業務を委託された指定法人）に引き渡す

業の許可は不要となります．

　また，事業所から廃棄されるパソコンと小型二次電池は産業廃棄物となりますが，これについては廃棄物処理法第15条の4の3の規定により，「品目」ではなく「事業」として広域認定を受ける制度があります．この大臣認定を受けることにより，個々の都道府県の産業廃棄物処理業の許可は不要となります．

［長岡 文明］

参 考 文 献
　　経済産業省平成13年4月プレスリリース資料
　　同省"資源循環ハンドブック2008"

Question 50
容器包装リサイクル法ってなに？

Answer

容器包装リサイクル法制定の経緯

　家庭から排出される廃棄物のうち，容器包装廃棄物は容積で約6割，重量で2〜3割を占めており，市町村の廃棄物処理に大きな影響を与えてきました．こうしたことから，この容器包装廃棄物のリサイクルを促進することなどにより，廃棄物の適正処理と資源の有効利用を進めるため，「容器包装に係る分別収集および再商品化の促進等に関する法律」(以下，容器包装リサイクル法)が平成7年6月に制定されました．そして，平成9年4月からガラスびんおよびペットボトルのリサイクル(再商品化)が，さらに，平成12年4月から紙製容器包装およびプラスチック製容器包装のリサイクルが開始されました．

　法制定10年を前にした平成16年7月から容器包装リサイクル制度の見直し，検討が開始され，約1年半に及ぶ審議等を踏まえ，平成18年6月に改正容器包装リサイクル法が公布されました．

容器包装リサイクル制度の仕組み

(i) 関係者の役割

　この制度では，容器包装廃棄物の処理について消費者や，容器包装を利用または製造する事業者も一定の役割を担うことになりました．関係者の主な役割は次のとおりです．

① 消費者は市町村が定める分別排出ルールに従って容器包装廃棄物を排出する

② 市町村は家庭から排出された容器包装廃棄物を分別収集し，事業者(実際は，事業者から再商品化業務を委託された指定法人)に引き渡す

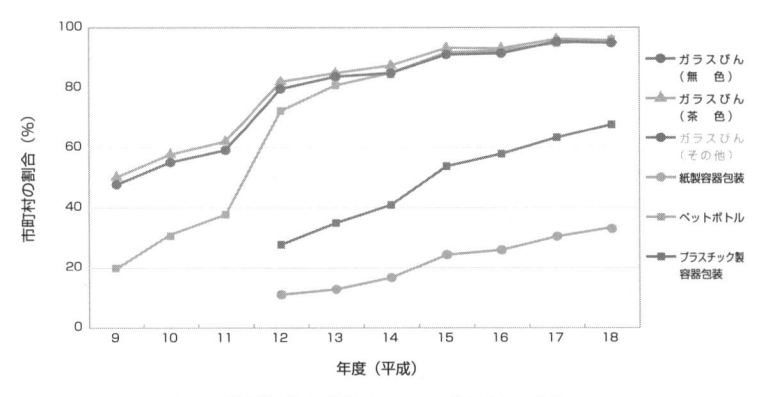

図1　分別収集を実施している市町村の推移
［環境省HP "容器包装リサイクル法の概要" より抜粋］

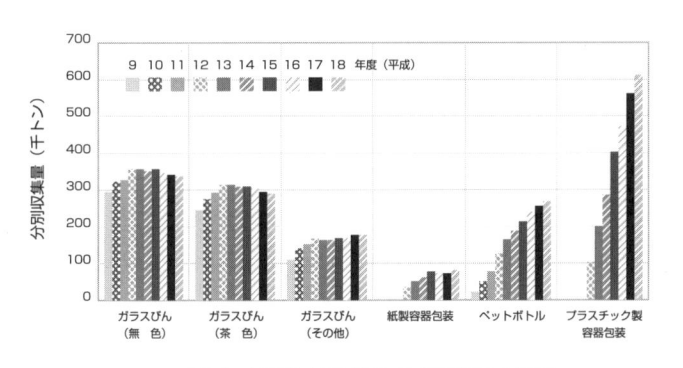

図2　容器包装廃棄物の分別収集の推移
［環境省HP "容器包装リサイクル法の概要" より抜粋］

③　事業者は市町村が分別収集した容器包装廃棄物を指定法人に委託してリサイクルする

(ⅱ) リサイクルの対象となる容器包装

　容器包装リサイクル法では，容器包装を「商品の容器および包装であって，当該商品が費消され，又は当該商品と分離された場合に不要になるもの」と定義しており，具体的には，スチール缶，アルミ缶，ガラスびん，段ボール，紙パック，紙製容器包装，ペットボトルおよびプラスチック製容器包装の8品目が対象となります．この8品目のうち，有償または無償で譲渡できることが明

らかで再商品化する必要がないものとして主務省令で定めるスチール缶，アルミ缶，ダンボールおよび紙パックを除く，ガラスびん，ペットボトル，紙製容器包装およびプラスチック製容器包装の4品目について，事業者によるリサイクルが義務づけられています．なお，ごみの分別区分や処理方法は，全国一律ではなく，市町村ごとに決められていますので，具体的な分別排出ルールについては，市町村の窓口に確認してください．

容器包装廃棄物のリサイクルの現状と課題

容器包装リサイクル法の施行以来，図1のとおり分別収集を実施する市町村の数や分別収集量は増加傾向にあり，とくに，ペットボトル，プラスチック製容器包装の収集量は大幅に増えています．このため，一般廃棄物全体のリサイクル率は，増加の一途をたどっています．

しかし，家庭から排出される一般廃棄物の量は横ばいで推移し，家庭ごみに占める容器包装廃棄物の割合も高止まりとなっています．また，容器包装廃棄物をリサイクルするための社会的費用（市町村の分別収集，選別保管のための費用および事業者が負担するリサイクル費用）が増加しています．このため，容器包装廃棄物の排出の抑制や，分別収集，リサイクルのための社会的費用の抑制などが重要となっています．今後，改正容器包装リサイクル法で講じられた取組みの実施状況などを検証しながら，5年後の見直し検討に向けて広く議論を深めていくことが求められています．

［梅澤　勝利］

Question 51

家電リサイクル法ってなに？

Answer

家電リサイクル法の背景

　家庭から排出される廃棄物は基本的には各市町村が収集し，処理を行ってきました．しかし，粗大ごみの中には大型で重く，また非常に固い部品が含まれているために粗大ごみ処理施設での処理が困難なものが多くあります．

　家電製品は，これに該当するものが多く，また，金属，ガラスなど有用な資源が多く含まれているにもかかわらず，市町村によるリサイクルが困難で大部分が埋め立てられている状況にありました．

　そこで廃棄物の減量と再生資源の十分な利用などを通じて廃棄物の適正な処理と資源の有効な利用をはかり，循環型社会を実現していくため，使用済み家電製品の製造業者などと小売業者に新たに義務を課すことを基本とする新しい再商品化の仕組みを定めた法律が特定家庭用機器再商品化法（家電リサイクル法）です．平成13年から施行されました．

法律の概要

　家電リサイクル法では，小売業者による廃家電の回収や製品知識を最も有している製造業者などによるリサイクルの責務などが規定されています．なお，この法律の対象となるのは特定家庭用機器として指定されているもので，「家庭用エアコン」「ブラウン管テレビ」「冷蔵庫・冷凍庫」「洗濯機」の4品目ですが，今後，液晶画面テレビ，乾燥機なども対象とすることが検討されています．

（i）法律で定められた再商品化率

　再商品化とは，廃棄された対象製品から部品と材料を分離して，新たな製品の部品または原材料として再利用する者に有償または無償で譲渡しうる状態に

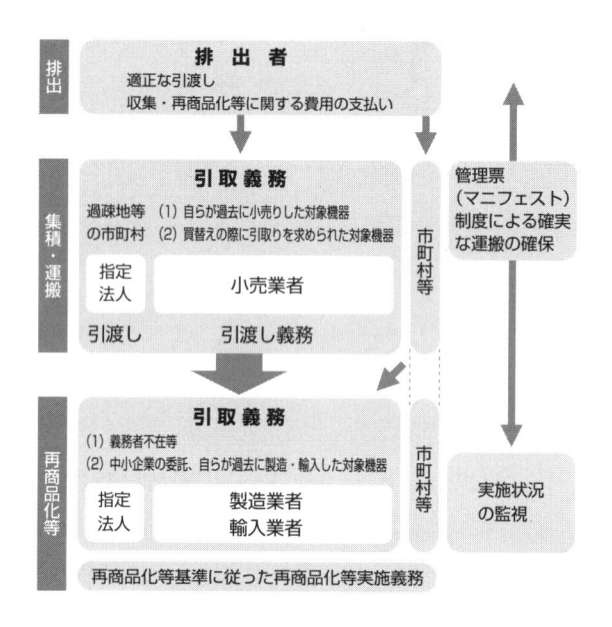

```
┌──────────────────────────────────────────────────────┐
│排    排 出 者                                        │
│出    適正な引渡し                                    │
│      収集・再商品化等に関する費用の支払い            │
└──────────────────────────────────────────────────────┘
                         ↕
┌──────────────────────────────────────┐  ┌──────────┐
│集        引取義務                    │  │管理票    │
│積  過疎地等 (1) 自らが過去に小売りした対象機器│市│(マニフェスト)│
│・  の市町村 (2) 買替えの際に引取りを求められた対象機器│町│制度による確実│
│運  ┌────┬─────────────┐│村│な運搬の確保│
│搬  │指定│                  ││等│          │
│    │法人│    小売業者      ││  │          │
│    └────┴─────────────┘│  │          │
│     引渡し    引渡し義務            │  │          │
└──────────────────────────────────────┘  │          │
                         ↓                │          │
┌──────────────────────────────────────┐  │          │
│再        引取義務                    │  │          │
│商  (1) 義務者不在等                  │市│          │
│品  (2) 中小企業の委託、自らが過去に製造・輸入した対象機器│町│          │
│化  ┌────┬─────────────┐│村│          │
│等  │指定│    製造業者      ││等│実施状況  │
│    │法人│    輸入業者      ││  │の監視    │
│    └────┴─────────────┘│  │          │
│    再商品化等基準に従った再商品化等実施義務│  │          │
└──────────────────────────────────────┘  └──────────┘
```

図1　使用済み家電リサイクルの流れ

することです.

　家電リサイクル法で再商品化率を，エアコン60％（70％），テレビ55％，冷蔵庫・冷凍庫50％（60％），洗濯機50％（65％）以上と定めています（平成21年からは（　）内の数字に引き上げられることが内定しています）.

(ⅱ) 関係者の役割

① 消費者（排出者）は，対象製品の小売業者など適正な業者に引渡し，収集運搬と再商品化などにかかる費用を支払います.

② 小売業者は，自らが過去に販売した対象製品や買い替えの際に引き取りを求められた対象製品を引き取り，引き取った対象製品の製造業者等への引渡しをします.

③ 製造業者などは，自らが過去に製造，輸入した対象製品を小売業者などから引取り，引き取った対象製品の再商品化等を行います.

④ 指定法人は，製造業者等が不明なものと特定製造業者などから委託を受けた場合に再商品化などを行います.

（ⅲ）リサイクル料金

　消費者の負担する料金は，小売業者の収集・運搬料金と製造業者等のリサイクル料金の合計です．大手メーカーのリサイクル料金は，2 500～5 000円程度です．また，再商品化の実績については，平成18年度においては家電リサイクルプラントに搬入され，処理された廃家電4品目は合計約1 159万台（前年度と同程度）となっており，その再商品化率は品目により71～86％となっています．

廃棄物処理法の関わり

　家電リサイクル法の対象になる物は「一般廃棄物も産業廃棄物もある」ということになります．このこともあり，家電リサイクルについては，廃棄物処理法と関わる多くの事項があります．

（ⅰ）許可不要制度
　① 小売業者は特定家庭用機器については，一般廃棄物である廃家電も，産業廃棄物である廃家電も，廃棄物処理法の許可なく収集運搬することができます．
　② 小売業者から収集運搬の委託を受けた場合は，一般廃棄物である廃家電を産業廃棄物処理業の収集運搬許可業者も取り扱えます．同様に，産業廃棄物である廃家電を一般廃棄物処理業の収集運搬許可業者も取り扱えます．

他にも，集積中継地からの運搬や指定法人についても許可不要制度があります．

（ⅱ）マニフェストおよび契約書
　事業者が産業廃棄物を処理委託する場合は，廃棄物処理法により契約書を締結し，マニフェスト（産業廃棄物管理票）を交付することが義務づけられていますが，家電リサイクル法に従って特定家庭用機器を処理する場合は，家電リサイクル法第50条第3項の規定により，この規定は適用されません．

（ⅲ）処理基準
　リサイクル率（再商品化率）については，家電リサイクル法で，処理基準について廃棄物処理法で規定しています．（政令第3条第2号ヘ等）この処理基

準とリサイクル率がなかなか厳しいため，実際に家電リサイクルを行っているのは，製造業者などが関与した限られた工場となっています．

課題

近年，廃家電の無料回収を行う業者により，回収された家電は輸出され，海外において不適正な処理がなされている場合があります．また，悪質な小売業者はリサイクル料金を徴収したうえで，不法投棄をしたり，回収業者に引き渡したりしてリサイクルが行われない場合がでてきています．

このほか，リサイクル料金の負担感から消費者による不法投棄を誘発している傾向があることも課題となっていて，なんらかの対策が求められています．

〔長岡 文明〕

参考文献
　経済産業省，資源循環ハンドブック 2008

Question 52
食品リサイクル法ってなに？

Answer

現状と経緯

食品リサイクル法は正式には「食品循環資源の再生利用等の促進に関する法律」といい，平成12年に公布された法律で，食品産業から出される食品廃棄物の発生抑制，減量化により，埋立量を減少させ，肥料や飼料等として再生利用等をすることを目的としています．

平成13年に法律がスタートし，最初の再生利用等の目標を，5年後の平成18年までに再生利用等の実施率を20％に向上することとしましたが，この目標を達成できたのはわずか2割程度でした．

とくに食品廃棄物等が少量ずつ分散して発生する食品小売業や外食産業においては，取組みが遅れていることから，こういった業種の底上げをはかり，平成19年に法律の改正が行われました．

食品廃棄物等の位置づけと課題・対応

食品残さ物を廃棄物処理法の区分で分類すると，図1のようになります．食品製造業から排出される食品廃棄物は「動植物性残さ」という産業廃棄物になりますが，スーパーマーケットや旅館，飲食店から排出される食品廃棄物は一般廃棄物となります．

一般廃棄物と産業廃棄物では，それを取り扱える許可も違ってきて，いろいろな障害が出てきます．たとえば，一般廃棄物処理業の許可は市町村ごとの許可となっていることから，広域的に一般廃棄物である食品廃棄物を集めようとすると，数多くの市町村の許可が必要となってくることです．

これに対応するため，食品リサイクル法では，廃棄物処理法の特例を定めて

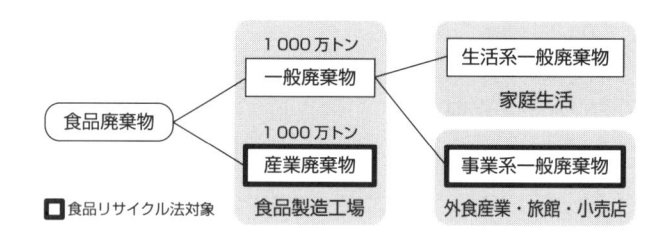

図1 食品廃棄物の分類

います.

また,「登録再生利用事業者」とは,リサイクル業者(具体的には飼料化,堆肥化等の業者)で大臣の登録を受けた者ですが,この登録を受けることによって,飼料安全法や肥料取締法について,製造,販売等の届出を不要とする特典があります.

いろいろな施策

平成19年の改正の時には,次の事項についても改正が行われており,よりいっそう食品廃棄物のリサイクルが進むものと思われます.

(i) 再生利用等に「熱回収」が追加

これは,飼料,堆肥といったマテリアルリサイクルが望ましいことですが,経済的,技術的に難しい場合は,サーマルリサイクルでもよい,という制度です.また,エタノールの製造も再生利用製品として追加されました.

(ii) 多量発生事業所に定期報告を義務化

食品廃棄物等の発生量が年間100トン以上の事業者には,これまでもいろいろな責務が規定されていましたが,その状況を行政でも把握する必要性から,毎年発生量と再生利用などの状況について報告することが義務づけられました.また,取組みなどが不十分な場合は,勧告や公表・命令の対象になる場合もあります.

発生量が年間100トン以上排出する事業者は,全国には約1万7千事業者があると推定されていますが,この事業者で食品廃棄物等の全発生量の半分を占めています.

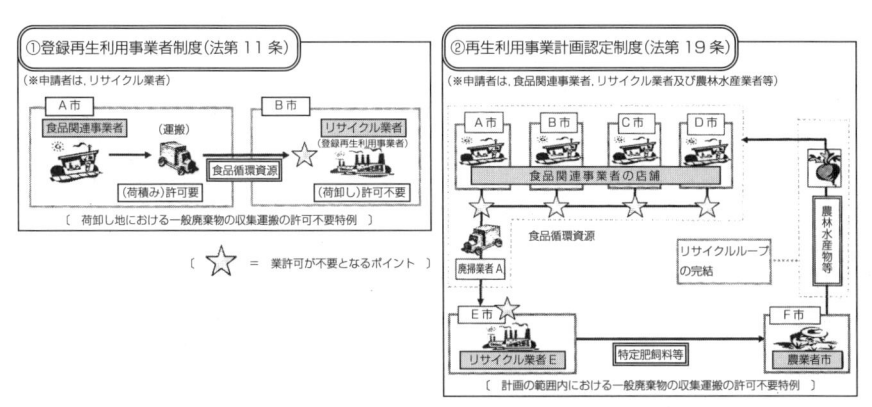

図2 一般廃棄物収集運搬業務の許可の特例の内容
[経済産業省，資源循環ハンドブック2008]

(ⅲ) フランチャイズチェーン (FC) の取扱い

FCは一店，一店は別の経営者であるものが多く，一事業者としては多量発生事業所に該当しない場合が多いのですが，外食産業等再生利用の取組みが遅れている形態であることから，一定の要件を満たす場合は，(ⅱ) の多量発生事業所とすることとなりました．

その他

前述のように，大臣認定や登録を行うことによって，種々の許可，届出等において特典を規定していますが，一般廃棄物としての食品廃棄物等を1日あたり5トン以上処理できる飼料化施設，堆肥化施設等の場合は，廃棄物処理法第9条第1項に規定する「一般廃棄物処理施設」に該当することから，設置にあたっては「設置許可」が必要になります．この設置許可については，特例等の規定がありませんので，計画にあたっては地元の行政と早めに協議する必要があります．

[長岡 文明]

参考文献

経済産業省，資源循環ハンドブック 2008

Question 53

建設リサイクル法ってなに?

Answer

法律ができた背景

建設リサイクル法は正式には「建設工事に係る資材の再資源化等に関する法律」といい,平成12年に公布され,2年後の平成14年5月から施行されている法律です.

日本全国から排出される産業廃棄物の量は年間約4億トンといわれていますが,建設業から排出される産業廃棄物は,全体の約2割となる約7700万トン(平成17年度実績)もあり,また,不法投棄などの不適正な処理がされやすい廃棄物でもあります.

このような状況から,建築物等の解体工事等に伴って排出される特定建設資材(がれき類や木くずなど)の分別やリサイクルを促進することを目的として,建設リサイクル法が制定されました.

法律の概要

(ⅰ) 手続き

一定規模以上の建築物の解体等を行う場合,特定建設資材廃棄物を基準に

表1 対象工事

建築物に係る解体工事	床面積の合計が80 m² 以上
建築物に係る新築または増築の工事	床面積の合計が500 m² 以上
建築物に係る上記以外の維持修繕等工事	工事請負代金が1億円以上
建築物以外のものに係る解体工事または新築工事など(土木工事等)	工事請負代金が500万円以上

従って工事現場で分別し，再資源化などすることが義務づけられています．

また，こういった工事を行う場合は，発注者は事前に知事に届け出ることや，元請業者は発注者に対して再資源化等の報告を行うことなどが規定されています．この対象となる工事を「対象建設工事」として表1のように規定しています．

また，リサイクルが義務づけられる「特定建設資材廃棄物」として「コンクリート」「コンクリートおよび鉄からなる建設資材（いわゆる鉄筋コンクリートなど）」「木材」「アスファルト・コンクリート」の4品目です．手続きについては，図1のとおりです．

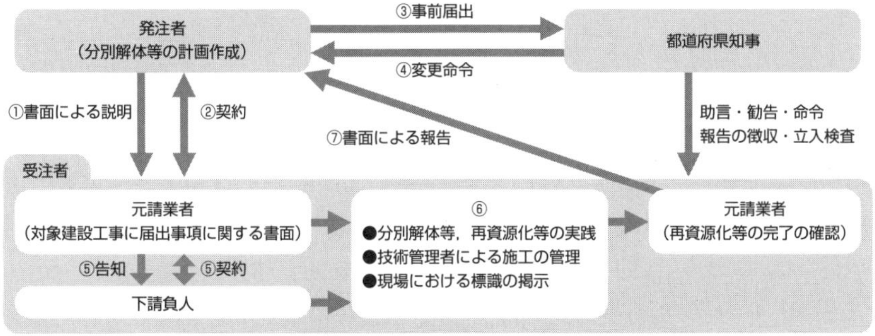

図1　分別解体・再資源化の発注から実施への流れ
[建設副産物リサイクル広報推進会議HP]

（ⅱ）解体工事実施者

以前は，建築物の解体を行うときは特段の資格などは不要だったのですが，建設リサイクル法施行後は，技術管理者という資格者を選任して，解体工事業登録が必要になりました．なお，建設業許可を取得している場合は，この解体工事業登録は不要です．

現状と課題

（ⅰ）再利用の現状

コンクリートやアスファルトは，廃棄物処理法の産業廃棄物の分類では「がれき類」にあたり，動植物性残さやふん尿などのように腐敗したり，汚水が出たりするものではなく，「安定型産業廃棄物」にあたります．

「コンクリート塊」は約3 200万トン，「アスファルト・コンクリート塊」は約2 600万トン排出されていますが，既に9割以上が再生骨材等としてリサイクルされ，埋立てされているのは数パーセントで，循環型社会の優等生になっています．平成7年の時点でのリサイクル率58％であり，格段進歩したといえます．

「再生骨材」とは，解体時点では大きな塊であるコンクリートを，クラッシャーといわれる破砕施設で砕いて作る，概ね径8 cm程度に粒度を整えた「砂利」のことです．がれき類は前述の安定型産業廃棄物ですから，強度の点などに注意すれば，道路の下層路盤材などとして，天然の砂利の代わりに容易に活用できることが，リサイクル率の向上につながっていると思われます．

一方，「木くず」は，平成7～12年の5年間ではリサイクル率は40％程度でした．これが，平成16年の実績では60％を超えました．「木くず」は主に破砕されて，再生ボードの原料や燃料として再活用されていて，原油の値上がり，バイオマスに対する社会の注目とともに，この建設リサイクル法の施行が，リサイクル率の向上に大きく影響したものと考えられます．

木くず，がれき類の破砕施設は，平成13年の廃棄物処理法（政令）の改正により，設置する際「設置許可」が必要な処理施設になり，平成13年に全国で約4 000あった施設が，わずか3年後の平成16年には約7 200施設と倍増しています．

このことからも，破砕によるリサイクル率の向上がうかがえます．

(ⅱ) 課　題

建設リサイクル法では，「特定建設資材廃棄物」をリサイクルしなかった場合でも直罰はなく，また，工事現場から，再資源化施設まで相当離れている場合は「縮減」（リサイクルを行わず単に焼却すること）が認められています．そのため,遵法精神に乏しい業者の脱法的行為を容認する一因となっています．

また，建設工事からは「汚泥」や「建設混合廃棄物」として，金属や廃プラスチック，石膏ボードなどが混じった状態で排出されますが，これらは「特定建設資材廃棄物」とはなっておらず，リサイクル率も低い状態です．

今後は，こういったことについての改正も行われていくことでしょう．

［長岡 文明］

Question 54

自動車リサイクル法ってなに？

Answer

自動車リサイクル法ができた背景

　自動車リサイクル法は，正式には「使用済自動車の再資源化等に関する法律」といい，使用済自動車（廃車）から出る有用資源をリサイクルしてごみを減らし，環境問題への対応をはかるため，自動車の所有者，関連業者，製造業者（輸入業者を含む）のそれぞれの役割を定めた法律です．

　現在，年間約350万台排出されている使用済自動車は，有用金属・部品を含み，資源として価値が高いものであるため，従来は解体業者や破砕業者において売買を通じて流通し，総重量の約80％はリサイクルされ，プラスチックなど約20％はシュレッダーダストとして埋立処分されていました．

　近年，産業廃棄物最終処分場が不足してきたことや，それにより処分費用が高騰してきたことから，使用済自動車の不法投棄や不適正処理の増加が問題化してきました．

　そこで，自動車製造業者を中心とした関係者に適切な役割分担を義務づけることにより，使用済自動車のリサイクルを適正に行えるように自動車リサイクル法が誕生し，平成17年から本格施行されました．

自動車リサイクル法の概要

（ⅰ）登録，許可制度

　リサイクルの仕組みを構築するために，自動車リサイクル法では「引取業」「フロン回収業」「解体業」「破砕業」という「関連業者」を規定しています．

　① 引取業者は最終所有者から，廃車を引き取ります．「登録」制としており，多くのディラー，整備業者が引取業の登録を行っています．

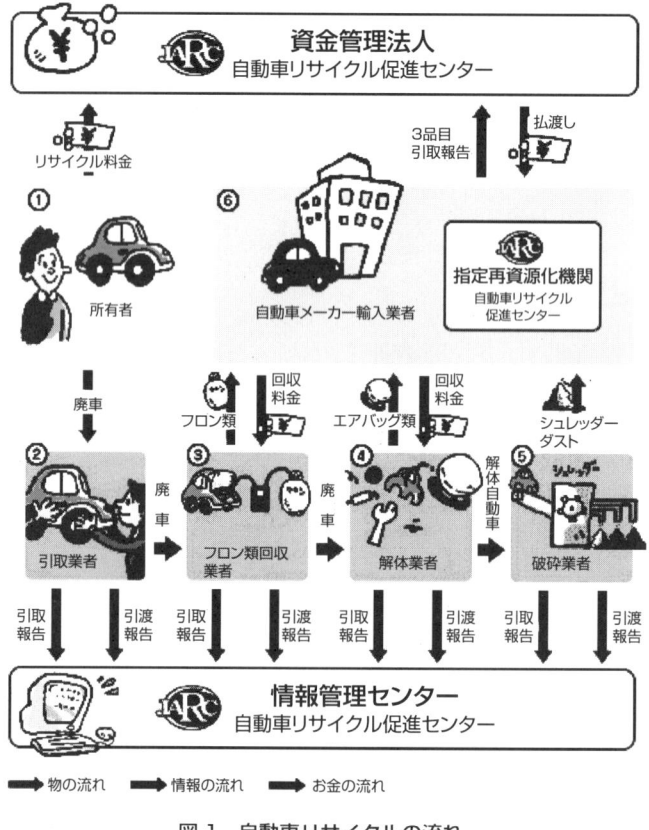

図1 自動車リサイクルの流れ
[(社) 自動車リサイクル促進センター HP]

② フロン類回収業者はカーエアコンからフロンを抜き取る業務で，やはり「登録」制になっています．
③ 解体業者は，エアバッグ類を回収する業務で，「許可」制になっています．
④ 破砕業者は，破砕を行う業務で，「許可」制になっています．
　この「登録」「許可」の有効期間は5年間であり，それぞれに一定の資格や機材が必要です．

（ⅱ）役割分担

所有者，関連業者，製造業者のそれぞれの役割を次のように定めています．

① 車の所有者はリサイクル料金を支払い，廃車（使用済自動車）を自治体に登録された引取業者（販売店，整備事業者，解体事業者等）に引き渡します．

② 引取業者は，廃車をフロン類回収業者に引き渡します．なお，エアコンが付いていない廃車の場合は，解体業者に引き渡します．

③ フロン類回収業者は，廃車からフロン類を回収して自動車メーカー・輸入業者に引き渡し，廃車を解体業者に引き渡します．

④ 解体業者は，廃車を適正に解体し，エアバッグ類を回収して自動車製造業者に引き渡し，解体自動車を破砕業者に引き渡します．解体業者は，この段階で，使用価値のある中古部品などを取り外すことができます．

⑤ 破砕業者は，解体自動車（廃車ガラ）を，プレス，切断，シュレッダーマシンで破砕したのち，金属類とシュレッダーダストを分別して，シュレッダーダストを自動車メーカー・輸入業者に引き渡します．

⑥ 自動車メーカー・輸入業者は引き取った3品目（フロン類，エアバッグ類，シュレッダーダスト）を適正に処理します．

なお，⑥については，自動車メーカー・輸入業者が自らでは行わず，専門業者に委託して実施することも認めています．

（ⅲ）情報管理センター

自動車リサイクル法では，図1の処理の流れを法律施行時から，独自の電子マニフェストを使用することを義務づけています．（財）自動車リサイクル促進センターが情報管理センターとして役割を果たしています．

（ⅳ）リサイクル料金

リサイクル料金は，車種，エアバックの個数，エアコンの有無等により，自動車製造業者が設定しており，およそ6 000〜18 000円です．

シュレッダーダスト，エアバッグ類，フロン類を自動車製造業者が引き取ってリサイクル・適正処理するためや，廃車処理の情報管理や，リサイクル料金

の管理にも使われています．

廃棄物処理法との関係

　使用済自動車は，部品や鉄くずとして多少の価値があっても，「廃棄物処理法で規定する廃棄物である」と自動車リサイクル法では規定しています．

　自動車リサイクル法で登録，許可を取得している者について，自動車に関しては廃棄物処理法の許可は不要である旨規定しています．もちろん，使用済自動車以外の廃棄物を取り扱う場合は，廃棄物処理法の許可が必要になります．

　この許可不要制度は自動車リサイクル法で規定していますが，保管基準などは廃棄物処理法で規定していますので，実際の運用にあたって二つの法律に配慮する必要があります．

[長岡　文明]

参　考　文　献
　　経済産業省，資源循環ハンドブック 2008

Question 55

再生利用認定制度，広域的処理認定制度ってなに？

Answer

廃棄物処理法では，廃棄物の適正処理を確保するため処理業の許可制度をはじめとして厳しい規制を行っていますが，このことにより，資源の循環的利用が妨げられないようにいくつかの規制緩和措置を設けています．ここでは，その代表的な例として「再生利用認定制度」と「広域認定制度」について説明します．

再生利用認定制度

廃棄物の減量化を促進するため，廃棄物の再生利用を行う者が，生活環境の保全上支障がないものとして環境省令等で定める基準に適合している場合に環境大臣の認定を受けることができる制度です．この認定を受けたものは，処理業の許可を受けずに廃棄物処理業を行なうことができます．また，施設設置の許可を受けずにこの認定に係る廃棄物処理施設を設置することができます．

一般廃棄物については廃棄物処理法第9条の8，産業廃棄物については同法第15条の4の2に規定されています．

なお，適正な再生利用を担保するため，認定を受けたものについても処理基準の遵守，帳簿の記載および保存の義務などを課すとともに，報告の聴取，立ち入り検査，改善命令等の規制が適用されます．

認定の対象となる廃棄物

認定の対象となる廃棄物は，再生利用により生活環境の保全上支障が生じることを防止するため，廃棄物自体が生活環境の保全上支障が生じさせない見込みの高いものに限定し，環境大臣が告示により指定しています．

この制度の対象となる再生利用は，平成20年4月現在，9種類が定められています．主なものとしては次のとおりです．

〈一般廃棄物，産業廃棄物〉
・自動車用タイヤに含まれる鉄をセメントの原材料として使用する場合
・廃プラスチック類を高炉で用いる還元剤に再生し，これを利用する場合
・廃プラスチック類をコークス炉でコークス及び炭化水素油に再生し，これを利用する場合
・廃肉骨粉含まれるカルシウムをセメントの原材料として使用する場合

〈産業廃棄物のみ〉
・トンネル工事などから生じる建設汚泥をスーパー堤防の築造に用いるために再生する場合

広域認定制度

製品の製造事業者などが廃棄物となった自社製品の処理やリサイクルを広域的に行う者を環境大臣が認定する制度です．これは，製造事業者等が処理をすることで，効率的な再生処理などが期待できるなど第三者にはないメリットが得られる場合が対象になります．したがって，単に他人の廃棄物を広域的に処理するだけでは認定は受けられません．

この制度では，廃棄物処理法第9条の9および第15条の4の3に規定されており，この認定を受けた者について廃棄物処理業に関する地方公共団体ごとの許可を不要とする特例（施設設置の許可は必要です）を設けています．なお，処理基準の遵守や帳簿の記載および保存の義務などを課すことや，報告の聴取，立ち入り検査，改善命令などの規制は再生利用認定制度と同様に適用されます．

広域認定制度の認定状況

平成19年3月，環境省告示により認定の対象となる一般廃棄物は，スプリングマットレス，パソコン，密閉型蓄電池，開放型鉛蓄電池，オートバイ，FRP船，消火器及び火薬類の8種類が指定されています．このうち，パソコン，オートバイ，FRP船，消火器及び火薬類について，事業者による回収リサイクルが進められています．産業廃棄物については省略します． ［古澤 康夫］

Question 56

処理が難しいごみの対策は？

Answer

処理が困難な廃棄物

家庭等から排出される一般廃棄物にはさまざまなものがあり，市町村が保有する施設や設備では適正に処理できないものがあります．また，廃棄物を収集・運搬中の車両が火災を起こしたり，廃棄物を破砕処理する施設やリサイクル施設で火災や爆発事故も発生しています．

（社）全国都市清掃会議が平成15年2月，国に対して行った「適正処理困難物に関する要望」の中で適正な処理が困難な廃棄物として例示しているものは表1のとおりです．

表1　市町村において適正処理を困難にしている主な製品

品　目	有害性	危険性	引火性	作業困難性	感染性
スプリング入りマットレス				○	
タイヤ				○	
消火器		○		○	
バッテリー	○			○	
小型ガスボンベ		○	○	○	
在宅医療器具					○
FRP製品				○	
ボタン型電池	○				
小型二次電池	○				
エアゾール缶			○		
カセット式ガスボンベ			○		
蛍光管	○				
ピアノ				○	
大型金庫				○	

［(社)全国都市清掃会議が平成15年2月に環境省に行った
"廃棄物処理法改正に係る適性処理困難物に関する要望"より抜粋］

廃棄物処理に関する事業者の責務

　事業者は，製品などを製造・販売する過程で発生する廃棄物を自らの責任において適正に処理する責任を負っていますが，近年，この基本的責務に加えて，製品の製造者としての責務が重要になってきています．廃棄物処理法では，製品等が廃棄物となった場合において，その適正な処理が困難とならないようにするために，① 製品の製造などに際して，製品などが廃棄物となった場合の処理の困難性についてあらかじめ自ら評価し，適正な処理が困難とならないような製品等の開発を行うこと（事前の自己評価），② 製品などに係る廃棄物の適正な処理の方法について情報を提供することを事業者に求めています．

生産者等事業者の対応

(ⅰ) 乾電池業界の取組み

　少し古い話になりますが，昭和58年秋頃から使用済み乾電池の処理，とくに乾電池に含まれる水銀が生活環境に悪影響を与えるのではないかということが社会的に大きな問題になりました．このため，乾電池業界では，厚生省の生活環境審議会の報告書の提言に沿って乾電池の水銀含有量の低減化に取組み，平成3年春にマンガン乾電池で，さらに，平成4年1月からアルカリ乾電池で水銀使用ゼロを実現しました．

(ⅱ) 事業者の協力

　廃棄物処理法には事業者の協力の一環として，市町村の一般廃棄物の処理が適正に行なわれることを補完するために必要な協力を事業者に求める制度，通称「適正処理困難指定廃棄物制度」が設けられています．

　現在，廃棄物となった自動車用タイヤ，25型以上のテレビ，250リットル以上の電気冷蔵庫およびスプリングマットレスの4品が指定（平成6年3月当時厚生大臣）されています．このうち，自動車用タイヤ，テレビおよび電気冷蔵庫については，製造者などによる回収・処理が行われ，リサイクルが進められています（廃家電製品の2品は，その後，家電リサイクル法によるリサイクルに切り替わっています）．

(ⅲ) 製造者等による広域回収・処理

　廃棄物処理法では，製品の性状・構造を熟知している製造者等が処理を担う

ことにより高度な再生処理等が期待できる場合に，製造者等が廃棄物となった製品の処理を広域的に行うことができる制度（広域認定制度）が設けられており，現在，環境大臣の認定を受けて製造者等により広域回収・処理されている品目として，パソコン，オートバイ，FRP船，消火器および火薬類があります（Q55参照）．

［梅澤　勝利］

参　考　文　献
　　（財）日本環境衛生センター，廃棄物処理法の解説
　　環境省HP，広域認定制度関連
　　（社）全国都市清掃会議，"適正処理困難物に関する要望"
　　（財）日本乾電池工業会，乾電池の水銀ゼロ化の実現（平成4年1月）

Question 57

市町村の廃棄物処理事業への国の財政支援を教えて

Answer

国が財政支援する理由

　廃棄物処理法では，廃棄物処理に関する市町村の基本的な責務を定めるとともに，国に対しては市町村等に対しその基本的な責務が十分に果たされるように技術的支援や財政支援を与えることと定めています．このため国は，循環型社会形成推進交付金制度や災害廃棄物処理などの補助金制度などを設け，市町村に対し財政支援を行なっています．

循環型社会形成推進交付金制度の概要

(ⅰ) 循環型社会形成推進交付金制度

　市町村が循環型社会の形成に必要な廃棄物処理施設の整備事業等を実施するために必要な経費にあてるため，国が交付金を交付する制度で，平成17年度に新たに創設されました．この制度は，廃棄物の3R（リデュース，リユース，リサイクル）を総合的に推進するため，市町村の自主性と創意工夫を活かしながら広域的かつ総合的に廃棄物処理・リサイクル施設を整備することことにより循環型社会の形成をはかることを目的としています．

　この交付金は，市町村が作成する「循環型社会形成推進地域計画」に基づいて実施される事業に対し交付されます．この計画の策定にあたっては，市町村と都道府県，国が「循環型社会形成推進協議会」を設け，構想の段階から協議していくことになっています．平成17年度からの循環型社会形成推進交付金の予算額は表1のとおりです．

(ⅱ) 対象となる主な施設

　対象となる施設は，年度により追加・削除等がありますが，平成20年度「交

表1　循環型社会形成推進交付金　予算額一覧

(単位：千円)

予算科目名	平成17年度	平成18年度	平成19年度	平成20年度	対前年度増減額	備考
(項) 廃棄物処理施設整備費 (目) 循環型社会形成推進交付金	23 000 000	43 000 000	46 000 000	49 132 000	3 132 000	環境省予算
(項) 沖縄開発事業費 (目) 循環型社会形成推進交付金	1 970 000	3 735 000	3 600 000	3 216 000	△384 000	内閣府予算
(項) 北海道廃棄物処理施設整備費 (目) 循環型社会形成推進交付金	620 000	527 000	1 209 000	1 405 000	196 000	国土交通省予算
(項) 離島振興事業費 (目) 循環型社会形成推進交付金	728 000	1 121 000	712 000	545 000	△167 000	国土交通省予算

[環境省HP, 3R推進交付金ネットワーク]

付要項」によるの主な施設は次のとおりです．

- マテリアルリサイクル推進施設
- エネルギー回収推進施設
- 有機性廃棄物リサイクル推進施設
- 最終処分場
- 最終処分場再生事業
- エネルギー回収能力増強事業
- 廃棄物処理施設耐震化事業
- コミュニティ・プラント

(ⅲ) 交付金額

　交付額は対象事業費の3分の1です．ただし，循環型社会の形成をリードする先進的なモデル施設については対象事業費の2分の1が交付されます．

災害廃棄物等の処理などに係る支援策

　近年，地震や台風などによる家屋の倒壊や風水害が全国各地で発生し，地元の市町村は大量に発生した災害廃棄物の処理に苦慮することが多くなっています．国はこうした市町村に対し，災害等により実施した次の事業に要する費用の2分の1を補助する制度を設けています：[災害に起因] 災害のために実施した廃棄物の処理／仮説便所，集団避難所等から排出されたし尿の処理　など　[災害に起因しない] 海岸保全区域の沿岸に，大量の漂着したごみ処理　[廃棄物処理施設災害復旧費補助] 被災した一般廃棄物処理施設等に係る被害復旧事業

[古澤　康夫]

Question 58

自治体で行っているごみ減量・リサイクル事業への助成事例を教えて

Answer

助成制度の概要

　住民がさまざまなごみの減量・リサイクル活動を行うことは，ごみ処理量を減量，あるいは処理費用の低減といった直接的な効果だけでなく，活動を通じて地域でのコミュニケーションが広がるとともに，ごみ問題，さらには環境問題にまで関心が高まり，さらなる行動につながるという効果が期待できます．

　そこで，各自治体ではさまざまな形で，ごみ減量・リサイクル活動への支援を行っています．

資源集団回収への助成

　古紙類（新聞，雑誌，ダンボール，紙パックなど），布類，金属類（空缶など），びん類等を対象に，集団回収を実施する団体の登録制度を設け，回収量に応じて実施団体に 1 kg あたり 1.5 〜 7 円奨励金を交付している例が多く，また実施月数に応じて一定（500 〜 2 500 円／月・団体）の金額を交付している例もあります．こうした取組みにより，全国的にも資源集団回収量は増加傾向を示しています．そのほか，保管倉庫の設置やリヤカーの貸出しといった支援策を講じるなど，自治体によってさまざまな取組みが行われています．

生ごみリサイクルのための支援

　家庭から排出されるごみ中に占める厨芥類の割合は約 3 割を占めており，生ごみのリサイクルの推進は，ごみ減量に有効な手段と考えられますが，一方で分別収集の実施によるコストの増加やリサイクル先の確保といった課題があります．そこで，生ごみの減量・リサイクルを進めるとともに，食べ物を大切に

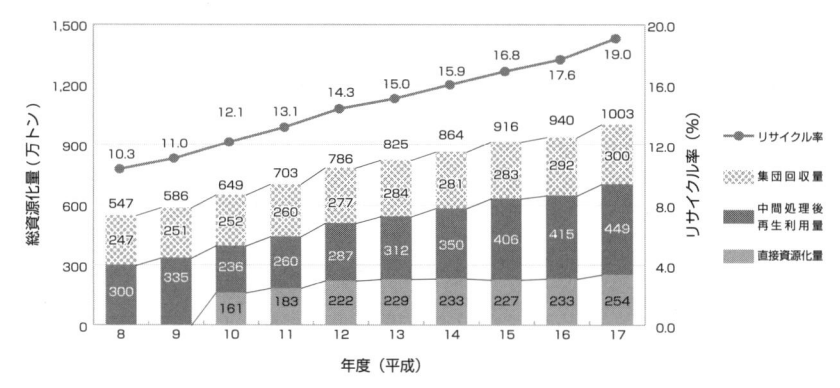

図1 総資源化量とリサイクル率の推移

し，むだをなくすといった視点から，電気式生ごみ処理機や家庭用コンポスト容器への購入助成を行っている自治体があります．

(ⅰ) 電気式生ごみ処理機への購入助成

一般家庭で電気式生ごみ処理機を購入するにあたって，購入額の2分の1を限度に，2〜5万円の助成を行っている自治体があります．しかし，予算等の関係から大都市でも，最大で2000基程度の助成にとどまっているのが現状です．

一方で，エネルギー使用量の増大やCO_2の発生，さらには臭気や堆肥の利用先の確保難といったことから，助成制度を中止したり，制度そのものを設けていない自治体もあります．

(ⅱ) コンポスト容器の購入助成

生ごみを地中の微生物などにより発酵・分解し，コンポスト（堆肥）にする容器の購入にあたって，1基について1000〜8000円程度の購入助成や割引などの購入あっ旋のほか，無料貸出しを行っている自治体があります．さらに，できた堆肥を回収し，利用先への供給に取り組んでいるところもあります．

その他の支援

リユース食器の使用拡大に向けて食器洗浄車の貸出しを行っている仙台市や，レジ袋を断った場合にエコクーぽん（エコポイント）を付与する名古屋市など，ごみの発生抑制や再使用の取組みを促進するための誘導策を実施している自治体があります．

［濱田 雅巳］

Question 59

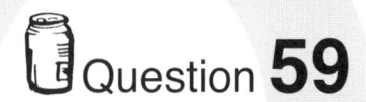

ごみの不法投棄の現状とその対応を教えて

Answer

一般廃棄物の不法投棄の状況

　国の審議会における家電リサイクル法改正議論の中で，法対象家電の不法投棄について議論されました．図1に示したように，家電4品目については，法施行後増加したと推計されていますが（平成12：12.2万台 → 平成17：15.6万台），平成15年の17.6万台をピークにして減少傾向にあります．その一方，谷底など回収が物理的に困難な場所への投棄が増えるなど不法投棄が悪質化しているなどの指摘もあり，不法投棄を強化する必要があるとしています．

　家電の不法投棄が減少している背景としては，自治体などによる家電リサイクル法に関する普及啓発活動により消費者の理解が進んでいることや，累次の廃棄物処理法改正による一般廃棄物不法投棄に係る罰則の強化（「5年以下の懲役もしくは1千万円以下（法人の場合は1億円以下）の罰金に処し，またはこれを併科」）などの対策の強化などがあると考えられます．

市町村が実施している不法投棄防止対策

（ⅰ）普及啓発

　イベントでの不法投棄防止キャンペーンの実施や，ごみの持帰り運動などによる普及啓発とともに，地域住民あるいは事業者と共同して，不法投棄が行われやすいエリアを対象としたパトロールが実施されています．

　不法投棄がさらなる不法投棄を生むことから，一斉清掃日等を設けて不法投棄が起きにくい環境づくりにも取り組んでいます．

（ⅱ）早期発見・早期解決

　放置自動車については，放火事件につながる事例もあることから，一定の手

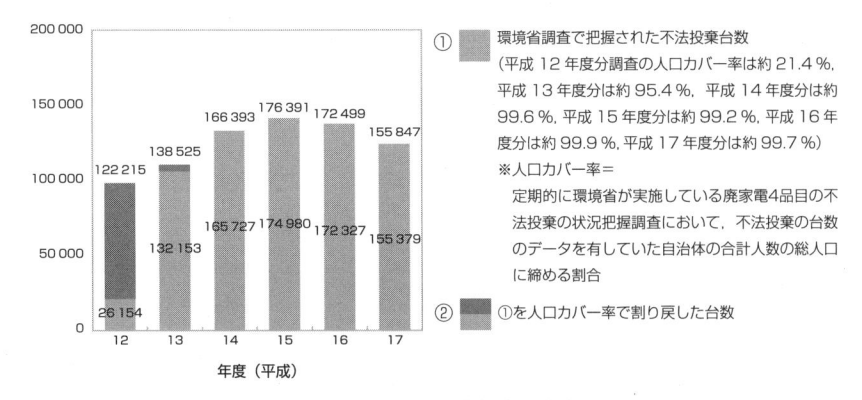

Question and Answer

図1 家電不法投棄台数の推移

グラフ凡例：
① 環境省調査で把握された不法投棄台数
（平成12年度分調査の人口カバー率は約21.4％，平成13年度分は約95.4％，平成14年度分は約99.6％，平成15年度分は約99.2％，平成16年度分は約99.9％，平成17年度分は約99.7％）
※人口カバー率＝
定期的に環境省が実施している廃家電4品目の不法投棄の状況把握調査において，不法投棄の台数のデータを有していた自治体の合計人数の総人口に締める割合
② ①を人口カバー率で割り戻した台数

データ（年度：①／②）：
- 12：26 154 ／ 122 215
- 13：132 153 ／ 138 525
- 14：165 727 ／ 166 393
- 15：174 980 ／ 176 391
- 16：172 327 ／ 172 499
- 17：155 379 ／ 155 847

続きを経た上で，放置自動車の一時移動や早期撤去に取り組む市町村があります．また，収集事務所などに不法投棄の相談窓口を設ける，さらにはタクシー事業者やトラック事業者などと協力協定を結ぶなど，不法投棄の早期発見と早期解決に向けた取組みを進めています．

(ⅲ) 未然防止

とくに不法投棄の多い場所に警報装置や監視カメラを設置し，未然防止に取り組んでいます．

空き缶やタバコの散乱防止策

空き缶やタバコなどの「ポイ捨て」を防止するため，廃棄物処理法とは別に市町村が独自の条例を定め，違反者に罰則を科すなど，取組みの強化をはかっており，とくに，近年になって，タバコのポイ捨てを防止するとともに，歩きタバコなどによる歩行者への危険を回避するため，路上喫煙などの禁止に関する条例を定める市町村が増えてきています．一般的には，路上喫煙の禁止地区を定めるとともに，罰則（条例上は数万円の過料を定めるところもあるが，適用は1千円〜2千円程度）を適用し，実効性を高めている場合が多く，一定の成果をあげています．

この場合，エリアの外での路上喫煙者が増えるケースが多いため，禁止地区内に喫煙場所を設置するといった工夫がなされています． ［濱田 雅巳］

Question 60

産業廃棄物の不法投棄の現状回復はどうなってる？

Answer

不法投棄の現状

平成18年度に発生した産業廃棄物の不法投棄は，全国で554件，投棄量は13.1万トンに上っており，5 000トンを超える不法投棄事案は4件，2.7万トンです．また，5 000トン以上の残存不法投棄案件は，累計で337件，1 425万トンに上っています．

不法投棄の現状回復については，本来，不法投棄者や不適切に産業廃棄物を委託した排出事業者などに対して，産業廃棄物を所管する行政庁（都道府県および政令市）が，生活環境保全上の支障を除去するために投棄された産業廃棄物の撤去を求めます．しかし，投棄された産業廃棄物が撤去されずに放置されることにより，環境に影響を与えることがあります．その産業廃棄物が大量であることにより，より問題を深刻化させます．

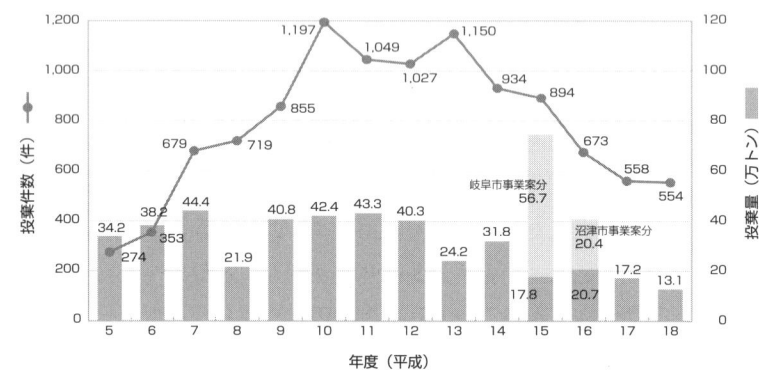

図1　不法投棄件数および投棄量の推移

大規模な産業廃棄物の不適正処分（不法投棄）は，周辺環境の汚染だけには止まらず，大きな経済的損失を伴います．

例えば，日本における有名な不法投棄事案に係る現状回復に要する費用は，香川県豊島で447億円，青森・岩手県境で655億円と多額の費用を要します．そのほかに（財）産業廃棄物処理事業振興財団が行っている現状回復支援事業は，平成11年から平成19年度末まで，72件で総額33億1600万円に達しています．

現状回復の責任

不法投棄された産業廃棄物の現状回復の責任は，当然，投棄者にあります．行政庁は，投棄者に対して現状回復を指導します．また，投棄者以外に運搬や処理に関った処理業者や産業廃棄物の処理を委託した排出事業者にもおよびます．しかし，現状回復が行われないことによって生活環境保全上の支障が生じるおそれがあると判断される場合は，行為者はもとより，法律の基準に従わなかった業者や排出事業者に対して，その支障を除去するため，法律により命令を発することになります．

投棄者などが支障除去の命令に従わない場合において，その支障を除去しないことにより生活環境が損なわれるおそれがある場合は，行政庁自ら，投棄者などに代わって，その支障を取り除きます．これがいわゆる廃棄物処理法に基づく「行政代執行」です．当然，行為者等は法律違反で罰せられますし，「行政代執行」に要した費用が求償されます．

支障除去の方法

不法投棄された産業廃棄物の支障除去（現状回復）の方法は，その産業廃棄物に起因する生活環境保全上の具体的な支障とその原因を究明し，効果的な対策を導くことが大切です．

具体的な現状回復方法は，不適正に処分された産業廃棄物の撤去だけではありません．その産業廃棄物を撤去するための掘削に汚染物質が拡散する場合もあることから，周辺に産業廃棄物や汚染物質が拡散しないように封じ込めて浄化することも有効な手段です．

排出事業者から排出される多量の産業廃棄物のうち，有害物質を含む産業廃棄物は少量ですがその有害物質を含む産業廃棄物が無秩序に処分された場合が問題になります．その特性に合わせて支障を分析し適切な処理を行うことが重要です．

代執行に対する支援制度

行政庁が「行政代執行」により，不法投棄された産業廃棄物による生活環境保全上の支障除去の措置を講ずる場合には，その「行政代執行」に要する費用の一部を適正処理推進センター（(財) 産業廃棄物処理事業振興財団）が管理する適正推進基金から支援を受ける制度があります．この基金は，民間企業からの寄付と国からの拠出金で基金が造成されています．実際には，代執行費用の4分の3が支援され，民間基金が2分の1を占めており，基金の支援にあたっては，第三者機関により，生活環境保全上の支障の程度，対策工法の効率性，行政指導の内容，法的措置の確実性，未然防止方策など，多面的な審査が行われ，二度と不法投棄が発生しない体制整備が求められています．また，「行政代執行」に要した費用を行為者等に求償して資金の回収と基金への返還が義務づけられています．

[猿田 忠義]

Question 61
ごみ有料化の効果って？

Answer

基本方針（有料化の推進）の明確化

平成17年5月,「廃棄物の減量その他の適正な処理に関する施策の総合的かつ計画的な推進をはかるための基本的な方針」が改正されました．これにより,市町村の役割として,「経済的インセンティブを活用した一般廃棄物の排出抑制や再生利用の推進,排出量に応じた負担の公平化および住民の意識改革を進めるため,一般廃棄物処理の有料化の推進をはかるべきである.」との記載が追加されました．ここでは一般家庭ごみの有料化を対象としてその進め方を述べます．

有料化の目的と期待する効果

有料化とは,一般廃棄物処理についての排出量に応じて手数料を徴収する行為をいい,次の効果が期待できます．

(ⅰ) 排出抑制や再生利用の推進

有料化により,費用負担を軽減しようとするインセンティブが生まれ一般廃棄物の排出量の抑制が期待できます．また資源ごみの手数料を低額水準とすることで分別の促進および資源回収量の増加が期待できます．

(ⅱ) 公平性の確保

排出量の多い住民と少ない住民とでサービスに応じて手数料を徴収することで,より費用負担の公平性が確保できます．

(ⅲ) 住民の意識改革

排出機会や排出量に応じて費用負担が発生し,市町村が処理費用などを説明する必要性も増えるため,住民が処理費用を意識し,ごみ排出に係

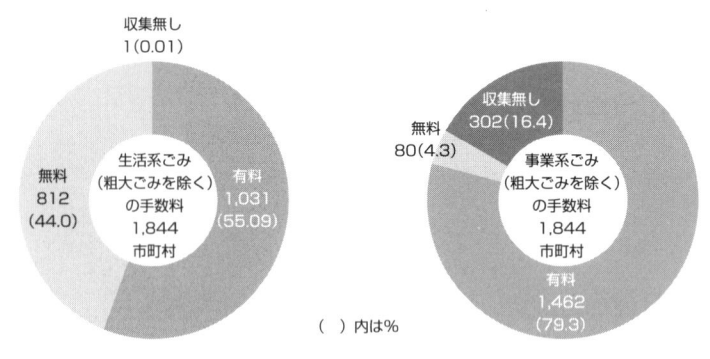

図1 粗大ごみを除くごみの収集手数料の状況（平成17年度実績）
[環境省HP, 日本の廃棄物処理（平成17年度）]

生活系ごみ（粗大ごみを除く）の手数料 1,844市町村: 収集無し 1(0.01), 無料 812(44.0), 有料 1,031(55.09)

事業系ごみ（粗大ごみを除く）の手数料 1,844市町村: 収集無し 302(16.4), 無料 80(4.3), 有料 1,462(79.3)

（　）内は%

る意識改革につながることが期待されます．

(iv) その他の効果

排出抑制や再生利用の促進により焼却処理量や最終処分量が減量されることで，環境負荷および収集運搬費用や処理費用の低減が期待されます．また手数料収入を廃棄物関連施策の財源にあてることで循環型社会の構築に向けた施策の充実が期待できます．

有料化の仕組み作りと検討

最初に，ごみの排出量やリサイクル率および財政負担状況などの現状把握を行いその課題を整理します．次に，課題解決を含めた一般廃棄物行政の目標を踏まえたうえで，有料化の目的のもとで期待する効果を設定します．

(i) 手数料体系

最も簡便で住民にわかりやすい方式は，排出量に応じて手数料を支払う排出量単純比例型（均一従量制）です．制度の運用に要する費用が比較的低いですが，料金水準が低い場合には，排出抑制につながらない可能性があります．この他，必要に応じて，一定の排出量以上のみを従量制とし，それまでは無料・定額・還元する方式などがあります．

(ii) 手数料の料金水準

排出抑制および再生利用の推進への効果や住民の受容性，周辺市町村に

Question 61
ごみ有料化の効果って？

Answer

基本方針（有料化の推進）の明確化

平成17年5月，「廃棄物の減量その他の適正な処理に関する施策の総合的かつ計画的な推進をはかるための基本的な方針」が改正されました．これにより，市町村の役割として，「経済的インセンティブを活用した一般廃棄物の排出抑制や再生利用の推進，排出量に応じた負担の公平化および住民の意識改革を進めるため，一般廃棄物処理の有料化の推進をはかるべきである．」との記載が追加されました．ここでは一般家庭ごみの有料化を対象としてその進め方を述べます．

有料化の目的と期待する効果

有料化とは，一般廃棄物処理についての排出量に応じて手数料を徴収する行為をいい，次の効果が期待できます．

（ⅰ）排出抑制や再生利用の推進

有料化により，費用負担を軽減しようとするインセンティブが生まれ一般廃棄物の排出量の抑制が期待できます．また資源ごみの手数料を低額水準とすることで分別の促進および資源回収量の増加が期待できます．

（ⅱ）公平性の確保

排出量の多い住民と少ない住民とでサービスに応じて手数料を徴収することで，より費用負担の公平性が確保できます．

（ⅲ）住民の意識改革

排出機会や排出量に応じて費用負担が発生し，市町村が処理費用などを説明する必要性も増えるため，住民が処理費用を意識し，ごみ排出に係

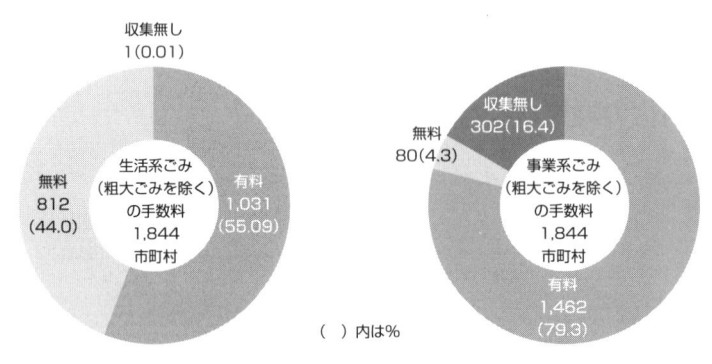

図1 粗大ごみを除くごみの収集手数料の状況（平成17年度実績）
[環境省HP，日本の廃棄物処理（平成17年度）]

る意識改革につながることが期待されます．

(ⅳ) その他の効果

排出抑制や再生利用の促進により焼却処理量や最終処分量が減量されることで，環境負荷および収集運搬費用や処理費用の低減が期待されます．また手数料収入を廃棄物関連施策の財源にあてることで循環型社会の構築に向けた施策の充実が期待できます．

有料化の仕組み作りと検討

最初に，ごみの排出量やリサイクル率および財政負担状況などの現状把握を行いその課題を整理します．次に，課題解決を含めた一般廃棄物行政の目標を踏まえたうえで，有料化の目的のもとで期待する効果を設定します．

(ⅰ) 手数料体系

最も簡便で住民にわかりやすい方式は，排出量に応じて手数料を支払う排出量単純比例型（均一従量制）です．制度の運用に要する費用が比較的低いですが，料金水準が低い場合には，排出抑制につながらない可能性があります．この他，必要に応じて，一定の排出量以上のみを従量制とし，それまでは無料・定額・還元する方式などがあります．

(ⅱ) 手数料の料金水準

排出抑制および再生利用の推進への効果や住民の受容性，周辺市町村に

おける料金水準などを考慮します．

（ⅲ）徴収方法

　手数料を上乗せした市町村の指定ごみ袋，ごみ袋に添付するシールの販売などが標準的です．

（ⅳ）手数料収入の使途

　指定ごみ袋の作製・流通費など有料化の運用経費，ごみの排出抑制・再生利用の推進のための助成・啓発活動など，適切な使途を定め，透明化することで有料化制度への理解を深めます．

（ⅴ）他施策との併用

　有料化にあわせ，分別収集区分の見直しや集団回収への助成，3Rに取り組む小売店の支援，再使用の促進などを検討します．

COLUMN

ごみ有料化

　市町村が一般廃棄物についての手数料を徴収することをいいます．主な目的は，一般廃棄物の排出抑制や再生利用の推進，排出量に応じた負担の公平化および住民の意識改革等を進めることです．導入にあたっては，現状把握や課題の整理を行い，課題解決を含め目標を踏まえ，有料化施策に期待する効果を設定し仕組みを作ります．また円滑な実施のため，住民との意見交換など，関係者との連携をはかり協力をえていきます．実施後は定期的な評価を踏まえた制度の見直しを行います．

［深谷 元行］

Question 62

ごみ焼却施設の用地選定はどうやって行われているの？

Answer

廃棄物処理施設のうち，清掃工場（焼却施設）は，用地の規模・行政手続き・地域との関係などの点について，ここではごみ焼却施設について説明します．

用地として必要な条件

清掃工場の建設用地として必要な条件は，整形で広い土地とごみの搬入が可能となる幹線道路との接続，土地利用計画との整合があります．

以前は，都市近郊にも田畑や山林など条件に合う用地を求めることができましたが，市街化の進んだ最近の都市部においてこれらの条件を満たす用地を確保することは，非常に困難になっています．運よくこのような土地があっても都市部では近隣に多くの住民が居り，清掃工場に対する不安などから簡単に受け入れられることはまずありません．反対の理由はさまざまですが，「必要性

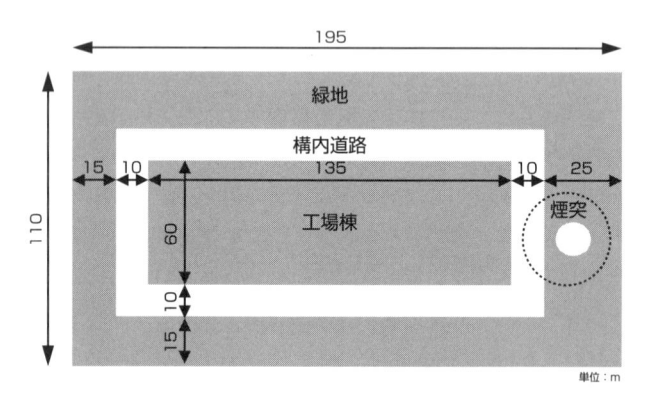

図1　300トン／日×2基の例

はわかるけど家の近くはいやだ」いわゆる NIMBY(not in my back yard) の気持ちからの反対が強くあるのも実情です．

このような状況において清掃工場を建設するためには，都市計画法（第11条）より事前に都市計画決定をする必要があります．この都市計画決定の手続きの中で，地元住民をはじめ学識経験者や首長，議会議員，行政機関などの意見が反映され，清掃工場の位置，面積などが決定されます．

検討すべき事項

用地の選定には，位置及び区域，面積について慎重かつ十分な検討が必要となります．

(i) 土地利用計画との整合

清掃工場建設の計画用地には，土地利用計画との整合をとる必要があります．整合すべき内容は次のとおりです．

① 用地は原則として都市計画区域内に設けること．
② 自然公園地域等優良な自然環境を保全すべき区域には原則として用地選定を避けること．
③ 用途地域との関連では，原則として第一種，第二種住居専用地域は選定を避けること．

(ii) 施設の位置の妥当性

位置の選定は工事費にも大きく影響するので以下の項目に留意することが必要です．

① 清掃車等の車両による円滑な搬出入を確保するため，幹線道路に面するか幹線道路に搬出入路を設置することができること．
② 施設周辺のインフラが既に整備されている，または整備が可能であること．
③ 埋蔵文化財等が発掘される可能性が少ないこと．

(iii) 用地の広さと形状

清掃工場用地は，比較的広く整形な土地が必要となります．必要面積は以下の点に留意し算出します．

① 施設の処理能力，処理方式（型式），炉数などに基づく建屋規模

② 構内動線計画や待機清掃車両数，駐車場，洗車設備
③ 周辺市街地に配慮した離隔距離，緩衝緑地

施設立地における合意形成

　清掃工場を建設するためには，地域住民の理解と協力を得ることは極めて重要なことです．

　建設のための合意形成になにより重要なことは，計画の初期段階から情報を公開し，地域住民をはじめ利害関係者や学者，研究者そして行政機関が最適な計画を求めて意見交換を十分行なうことが必要です．このため，清掃工場の建設を計画する自治体は，地域住民などの意見を十分聴いたうえで，施設用地の都市計画案を作成し，これを住民に説明し意見を聴く必要があります．

　また，清掃工場の建設が周辺環境に与える影響について予測評価する環境影響評価書案を作成し，住民への説明と意見の聴取が必要です．住民はこの都市計画案や環境影響評価書案に意見を提出することができ，その意見は都市計画審議会や環境影響評価審議会で審議され，都市計画決定や環境影響評価書に反映されることになります．

廃棄物処理施設の建設を住民に説明するためのポイント

　建設計画や建設工事の説明会は，住民の理解を得るため欠かせない手法の一つです．説明会には都市計画決定や環境影響評価条例に基づき開催が義務づけられているものと任意に行なうものがあります．

　こうした説明会は，事業者である行政にとって，適時・的確な情報を提供し理解を得る機会として，また，住民の意見や要望を知ることができる有効な手段として重要です．一方，説明会は，住民にとって計画に対する疑問点をただし，直接自分たちの意見を事業者である行政に伝える有効な機会であるといえます．

　また，近年インターネットなど情報手段の発達により，住民同士の意思疎通が密接に行なわれる傾向にあり，周辺住民を対象にした説明会だけでは情報の提供不足を指摘されることも考えられるので，ホームページなどの電子媒体を利用した情報提供も積極的に進めていく必要があります．

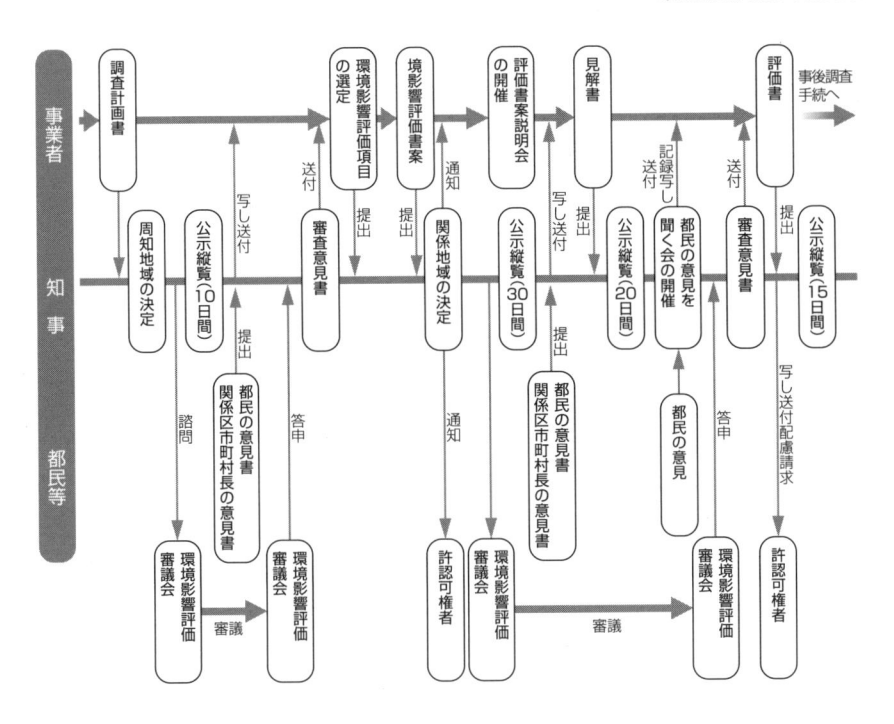

Question and Answer

図2 環境影響評価手続き（東京都の例）

　このほか，住民に説明する方法として，町内会．自治会など地元組織の要請によるもの，反対を唱える団体などへの対応として行なうもの，地元住民との協議機関（建設協議会，運営協議会など）へ行う定期的な説明などがあります．

　いずれの場においても，事業者である行政としては，その事業の必要性・妥当性について正確で的確な情報を速やかにかつ解りやすく提供し，理解を得られるよう努めなければなりません．住民の意見に真摯に向き合い，可能な限り適切な対応をとることが，住民とのコミュニケーションを深め，理解を得るためのポイントといえます．

［伊東 和憲］

Question 63

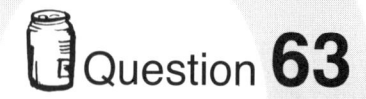

PRTRと廃棄物処理施設の関係を教えて

Answer

PRTR制度

　PRTR (pollutant release and transfer register：化学物質排出移動量届出制度) とは，有害性のある多種多様な化学物質が，どのような発生源から，どれくらい環境中に排出されたか，あるいは廃棄物に含まれて事業所の外に運び出されたかというデータを把握し，集計，公表する仕組みです．

　対象としてリストアップされた化学物質を製造したり使用したりしている事業者は，環境中に排出した量と，廃棄物や下水として事業所の外へ移動させた量とを自ら把握し，行政機関に年に1回届け出ます．

　行政機関は，そのデータを整理・集計し，家庭や農地，自動車などから排出される対象化学物質の量を推計して，二つのデータをあわせて公表します．

　PRTRによって，毎年どんな化学物質が，どの発生源から，どれだけ排出されているかを知ることができるようになります．諸外国でも導入が進んでおり，日本では1999（平成11）年，「特定化学物質の環境への排出量の把握等および管理の改善の促進に関する法律」（化管法）により制度化されました．

　PRTR制度においては対象物質の環境中への排出量が「届出排出量」と「届出外排出量」の二つから構成され，両者を合わせることで排出量の全体が把握

表1　使用量の把握が必要な原材料，資材など（製品）の形状

ア　気体または液体のもの　【＝溶剤，接着剤，塗料，ガソリンなど】
イ　固体のもので固有の形状を有しないもの（粉末状のものなど）【＝添加剤（粉末状），試薬（粉末状）など】
ウ　固体のうち固有の形状を有するもので取扱いの過程で溶融，
　　蒸発または溶解するもの　【＝めっきの金属電極，インゴット，樹脂ペレットなど】
エ　精製や切断などの加工に伴い環境中に排出されるもの　【＝石綿製品，切削工具等の部品など】

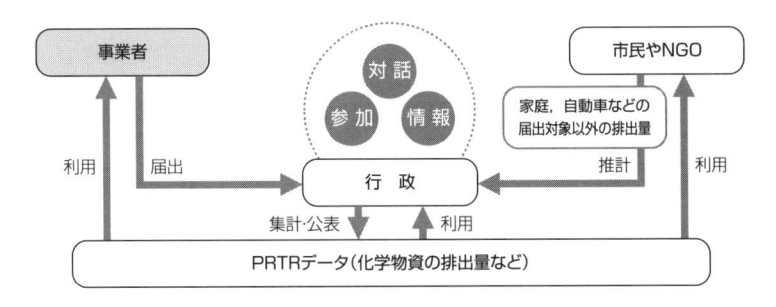

Question and Answer

図1 PRTRとリスクコミニュケーションの概念図

される仕組みとなっています．この届出対象に該当するかは届出対象業種を営んでいるか，常時雇用者数が21人以上いる事業者か，製品の要件，取扱量（年間1トン以上）で判定されます．

なお，PRTR制度で使用量の把握が必要なものと不要なものがあり必要なものとしては表1のとおりです．

廃棄物処理施設とPRTR

廃棄物処理施設はPRTR制度の中では特別要件施設として位置づけられ，常時雇用者数が21人以上の場合は届出対象施設となります．この場合届出対象物質は水質汚濁防止法の排水基準項目で29物質が指定され，焼却炉などではダイオキシン類も指定されます．

また，廃棄物処理施設のうち排水のないものやリサイクルを行う施設などは「PRTR排出量等算出マニュアル」に基づいて算出します．

PRTRとリスクコミュニケーション

事業者は，PRTRデータや化学物質の管理状況等を説明する場を設けて，地域住民等と対話するなどコミュニケーションをはかることが大切です．これは環境対策への取組のアピールや地域住民等との信頼関係の構築につながります．

[栗山 一郎]

Question 64
リスクコミュニケーションの手法を教えて

Answer

リスクコミュニケーション

　リスクコミュニケーションとは，一般的には「個人とグループそして組織の間でリスクに関する情報や意見を交換する相互作用的プロセス」と定義されています．「リスクに関する情報および意見」は，広い意味で使用されており，リスクそのものの情報だけでなく，リスクへの意見や反応，リスク管理に関する法律などの情報も含んでいます．こうした情報が利害関係者間を行ったり来たりする相互作用がリスクコミュニケーションと考えられ，リスクコミュニケーションが成功したか否かは関係者間の理解と信頼のレベルが向上したか否かで判断されます．リスクコミュニケーションにより，リスクにさらされる（あるいは可能性のある）住民に対して，十分に情報を提供し，問題に対する理解を深めてもらうことが重要なのです．ですから，行政や事業者，専門家が情報を独占したり，一方的に情報を提供したりするようなものは，リスクコミュニケーションとはいわないのです．

産業廃棄物処理をめぐるリスクコミュニケーション

　社会全体の産業廃棄物処理の安全性に対する不信感は強く，新たな産業廃棄物処理施設の立地や産業廃棄物の適正処理をめぐり，市民と事業者・行政との間にさまざまな衝突が生じています．このため，平成10年の廃棄物処理法の改正では，廃棄物処理施設の設置の許可手続きの強化に加えて，廃棄物の焼却施設および最終処分場の設置者を対象に，施設に搬入された廃棄物の種類，量や維持管理データなどを記録して，地域住民ら生活環境保全上の利害関係を有する者の求めに応じ閲覧することが制度化されました．しかし，産業廃棄物処

理が社会の信頼を獲得するためには，産業廃棄物処理のリスクとそのリスクをどのように管理しているか（リスクマネジメント）について，住民が納得し理解することがなによりも大切なのです．

リスクコミュニケーションの手順

リスクコミュニケーションをどのような手順で行うかは地域や問題によってさまざまですが，一般的なプロセスは次のようになります．

(ⅰ) 一般的な情報提供

リスクコミュニケーションを開始するにあたって，住民の問題に対する一般的理解を高めるため，情報提供が行われる必要があります．これにより関係者が対等の立場で議論する前提が整えられることになり，また関係者間で協働関係を構築するために不可欠な前提にもなるものです．

(ⅱ) 詳細情報の提供

一般的な情報提供により，関係者における問題の理解が進むと次に，さまざまな情報を住民に提供し意見を聞くプロセスになります．そのためには住民が望むときにはいつでも，よい情報も悪い情報も取得できるようにし，住民の不安を聞く機会をさまざまな形で設けることが必要となります（例えばホットラインの設置などがあります）．

(ⅲ) 争点の明確化を目的とした多様な利害関係者との早期におけるコミュニケーションの実施

問題等の発生の早い段階から，反対派に協議会や地域対話等への参加を促し，実際にコミュニケーションを試みることで，争点を明確化することができ，問題の長期化を回避することができます．事業者や行政は，「対話が紛糾する」懸念から反対派の参加に消極的です．しかし賛成派あるいは中立派だけで議論を行っていては，本当の論点がみえません．そのため，結果として決定がなされた後に，紛争が発生する可能性があります．住民の懸念事項を整理し把握するためにも多様な関係者の参加は重要です．早期から争点を明確にする意図で，さまざまな利害関係者の参加を確保することがリスクマネジメントを効率的に行うことにつながります．

（ⅳ）コミュニケーションプロセスの透明化

協議会や地域対話などのコミュニケーションを実施するにあたっては，その過程の透明性が重要となります．「聞いていなかった」「知らなかった」という人は，どのように情報提供を努めていても現れますが，可能な限りそうした事態にならないように，行政ニュースやリーフレット，町の行事等の機会を通じて，どのような話し合いが行われているのかの情報提供を行うとともに，参加していない住民にも意見を述べる機会を与えることが重要です．

（ⅴ）フィードバックの実施

ある程度リスクコミュニケーションが実施され，意見が交換されるようになったら，住民たちに対して，住民側から得た意見がどのように計画や施策などに生かされたのかについてフィードバックを行う必要があります．これによって，より積極的に意見を述べる関心の高い住民が育っていくことになります．これが，次のリスクコミュニケーションへとつながっていくのです．

（ⅵ）将来展望の提示

紛争事例についてのリスクコミュニケーションが，当該問題だけにとどまっている場合には，建設的なコミュニケーションにはなりません．紛争事案をどのようにまちづくりに生かしていくのかという，より長期的な視野にたった議論が行われれば建設的なコミュニケーションが期待できるのです．たとえば，迷惑施設として捉えられる産業廃棄物処理施設をどのようにまちづくりに生かせるのかという観点からの議論に発展させるなどです．こうした将来展望を事業者や行政が示すことが信頼構築につながっていくポイントになります．

こうした手順の各段階で，表のようなさまざまなリスクコミュニケーション手法が場面に応じて使いこなされていくことになります．

Question and Answer

表1 リスクコミュニケーションの手法とツール

【リスクコミュニケーション手法】

ツール＼場面	普及・啓発	計画策定			実践	評価 フォローアップ
		情報公開	意見の把握	合意形成		
インターネット	◎	◎	◎	○	○	○
広報誌等	◎	◎	○		○	○
フォーラム	○	○	◎	○	○	○
研究会・協議会・ワークショップ	○	○	○	◎	◎	◎
出前講師	◎	○	○	○	○	○

【場面を想定することが必要なツール】

ツール＼場面	普及・啓発	計画策定			実践	評価 フォローアップ
		情報公開	意見の把握	合意形成		
アンケート調査	○		◎			
社会実験	◎	○	◎	○		◎
コンペ			◎	◎		
イベント	◎	○			◎	
人材活用	○				◎	
市民アドバイザ（モニタ）			○			
ボランティア					◎	◎
NPO					◎	

◎大きな効果が期待できる　○効果が期待できる

［国土交通省，次世紀の地域づくりのあり方について検討委員会報告書］
http://www.mlit.go.jp/sogoseisaku/region/model/jisedai2-3.htm

［織　朱實］

参考文献

関澤　純　編著，織朱實，谷口武敏，土屋智子，早瀬隆司，村山武彦，"リスクコミュニケーションの最新動向を探る"，化学工業日報社（2003）

Question 65

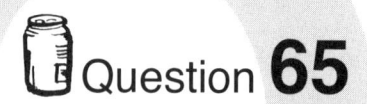

行政と事業者のごみの処理責任は？

Answer

廃棄物処理法とごみ

　廃棄物処理法によると,廃棄物は産業廃棄物と一般廃棄物に二大別されます.産業廃棄物とは,事業活動に伴って生じた廃棄物のうち,法令で定める20種類の廃棄物を指します.これらに入らない他の廃棄物は一般廃棄物とよばれ,そのうちし尿,生活雑排水を除いたものをごみといいます.

　そのごみは,家庭系と事業系とに分かれます.後者は,事業活動に伴って発生する廃棄物ではあっても,20種類の産廃に入らないものをいい,事業系ごみとよばれます.

ごみの処理責任

　ごみについては,事業系ごみの処理責任者は,事業者のみならず市町村にもあるとする傾向が広くみられます.けれども,こうした解釈は必ずしも正しいとはいえません.というのは,たしかに市町村は,一般廃棄物の処理に関する計画を定めなければならず(第六条第一項),さらにその計画に従って一般廃

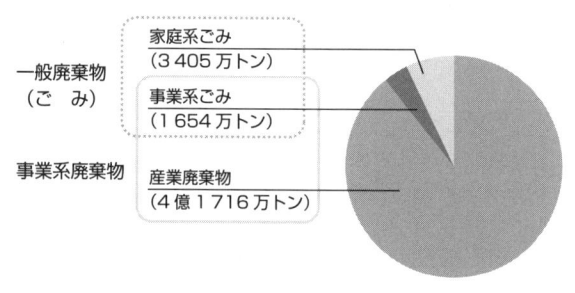

一般廃棄物（ごみ）
- 家庭系ごみ（3 405万トン）
- 事業系ごみ（1 654万トン）

事業系廃棄物
- 産業廃棄物（4億1 716万トン）

図1

棄物を収集・運搬・処分しなければならない（第六条の二第二項）が，このことは，ごみのすべてを市町村が処理しなければならないといっているのではないからです．自治体にとって，事業系ごみのうち事業者の処理責任を直接求めるべきだと判断されるものについては，当の自治体が計画のなかでまさにそのように定めればよいのであって，自治体がごみのすべての処理を背負いこまねばならないわけではないのです．

しかしこれに準ずることは，事業系ごみのみならず家庭系ごみについてもいえます．事業所を離れて消費者の手に渡った製品（包装・容器を含む）についても，のちに再利用ないし適正処理するうえで問題がありすぎる製品については，当の自治体が計画策定の際に関連事業者になんらかの特別の対応を要求することができるはずです．こうした考え方は，拡大生産者責任が問われるもとで強まっているといえます．にもかかわらず，事業系ごみの一部や，家庭系ごみではあっても処理困難な物の処理を自治体が引き受けざるをえなくなっているのは，次の事情によります．

まず，拡大生産者責任については「廃掃法」では事業者の責務を徹底させる法的仕組みが十分でなく，また，個々の自治体にとっては行政区域が限られているため，その外に位置する企業や業界に権限を行使するには難しい問題が多いのです．ただし，1991年の「廃掃法」改正によって厚生大臣（現・環境大臣）は，市町村の設備，技術では適正処理の困難な物を指定することができるようになりました．この規定に基づき，1994年には自動車のタイヤ，25型以上のテレビ，250リットル以上の冷蔵庫，およびスプリングマットが適正処理困難物に指定されました．そののち，テレビ，冷蔵庫については1998年制定の「家電リサイクル法」（正式名称は「特定家庭用機器再商品化法」）で回収の仕組みができましたが，タイヤとスプリングマットに関しては，事業者は自治体の施策に協力するという自主努力を求められるだけにとどまっています．

なお，自治体にとっては事業者責任を徹底するのが容易でないもう一つの要因に，市町村は生活系ごみと合わせて事業系ごみの処理を行うことができるという事情もあります．一方，東京都などいくつかの自治体は，図1のように分類の基本は法に従いつつも，事業系のごみと家庭系のごみの区分をより明確にする工夫をしています．

[寄本 勝美]

Question 66

一般廃棄物処理業の許可制度ってどんなもの？

Answer

市町村長の許可が必要

　市町村において一般廃棄物処理業（収集運搬業，処分業を合わせて処理業といいます）を行なう場合，市町村長の許可が必要です．これは，一般廃棄物の収集運搬または処分を行おうとする者に対して必要な規制を加えることにより，処理業者による一般廃棄物の処理が適正に行なわれるようにするためです．

　なお，市町村長による許可が不要で一般廃棄物処理業が行なえる特例措置が近年増えていますが，詳しくはQ67を参照してください．

　表1のとおり，一般廃棄物処理業の許可件数は大幅に増えていますが，その内訳（平成18年度）を見てみると，収集運搬部門が約96％を占めています．このことは，近年の市町村財政の逼迫，規制緩和の社会的要請や事業者責任の徹底などから，各市町村において事業系一般廃棄物の収集，運搬業務を処理業者に委ねている状況がわかります．

許可の要件

　市町村長は，許可の申請が次の各項に適合している場合には一般廃棄物収集運搬業または一般廃棄物処分業ごとに許可することになります．
　① 当該市町村による一般廃棄物の収集運搬又は処分が困難であること
　② 申請の内容が一般廃棄物処理計画に適合するものであること
　③ その事業を行なうために必要な施設に係る基準と申請者の能力に係る基準に適合するものであること
　④ 次の欠格要件に該当しないこと

表1　ごみ処理の許可件数の推移

年度(平成)	9	10	11	12	13	14	15	16	17	18
許可件数(件)	15 944	18 036	19 553	26 569	28 899	27 693	30 036	29 728	30 550	42 099

注）一般廃棄物処理事業に関して市町村または事務組合が行った，調査対象年度末での委託件数，許可件数であり，同一業者の重複もあり得る．

表2　ごみ処理の許可件数の内訳（平成18年度実績）

ごみ処理	収集運搬	中間処理	最終処分	合計
許可年数(件)	40 375	1 625	99	42 099

[環境省HP，日本の廃棄物処理より抜粋]

欠格条項

　これは，許可の申請者が法で定める条項に該当する場合には資格が無くなるという意味で欠格条項といわれます．法で規定されている条項としては，

① 禁固以上の刑を受けてから5年を経過していない者
② 廃棄物処理法など環境法令違反で罰金刑を受けてから5年を経過していない者
③ 一般廃棄物処理業，産業廃棄物処理業及び浄化槽清掃業の許可を取り消されてから5年を経過していない者

をはじめとして10の条項があり，これらのいずれにも該当しないことが必要です．

許可の更新制

　一般廃棄物処理業の許可は，一般廃棄物処理業者のいっそうの資質の向上と信頼性の確保を目的として，2年ごとの更新制となっています．この許可の更新制は，平成3年の法改正により導入されました．当初，許可の更新期間は1年でしたが，平成9年3月に閣議決定された規制緩和推進計画を踏まえ，この更新期間が1年から2年に延長されました．ちなみに，産業廃棄物ではこの更新期間は5年となっています．

事業の停止と許可の取消し

　市町村長は，一般廃棄物処理業者が廃棄物処理法に違反する行為をしたときなどは，事業の停止を命ずることができます．事業の停止命令の期間中は，事業の全部または一部ができなくなります．

　一方，一般廃棄物処理業者が，① 欠格条項に該当するに至ったとき ② 事業停止等の処分に違反したときなど ③ 不正の手段により処理業の許可を受けたときなどに該当することになった場合には，市町村長は処理業の許可を取り消さなければなりません．

　このように，廃棄物処理の分野では常に処理基準の遵守をはじめ法令順守が強く求められるとともに，違反した場合の処分が制度化されています．

〔古澤　康夫〕

Question 67

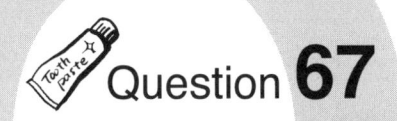

許可不要で一般廃棄物が処理できる特例を教えて

Answer

一般廃棄物処理業の許可制度と特例措置

　廃棄物は，通常の商品と異なり，有用物としての市場価値をもっていません．このため，市場経済に任せておくだけでは管理がずさんになりがちで，ときに環境汚染を引き起こす可能性があります．このため，廃棄物処理法では，廃棄物処理業の許可制度をはじめとして，さまざまな規制措置を設けています．

　しかし，この厳しい規制措置が場合によっては，資源の循環的利用を妨げることになる場合があります．廃棄物を集めて新たな商品にリサイクルしたい，そのためには自治体ごとに廃棄物処理業の許可をとらなければならない，こうした手続のために相当な時間と経費が必要になる，という具合です．

　このため，廃棄物処理法では許可を不要とする特例措置を設けています．

許可の例外的措置

　廃棄物処理法では第7条第1項及び第6項のただし書きの規定により，次の者は許可を得ないで業を行なえることになっています．

① 事業者（自ら一般廃棄物を運搬または処分する場合に限る）
② 専ら物（通常再生利用されるものとして古紙，くず鉄，あきびん類および古繊維）のみの収集，運搬または処分する業者
③ （環境省令で定める者）
　・市町村が委託する収集運搬または処分業者
　・市町村長が指定する一般廃棄物再生利用業者
　・環境大臣が指定する広域収集，運搬または処分業者
　・国

- 輸出に係る運搬を行う者
- 廃家電品一般廃棄物の再商品化に係る環境大臣が指定する業者
- 再生利用の目的となる廃タイヤを収集運搬または処分する産業廃棄物収集・運搬または処分業者
  - 廃家電品，スプリングマットレス，自動車用タイヤ又は同蓄電池の販売業者で，同種の一般廃棄物を収集運搬する業者
  - 引越荷物を運送する業務を行う者で，転居者の一般廃棄物を収集運搬する者
  - 廃牛脊柱を適正に収集運搬または処分する者

再生利用認定・広域認定制度に係る特例措置

　再生利用認定制度は，廃棄物の減量化を進めるため，生活環境の保全上支障がないなどの再生利用に限って環境大臣が認定するもので，認定を受けた者は，処理業および施設設置の許可を不要としています．

　一方，広域認定制度は，製品の製造業者等がその製品が廃棄物となったものについて広域的に処理することによりその適正な処理が確保される場合に環境大臣が認定するもので，認定を受けた者は，処理業の許可を不要としています．なお，詳しくはQ55を参照してください．

個別リサイクル法による規制緩和措置

　容器包装リサイクル法，家電リサイクル法や食品リサイクル法など個別のリサクル法に基づくリサイクルに関して，それぞれの法律によって処理業の許可不要あるいは手数料の上限（処理業者は，当該市町村が定める収集・運搬・処分の手数料を超える料金を受けてはならないことになっていまう）の撤廃，あるいは一般廃棄物と産業廃棄物の相互乗り入れ（一般的には一般廃棄物と産業廃棄物の処理体系は峻別されています）の規制緩和の措置が講じられています．

［古澤 康夫］

Question 68
産業廃棄物処理業の許可制度ってどんなもの？

Answer

「許可」とは

　「許可」とは，「禁止行為の解除」といわれ，一般の人がやることを一律に禁止しておき，一定の条件・要件にあった人にだけ「やってもいいよ」という制度です．

　例えば，食べ物を作ることは誰でもできますが，商売として多くの人に提供するときは食中毒などの危険があることから，一定の知識・技能・施設がある人にのみ「許可」を与え，それ以外の人は，その商売をしてはいけない，としています．

　本来廃棄物の収集・運搬，処理・処分することは誰でもできそうですが，扱う物が廃棄物という，ややもすると不衛生になりがちな物であることから，業として産業廃棄物を扱う場合は，一定の知識・技能・施設がある人にのみ「許可」を与え，それ以外の人は，その業を行ってはいけない，としているのです．

許可を受けられる要件

　産業廃棄物を扱う場合は，一定の知識・技能・施設が求められます．これが，「許可要件」とよばれる事項で，これを満たさない人は許可は受けられません．
（ⅰ）知識・技能

　法令上は「適格に遂行できる」こととしていますが，すべての都道府県および政令市（以下「都道府県等」という）では，（財）日本産業廃棄物処理振興センターが主催している講習会の修了を要件としています．

　また，廃棄物処理法をはじめとする環境関連法令に違反して罰金に処せられたとか，暴力団員などは，産業廃棄物処理業をやる資格がない（欠格者）とい

うことで，許可は受けられません．
（ⅱ）施設
　行おうとする「産業廃棄物の処理」ごとに必要な施設，資材は違います．たとえば，収集運搬の場合は「車両」，埋立ての場合は「最終処分場」が必要となります．

産業廃棄物処理業許可の有効な地域，期間

　産業廃棄物処理業の許可は，都道府県等で行っていますから，その許可が有効な地域は，その許可を受けた地域に限定されます．例えば，山形県で許可を受けても，隣の福島県ではその許可は無効です．
　また，廃棄物処理法第24条の2により，政令で定める市では都道府県と同じく産業廃棄物処理業の許可を行っています．
　たとえば，宮城県仙台市がこの政令市に該当しますから，宮城県では仙台市で産業廃棄物処理業を営む場合は，仙台市の許可が必要であり，仙台市以外の区域で営む場合は宮城県の許可が必要です．宮城県の許可を有していても仙台市内では，その許可は無効です．
　また，処理業の許可の有効期間は5年間ですので，この期限がくると更新許可申請が必要になります．

許可の区分

　産業廃棄物は普通の産業廃棄物と特別管理産業廃棄物に大きく区分され，「処理」は収集運搬と処分に大きく区分されます．
　この区分により　①　産業廃棄物収集運搬業，②　特別管理産業廃棄物収集運搬業，③　産業廃棄物処分業，④　特別管理産業廃棄物処分業の4通りになります．
　産業廃棄物は20種類あり，原則として許可はこの種類ごとに出されます．
　たとえば，「普通の産業廃棄物である廃プラスチック類の収集運搬業の許可」や「pH12.5以上の強アルカリである苛性ソーダを中和処理する特別管理産業廃棄物処分業の許可」などです．
　なお，取扱いが他の物品とはとくに違っている品目については，限定が記載

されている場合があります．たとえば，廃プラスチック類は扱えるのですが「自動車等破砕物は除く」やガラスくずやがれき類は扱えるのですが「石綿含有廃棄物は除く」といった記載が許可証になされている場合があります．

また，収集運搬業の場合は，運搬の途中で積み替え保管を行うかどうかも，許可の対象になりますので，積み替え保管を行う場合は，その旨申請しなければなりません．

許可の特例

許可は都道府県等ごとに受けなければならないことから，全国展開をはかる業者にとっては不便な場合があります．そこで，再生が確実に行われる事業や，製造者や販売者が適正に処理することが確実である場合は，環境大臣による認定制度があり，この認定を受けることにより，個々の都道府県等では許可を受ける必要がなくなります．

また，各種リサイクル法の規定により，廃棄物処理法で規定する許可が不要となる場合もありますが，この制度は各種リサイクル法ごとに違います．

義務事項，禁止事項

処理業の許可業者には，一定の義務や禁止事項が規定されています．

義務としては，各種の処理基準を遵守することは当然ながら，自分が取り扱った産廃について，種類，量，排出者等を記載した帳簿を作成し，その後5年間備え付けておかなければならないことや，排出者から交付された産業廃棄物管理票（マニフェスト）の回付などがあります．

禁止事項として，虚偽のマニフェストを交付したり，排出者と取り交わした契約内容と異なった処分や運搬を行うことなどがあります．また，再委託は原則として禁止されていることから，もし，行わざるをえなくなった場合には，法令に規定している事項，手順に従って手続きを行う必要があります．

こういった義務を行わなかったり，禁止されている行為を行った場合は，取得している許可の停止処分，許可取消等の行政処分を受けるにとどまらず，懲役等の刑事罰も規定されていますから，十分に注意する必要があります．

［長岡 文明］

Question 69

マニフェスト制度ってどんなもの？

Answer

マニフェスト制度

　社会問題となっている不法投棄の対策としては，不法投棄を未然に防止する施策と，起きてしまった不法投棄を原状回復する施策の二つに大きく分けられます．マニフェスト制度は，前者の不法投棄を未然に防止することを目的としています．マニフェスト制度は排出事業者が処理業者に委託した産業廃棄物について，委託契約書どおり適正処理されたことをマニフェストにより確認することで，適正な処理を確保する仕組みです．ここいう「排出事業者」とは，商業，工業，金融業その他事業を行うすべてを指し，一般事務を業務とする企業，官公庁，研究所，学校，病院，農業者，漁業者など，あらゆる事業を行う者がこれに含まれるので，対象となる事業所の数は，500万以上になると推測されます．

　なお，マニフェスト（manifest）とは，「積荷目録」「明示する，証明する」を意味する英語であり，米国で1970年代に始まった有害廃棄物の情報管理制度でこの言葉が使われて以来，廃棄物の流れを管理する管理票システムを「マニフェスト制度」とよぶようになりました．

マニフェスト制度導入の経緯

　マニフェスト制度は平成2年の厚生省（現環境省）の行政指導により始まり，平成5年4月から特別管理産業廃棄物処理の委託について義務づけられています．また，平成9年の廃棄物処理法の改正により，すべての産業廃棄物の処理委託にマニフェスト制度が義務づけられ，平成10年12月から施行されています．同時に，従来の複写式伝票の産業廃棄物管理票（以下「紙マニフェスト」という）に加え，電子情報を活用する電子マニフェスト制度が導入されていま

す．さらに，平成12年の廃棄物処理法の改正では，廃棄物の排出事業者処理責任が強化され，これに伴いマニフェスト制度における排出事業者の確認範囲を拡大し，最終処分の終了までを確認する仕組みになりました．

マニフェストに関する罰則など

マニフェスト不交付，虚偽記載，記載義務違反およびマニフェスト保存義務違反など，マニフェストにかかる違反行為をした排出事業者および処理業者は，違反の内容によって刑事処分（6ヶ月以下の懲役または50万円以下の罰金）を受けることがあります．また，マニフェストに係る義務を実施しない排出事業者および処理業者は，万一，委託した廃棄物が不適正処分された場合，都道府県等から措置命令（廃棄物処理法第19条の5第1項：不法投棄された廃棄物の除去等を講じる命令）を受けることがあります．

紙マニフェストと電子マニフェストの運用

排出事業者は，産業廃棄物の処理を他人に委託する場合，紙マニフェストまたは電子マニフェストを使用して，委託した産業廃棄物が最終処分まで適正に処理されたかどうか確認する義務があります．排出事業者における紙マニフェストの運用と電子マニフェストの運用比較は表1のとおりです．

電子マニフェストの普及促進について

電子マニフェスト制度は，マニフェスト情報を電子化し，排出事業者，収集運搬業者，処分業者の三者が「情報処理センター」を介したネットワークでやり取りする仕組みです．情報処理センターは，廃棄物処理法第13条の2の規定に基づき，（財）日本産業廃棄物処理振興センターが全国で一つの「情報処理センター」に指定され，電子マニフェストシステムの運営を行ってします．電子マニフェストは，排出事業者，処理業者の情報管理の合理化につながることに加え，偽造がしにくい，不適正処理の原因者究明の迅速化や廃棄物処理システムの透明化に役立つなどのメリットがあります．

しかしながら，電子マニフェストの導入にあたっては排出事業者，収集運搬業者，処分業者の三者がすべて電子化対応に切り替える必要があることなどか

表 1　紙マニフェストと電子マニフェストの運用比較（排出事業者の場合）

	電子マニフェスト （廃棄物処理法第 12 条の 5 関係）	紙マニフェスト （廃棄物処理法第 12 条の 3 関係）
マニフェスト交付・登録	廃棄物を収集運搬業者，または処分業者に引き渡した日から 3 日以内にマニフェスト情報を情報処理センターに登録 ※ 3 日以内とは廃棄物を引渡した日は含みません．	廃棄物を収集運搬業者，または処分業者に引渡しと同時にマニフェストを交付
処理終了の確認	情報処理センターからの運搬終了報告，中間処理終了報告，最終処分終了報告の通知（電子メール等）により確認	・B2 票の回収，A 票と照合により運搬終了を確認 ・D 票の回収，A 票と照合により中間処理終了を確認 ・E 票の回収，A 票と照合により最終処分終了を確認
マニフェストの保存	マニフェストの保存が不要 （情報処理センターが保存）	排出事業者は，収集運搬業者および処分業者より送られてきた B2 票，D 票，E 票を 5 年間保存
マニフェストに関する行政報告	電子マニフェスト利用分は情報処理センターが都道府県・政令市に報告するため，排出事業者の報告が不要	排出事業者自らが，所定の様式に基づく「産業物管理票交付等状況報告書」を提出

ら，電子マニフェストの登録件数は平成 18 年度実績で 240 万件であり，紙マニフェストの頒布枚数（約 4 500 万枚）に対して約 5 ％でしたが，平成 19 年度から電子マニフェスト登録件数が急増し，平成 19 年度は約 9 ％に増加しています．

電子マニフェストの普及については，内閣総理大臣を本部長とする IT 戦略本部において決定された「IT 新改革戦略」（平成 18 年 1 月 19 日）において，平成 22 年度 普及率 50 ％とする目標が設定され，電子マニフェストのいっそうの普及促進が求められております．

［麻戸　敏男］

Question 70
産業廃棄物税ってなに？

Answer

課税根拠と背景，税収使途

　産業廃棄物税は，最終処分場などへの産業廃棄物の搬入という行為または事実に課税する地方税です．平成12年施行の地方分権一括法で地方税法が改正され，地方税法に規定されている税目以外の税目でも地方団体が条例で定めて，総務大臣の同意をえれば，課税できるようになりました．おりから産業廃棄物対策費予算不足に悩んでいた地方自治体が財源確保のため新税創設を試みました．この新税に対し排出事業者と産業廃棄物処理事業者は，

① 悪質事業者の不法投棄の後始末費用をなぜ健全な事業者が負担しなければならないのか
② 新税は排出事業者が実質的に全額負担すべきであるが，中小企業には負担が重く，一部でも負担されなかった場合は実質処理料金切下げとなりむしろ不適正処理が増えるのではないか
③ 排出抑制・リサイクル促進のインセンティブとしては税率が低すぎて不十分ではないか

などの具体的な疑問点を示して反対しました．また一般住民，有識者からも同様な意見がありました．その結果産業廃棄物税は税収の使途を不法投棄防止，リサイクル促進による排出抑制，優良な処理事業者育成等の目的に特定する法定外目的税として平成14年以降順次実施されています．

産業廃棄物税の実施状況と問題点

　表1にみるように課税実施団体は，平成20年4月1日現在27道府県と1市で，税収規模は28団体合計で72億円（平成18年決算額）です．最終処分場への

表1 産業廃棄物税の概要（平成20年4月1日現在）

課税要件等	概要
課税実施団体	道府県 27, 政令市 1
納税義務者	排出事業者と中間処理事業者（最終処分事業者は1市のみ）
課税客体	産業廃棄物の最終処分場または中間処理施設への搬入
課税標準	搬入された産業廃棄物の重量
税率	1000円／トン（ただし自社埋立処分場500円, 焼却800円）
税額	課税標準 × 税率

　搬入は28団体すべてで課税されますが，九州7県は焼却施設への搬入，さらに2県ではすべての中間処理施設への搬入にも課税します．

　税率は最終処分場への搬入は1トンあたり1000円となっています．徴収に関しては，25団体が最終処分事業者特別徴収方式を採用し，1団体が最終処分事業者，2団体が排出事業者が申告納付する方式を採用しています．

　問題点としては，一例として次のようなことが考えられます．

（ⅰ）税率が全国一律1000円／トンというのは，税の仕組みとしては簡素ですが，搬入される産業廃棄物の種類と性状によって処理料金に10倍程度開きがあることを無視しています．

（ⅱ）原材料・商品と同様産業廃棄物も広域移動するにも関わらず課税を実施する県と未実施県があることによる不公平感があります．

（ⅲ）排出事業者課税と処理事業者課税の混在，最終処分課税と中間処理課税の混在により2重負担発生の可能性があります．

（ⅳ）大部分が特別徴収方式です．徴税コストは最小となりますが特別徴収義務者の事務費と納税資金立替負担は大きくなります．一方排出事業者を申告納付者とすると排出量の確認などが必要ですが，県外もあるため徴税コスト増となります．また小規模排出事業者に免税点を設ける場合は税負担が不公平となります．

今後の課題

　排出事業者・産業廃棄物処理事業者とも積極的に3Rに取り組むとともに課

税の仕組みと税収の使途が合理的かつ目的達成に有効であるかどうかなどの検討に関与していく必要があります．また課税団体によって仕組みがまちまちである点について国レベルで調整が必要と思われます．税源移譲の問題も絡み国税とするのは困難かもしれませんが，広く環境税の一環として考えることも可能でしょう．地方自治体も初めに税ありきではなく他の政策手段も視野に入れ税の仕組みを再検討する余地があるでしょう．

〔大仲 清〕

COLUMN 税率

　適切な税率でないと納税者の負担が不公平・過大となります．産業廃棄物の種類，性状などによって処理料金は大きく異なります．また地域によっても差があります．トンあたり1000円の税率は2万円/トンである管理型処分場における汚泥の処理料金の5％の負担率ですが，3000円/トンで処理される建設ガラであれば33％の負担率となります．過大な負担率がリサイクル推進に役立つのか，不適正処分につながるのかは不明ですが，事業者の経営を圧迫するのはあまり良い税とはいえません．

〔大仲 清〕

課税客体の帰属

　課税要件に該当する事実の発生が確認された場合，課税団体（市町村などの課税する側）は必ず課税しなければなりません．このとき一番の難題は課税客体（産廃の搬入などの行為）と納税義務者の結びつけです．産業廃棄物の処理に関しては廃棄物処理法によって，① 処理に先立って産業廃棄物処理委託契約書の書面による締結と保管，② 搬入に際してはマニフェストの作成・交付・保管，③ 処理実績に関して法定帳簿の作成と保管 ④ 実績の行政への報告が義務づけられています．このため結びつけは容易に可能です．税務調査で活用されます．

［大仲 清］

徴税コスト

　税金を徴収するのに必要なコストを徴税コストといいます．国税庁17年度実績資料によると国税では100円あたり1.45円，地方税では2.32円となっています．税収 - 徴税コストが本来の目的に使用できる税金となります．源泉徴収制度がコスト引き下げに大きく貢献していますが，その代り納税義務者の負担が大きいことを忘れてはなりません．産業廃棄物税では，愛知県17年度予算によると，税収見込み1 371百万円に対し74百万円の徴税費用を見込んでいます．100円あたり5.39円の徴税コストとなります．

［大仲 清］

Question 71

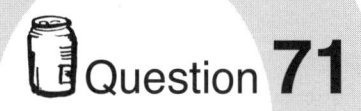

産業廃棄物処理施設やリサイクル関連の助成・融資制度を教えて

Answer

助成・融資制度が設けられている理由

　産業廃棄物の処理やリサイクルを適切に行うためには，廃棄物処理法で定められた構造基準などに合致した施設を設置することが必要です．処理施設の中でも，最終処分場や焼却施設などはその設置に多額の費用がかかりますが，廃棄物処理やリサイクルを行っている企業には中小企業が多く，処理施設の設置に必要な資金を調達することは必ずしも容易なことではありません．そこで，このような企業に対して，公的な性格をもつ金融機関が低利で安定した資金を貸しつける政策融資制度や，金融機関からの貸しつけが受けられやすくなるよう，その債務を公的機関が保証する制度があります．

　また，近年廃棄物分野においても地球温暖化対策の重要性が高まっていますが，廃棄物処理施設において温暖化対策を講じる場合であって，一定の要件を満たす場合に，施設整備費の一部を補助する制度もあります．

融資制度

　産業廃棄物処理・リサイクルの施設整備などに対する政策融資には，財政投融資が活用されており，政府系金融機関である日本政策投資銀行（DBJ），中小企業金融公庫（中小公庫），国民生活金融公庫（国民公庫）により行われています．DBJの政策融資では，

　　① 廃棄物・使用済物品等の再使用・リサイクルのための施設整備
　　② 適正な廃棄物処理を行うための施設整備
　　③ アスベスト廃棄物の処理のための施設整備

が融資の対象となっています．融資案件ごとに融資額の上限は定められていま

表1　産業廃棄物処理・リサイクルの施設整備等に対する政策融資

金融機関名 (融資の種類)	融資の対象	金利※1	備考※1
日本政策投資銀行 (環境配慮型社会形成促進)	廃棄物・使用済み物品等の再使用・リサイクルのための施設整備※4	政策金利Ⅰ※2	融資比率：40％以内
	適正な廃棄物処理を行うための施設整備	政策金利Ⅰ※3	融資比率：50％以内
	アスベスト廃棄物の処理のための施設整備	政策金利Ⅱ	融資比率：50％以内
中小企業金融公庫・国民生活金融公庫 (環境・エネルギー対策貸付)	廃棄物・使用済み物品等の再使用・リサイクルのための施設設備	特別利率②(4億円まで)・基準利率(4億円超)／特別利率B	融資額：7億2000万円以内／7200万円以内
	産業廃棄物の処理のための施設整備	特別利率②(4億円まで)・基準利率(4億円超)／特別利率B	
	アスベスト廃棄物の処理のための施設整備	特別利率③(4億円まで)・基準利率(4億円超)／特別利率C	
	アスベスト廃棄物の処理のための運転資金	特別利率③／特別利率C	融資額：2億5000万円以内／4800万円以内

※1 通常は基準利率が適用されるが，主務省庁が政策的見地から定めた対象者・資金使途には，「政策的に優遇された金利として，政策金利Ⅰ・政策金利Ⅱ，特別利率②・特別利率③，特別利率B・特別利率C，が適用される。金利の高低の関係は次のとおり。「政策金利Ⅰ＞政策金利Ⅱ」，「基準利率＞特別利率②＞特別利率③」，「特別利率B＞特別利率C」。中小公庫・国民公庫については，「／」の前が中小公庫，「／」の後が国民公庫のものを示す。
※2 エネルギー等の使用の合理化及び資源の有効な利用に関する事業活動の促進に関する臨時措置法に基づいて行われる利子補給を受けるものは，政策金利Ⅱ
※3 中小企業，第一セクター，第三セクターによる場合は，政策金利Ⅱ
※4 熱回収事業・建設残土対策を含む。

せんが，融資比率の上限はあり，金利は融資の対象等に応じて優遇されます．
　一方，中小公庫と国民公庫の政策融資では，
　① 廃棄物・使用済み物品等の再使用・リサイクルのための施設整備
　② 産業廃棄物の処理のための施設整備
　③ アスベスト廃棄物の処理のための施設整備と運転資金
が融資の対象となっています．融資案件ごとに融資額の上限が定められており，金利は固定金利で融資の対象等に応じて優遇されます（表1）．

　なお，政府系金融機関の改革により，平成20年10月に，DBJは株式会社に移行し政策融資を終了します．中小公庫と国民公庫は他の政府系金融機関と統合されて株式会社日本政策金融公庫に移行しますが，政策融資自体は継続されます．

債務保証制度

　産業廃棄物処理施設の整備に関する債務保証は（財）産業廃棄物処理事業振興財団（産廃振興財団）によって実施されています．これは，産業廃棄物処理特定施設整備促進法に基づく制度であり，同法で規定する特定施設の建設・取得・改良の他，産業廃棄物処理業者が共同で行う処理施設の整備や，処理施設の近代化・高度化のための事業を対象として，これらに必要な資金の借入れに対して債務保証をするものです．保証期間は10年以内，保証料は民間金融機関からの借り入れ利率に含まれ，年3％以内です．

助成制度

　技術開発や起業化に対する助成制度としては，産廃振興財団が実施している助成があります．産業廃棄物に関する技術開発や高度技術力を利用した廃棄物の減量化・再生処理施設の設置を行う者に対しては最高500万円，起業化需要調査や再生品販売路開拓事業に対しては最高50万円が助成されます．

　一方，産業廃棄物処理施設における温暖化対策に対する助成は，環境省により，エネルギー特別会計を活用して実施されています．これは，廃棄物やバイオマスを用いた発電施設，熱供給施設，燃料製造施設などのうち，一定以上の効率を有するものを対象として，施設の高効率化に伴う施設整備費の増加分（ただし，施設整備費の3分の1が上限）を補助するものです．1件あたり，数千万円から数億円程度の助成が行われています．

［木村　祐二］

Question 72
「あわせ産廃」ってなに？

Answer

産業廃棄物の処理責任

産業廃棄物の処理責任は，産業廃棄物を排出する事業者にあります．排出事業者自らが処理するか，許可をえた処理業者に処理を委託しなければなりません．

しかしながら，一口に産業廃棄物といっても，畜産業から生じる畜産ふん尿，食品工場から排出される有機汚泥，医療機関から排出される感染性廃棄物，建設工事から排出される木くず，店舗から排出される廃プラスチック類などとじつにさまざまです．

なかには，市町村が一般廃棄物と一緒に集めて同じ処理施設で処理してしまう方が合理的・現実的なものもあります．

あわせ産廃

このため，廃棄物処理法第11条は，「事業者は，その産業廃棄物を自ら処理しなければならない」と規定するとともに，必要と認められる場合には，市町村が一般廃棄物とあわせて処理することができるとの規定を設けています．これが，いわゆる「あわせ産廃」です．

この規定は，産業廃棄物の制度ができる以前から，市町村の清掃事業において，中小事業者の排出する事業系廃棄物の一部が家庭系廃棄物と一緒に処理されてきたという実態を踏まえ，それを現実的な方法として認めるものです．

ただし，産業廃棄物の処理は排出事業者の責任であり，市町村が「あわせ産廃」として処理するのは，あくまで例外的な処理です．

あわせ産廃の処理方法

あわせ産廃は，産業廃棄物処理基準に則して処理されますが，一般廃棄物と一緒に処理されてしまうため，統計上は「一般廃棄物」として扱われます．

また，あわせ産廃を処理する場合には，市町村は，その処理費用を徴収するものとされています．なお，市町村が「あわせ産廃」として処理する場合には，排出事業者はマニフェスト（産業廃棄物管理票）を交付する必要はありません．

都道府県による産業廃棄物処理

廃棄物処理法第11条には，都道府県が産業廃棄物の処理を行うことができるとの規定もありますが，これは産業廃棄物処理への「公共関与」とよばれるものの一種で，「あわせ産廃」とは性質が異なります．

都道府県による公共関与というのは，市場原理だけでは産業廃棄物の適正な処理が確保できないなどの事情がある場合に，都道府県が産業廃棄物処理施設を設置して産業廃棄物処理を行うものです．

［古澤　康夫］

Question 73
PFI 手法ってなに？

Answer

PFI

　PFI（private finance initiative）とは，公共事業を実施するための新しい手法の一つです．民間の資金と経営能力・技術力（ノウハウ）を活用し，公共施設などの設計・建設・改修・更新や維持管理・運営を行う公共工事の手法です．あくまで国や地方公共団体等が発注者となり，公共事業として行うものであり，JRやNTTのような民営化とは違います．

　事業実施時の事前検討（PFI導入可能性調査等）などおいて，民間の資金・経営能力・技術能力を活用することにより，国や地方公共団体などが直接実施するよりも効率的かつ効果的に公共サービスを提供できると判断できる事業について，PFI手法導入により事業を実施し，事業コストの削減やより質の高い公共サービスの提供を目指します．

　わが国では，「民間資金等の活用による公共施設等の整備等の促進に関する法律」（PFI法）が平成11年（1999年）7月に制定され，平成12年3月にPFIの理念とその実現のための方法を示す「基本方針」が，民間資金等活用事業推進委員会（PFI推進委員会）の議を経て，内閣総理大臣によって策定され，PFI事業の枠組みが設けられました．

　なおPFIは，1992年に英国において，新しい公共調達の手法として誕生し，その行政改革に重要な役割を果たしてきており，現在では，英国はじめ各国でPFI方式による公共サービスの提供が実施されており，有料橋，鉄道，病院，学校などの公共施設等の整備等，再開発などの分野で成果を収めています．

PFI事業により期待される効果

PFI手法による事業を行うことにより，次のような効果が期待されます．

(i) 低廉かつ良質な公共サービスが提供される

PFI事業では，民間事業者の経営能力・技術的能力を活用できます．また，事業全体のリスク管理が効果的に行われることや，設計・建設や維持管理・運営等の全部または一部を一体的に発注することによる事業コストの削減が期待でき，事業コストの削減と質の高い公共サービスの提供が期待されます．

(ii) 公共サービスの提供における行政の関わり方の改革

従来，国や地方公共団体などが行ってきた事業を民間事業者が行うようになるため，官民の適切な役割分担に基づく新たな官民パートナーシップが形成されていくことが期待されます．この結果，地方公共団体などは，事業の実施状況を管理者または住民側の立場から監視できる状況も期待できます．

(iii) 民間事業者の事業機会を創出することを通じ，経済の活性化に資すること

従来，国や地方公共団体などが行ってきた事業を民間事業者にゆだねることから，民間に対して新たな事業機会をもたらします．また，PFI事業のための資金調達方法として，プロジェクト・ファイナンスなどの新たな手法を取り入れることで，金融環境が整備されるとともに，新しいファイナンス・マーケットの創設につながることも予想されます．このようにして，新規産業を創出し，経済構造改革を推進する効果が期待されます．

PFIの対象施設

PFI対象施設は以下のように分類されています．

① 公共施設　道路，鉄道，港湾，空港，河川，公園，水道，下水道等
② 公用施設　庁舎，宿舎等
③ 公益的施設等　公営住宅，教育文化施設，廃棄物処理施設，医療施設，社会福祉施設，更生保護施設，駐車場，地下街等
④ そのほかの施設　情報通信施設，熱供給施設，新エネルギー施設，リサイクル施設，観光施設，研究施設

［岡田　光浩］

リスク管理

　事業を進めていく上では，事故，需要の変動，物価や金利の変動等の経済状況の変化，計画の変更，天災などさまざまな予測できない事態により損失などが発生するおそれ（リスク）があります．PFI事業では，これらのリスクを公共と民間事業者が協議し，「最もよく管理できるものがそのリスクを負担する」原則のもとに適正なリスク管理を実施することとしています．

〔岡田 光浩〕

Question 74

廃棄物分野でのPFI事業を教えて

Answer

　実施方針公表済みのPFI事業数は年々増加しており，平成18年度末時点で，266件に上っています．また，すでに施設の供用が開始された事業（運営段階に至っている事業）の数も，平成18年度末で136件と，実施方針公表済みのPFI事業の半数を超えるまで増加しています（図1参照）．

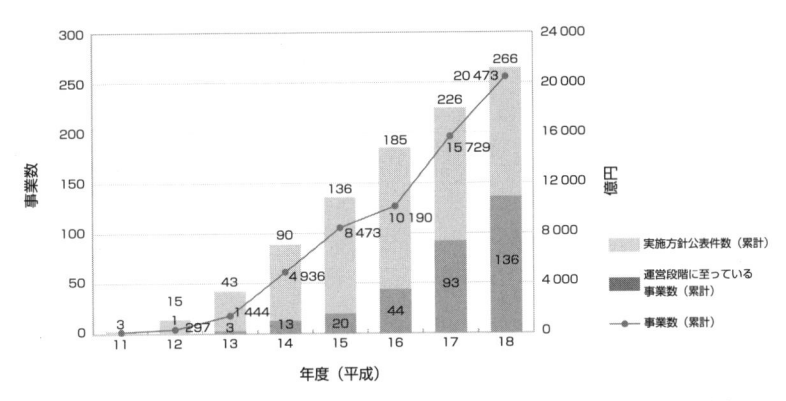

注）事業費については，事業実施主体（公共施設等の管理者等）から公表された落札金額，提案価格又は契約金額を計上したものである．また，公的負担のない事業についての事業費は含まれていない．年度については契約年度ごとに分類している．

図1　PFI事業数（実施方針公表件数）および事業費の推移（累計）
[内閣府，"PFIアニュアルレポート"（平成18年度），2008.3.4, P25]

　PFIにおいては，施設の所有権が事業期間中に事業実施主体（公共施設等の管理者等）に帰属するか，選定事業者に帰属するかなどにより，BTO（build transfer operate）方式，BOT（build operate transfer）方式，BOO（build

表1 PFI事業実績

方式	管理している自治体および施設種類
BTO	名古屋市（焼却），稚内市（最終処分），堺市（焼却），鈴鹿市（リサイクルセンター）
BOT	愛知県・田原市（燃料化），留辺蘂町（最終処分），長泉町（最終処分），益田地区広域市町村圏事務組合（焼却）
BOO	大館市（焼却），倉敷市（焼却），北九州市（リサイクルセンター）
DBO	西胆振廃棄物処理広域連合（焼却），藤沢市（焼却），福島市（焼却），浜松市（焼却），姫路市（焼却），新潟市

own operate）方式，RO（rehabilitate operate）方式，O（operate）方式などに分類されます．廃棄物分野で見ると表1のような実績となっています．

なお，最近では，O方式に相当する長期包括運転委託（運転，用役の調達，維持補修等施設の維持管理を一括委託する方式）として，新設時の正式引渡以降の長期包括運転委託やすでに一定期間営業運転を実施している施設での長期包括運転委託が実施されはじめています．

また，廃棄物分野では，交付金や起債の関係で比較的経済評価の高いPFIに準じた手法として，DBO（design build operate：公設民営）方式が採用されています．このDBO方式は，施設の建設費を公共が負担し，施設の所有権も公共であり，維持管理および運営を一定期間民間事業者にゆだねる方式です．

［岡田 光浩］

索　引

欧数字

3R	131
──と適正処理	10
E-waste	163
バーゼル条約における──	164
LCA　➡　ライフサイクル・アセスメント	
NIMBY	48
PCB　➡　ポリ塩化ビフェニル	
PCB 卒業判定制度	148
PFI	268
──事業件数の推移	271
──事業費の推移	272
PRTR 制度	240
廃棄物処理施設と──	241
RPS 法	88

あ行

アスベスト	159
──の種類	160
──の処分	161
──の処理技術	162
──の処理基準	161
──を含む建築材料の使用部位	160
焼却施設解体時の──対策	145
あわせ産廃	266
──の処理方法	266
一般廃棄物	7
──処理業の許可制度	243
──処理業の許可制度の特例	251
──の収集・運搬体系	22
特別管理──	
イニシャルコスト	92
医療廃棄物	155
埋立地再生	104
──の流れ	106
──の目的	105
運搬	21
エコクッキング	74
オーバーホール費用	92

か行

海底ごみ	171
回転式燃焼炉	28
拡大生産者責任	195
各法における──	196
ガス化溶融施設	85
課税客体の帰属	262
家庭ごみの有料指定袋制度（京都市）	75
家電リサイクル法	205
──関係者の役割	206
──リサイクル料金	207
カラス対策	168
──の実施例	169
環境学習施設	189
──の種類	190
──の地球温暖化対策推進法による位置づけ	190
環境基本法	51
環境教育	186
──扱う教科	186
──学習の流れ	186
感染性廃棄物	158
──の処理方法	156
管路輸送方式	25
機械式ごみ収集車　➡　パッカー車	
基本計画	193
京都方式	79
許可制度	248
一般廃棄物処理業の──	248

一般廃棄物処理業の――の特例	251
産業廃棄物の――	253
産業廃棄物処理業の――の特例	255
許可の取消し	250
屑繊維	76
国等による環境物品等の調達の推進等に関する法律　➡　グリーン購入法	
グリーン購入法	62
欠格条項	249
建設工事に係る資材の再資源化等に関する法律　➡　建設リサイクル法	
建設混合廃棄物	127
建設リサイクル法	212
広域認定制度	220
――認定状況	220
国際資源循環の状況	176
故繊維	76
――3Rの課題	76
――の用途	76
ごみ	246
――焼却施設の余熱利用状況	32
――排出量に影響を与える因子	70
――処理コスト	92
――違反の罰則	66
――の化学組成	69
――の三成分	68
――の種類	68
――の総排出量	70
――の発生メカニズム	2
――の物理組成	69
ごみ出しルール	66
――改善を促す手続き	67
――普及啓発の取組み	66
ごみ発電	87
――発電効率の向上	90
――のエネルギー収支	90
――の経済性	88
――の原理	87
――の今後	182
ごみ有料化	235
――の効果	233
コンテナ収集方式	23
コンパクタ・コンテナ方式	24

さ行

災害ごみ	174
最終処分場	101
――の推移	101
安定型――	36,102
管理型――	36,102
遮断型――	36,102
最終処分量とリサイクル率の推移	103
再生利用認定制度	219
――認定の対象となる廃棄物	219
在宅医療廃棄物	152
――の種類別の留意事項	152
債務保証制度	265
産業廃棄物	6
――処理業者の優良性の判断に係る評価制度	112
――処理の流れ	111
――処理業の許可制度	253
――処理業の許可制度の特例	255
――の種類別再生利用率	128
――の処理方法	110
――の不法投棄	230
――のリサイクル	127
産業廃棄物税	259
残余年数	34
残余容量	34
散乱防止策	229
事業系廃棄物	94
資源回収への助成	226
資源の有効な利用の促進に関する法律　➡　資源有効利用推進法	
資源有効利用促進法	198
実施計画	193
指定再資源化製品	200
指定再利用促進製品	199
指定省資源化製品	199
指定表示製品	199
指定副産物	200
自動車リサイクル法	215
――リサイクル料金	217
市民参加	45
収集	21
循環型社会形成推進基本法	60

循環型社会形成推進交付金制度	224
――交付金額	225
――対象となる施設	224
循環型社会形成に向けた法体系	50
循環資源	176
――の性質に応じた分類	177
――貿易の考え方	176
准連続炉	28
焼却	26
焼却施設	
――解体時のアスベスト対策	145
休廃止した――の現状	143
――の用地選定	236
――処理方法	94
使用済自動車の再資源化等に関する法律➡自動車リサイクル法	
食品循環資源の再生利用等の促進に関する法律➡食品リサイクル法	
食品廃棄物の分類	210
食品リサイクル法	209
食品ロス	72
世帯食一人一日あたりの――	72
助成制度	265
スクラップアンドビルド手法	100
ストーカ式焼却炉	26
ストックマネジメント手法	100
税率	261
全連続炉	28

た行

ダイオキシン類	
――対策	29
脱着装置付きコンテナ専用車	24
中間処理施設	13
中間処理方式	84
徴税コスト	262
貯留排出機	23
適正処理困難物	221
デポジット	123
デュアルシステム	121
電子マニフェスト	256
特定家電機器再商品化法 ➡ 家電リサイクル法	
特定再利用業種	199
特定省資源業種	198
特別管理一般廃棄物	54
特別管理産業廃棄物	59

な行

生ごみ	
――の発生量	72
――のリサイクルのための支援	226
――リサイクルの方法	73
――を減らす方法	74
二酸化炭素削減	183
――エアコン	183
――テレビ	183
熱回収	86

は行

バイオエネルギー利活用技術	118
バイオディーゼル燃料	132
――の供給可能量	132
――の製造方法	132
バイオマス	118
――の利活用	118
廃棄物	6
――の政策の変遷	41
――の分類	8
――分野の地球温暖化対策	179
――事故対応マニュアル	98
廃棄物処理計画	54,193
市町村が定める――	54
都道府県――	54,194
廃棄物処理施設	
――の延命化	99
――事故対策	97
――の事故例	97
廃棄物処理法	52
廃棄物の処理および清掃に関する法律 ➡ 廃棄物処理法	
パイプライン輸送方式 ➡ 管路輸送方式	
パッカー車	21

バッチ路	28
ヒヤリハット	97
漂着ごみ	171
——の構成	172
漂流ごみ	171
——の構成	172
不法投棄	
一般廃棄物の——	228
産業廃棄物の——	230
プラスチックごみ	107
——処理フロー	108
——の処分状況	107
フロン類	166
家電に使用されている——	166
——の回収と処理	167
分別	17
——の種類	65
——の目的	17
——方法の利点・欠点	19
ペットボトル	115
——マテリアルリサイクル製品の用途別内訳	115
——の回収	115
ポリ塩化ビフェニル	148
ポリ塩化ビフェニル廃棄物	
——の種類	146
——の処理技術	148
ボロ	76

ま行

マニフェスト制度	16, 256
マニフェストの流れ	15
メタン発酵	129
——の原理	129
——方式の種類	130

や行

融資制度	263
容器包装に係る分別収集および再商品化の促進等に関する法律　➡　容器包装リサイクル法	
容器包装リサイクル法	202
——関係者の役割	202
——対象となる容器包装	203
溶融スラグ	135
——利用上の課題	136
——のリサイクル方法	136
溶融副生成物の処理	136

ら行

ライフサイクル・アセスメント	124
廃棄物の——	126
ランニングコスト	92
リサイクル	
——の意味	141
——の誤解	142
——コスト	92
産業廃棄物の——	127
家電製品の——	138
韓国における——	122
ドイツにおける——	120
廃タイヤの——	127
パソコンの——	139
溶融スラグの——	136
リスク管理	270
リスクコミュニケーション	242
——の手順	243
流動床焼却炉	27
レジ袋有料化	
——海外の動向（中国）	89
——海外の動向（バングラディッシュ）	89
——海外の動向（ヨーロッパ）	83
——海外の動向（アフリカ）	89

ごみハンドブック

平成 20 年 11 月 30 日　発　行

編　者	田　中　　　勝
	寄　本　勝　美
発行者	小　城　武　彦
発行所	丸 善 株 式 会 社

出版事業部
〒103-8244　東京都中央区日本橋三丁目9番2号
編　集：電話 (03) 3272-2457　FAX (03) 3272-0527
営　業：電話 (03) 3272-0521　FAX (03) 3272-0693
http://pub.maruzen.co.jp/
郵便振替口座　00170-5-5

© Masaru Tanaka, Katsumi Yorimoto, 2008

組版　斉藤綾一／印刷・製本　三美印刷株式会社

ISBN 978-4-621-08025-2 C 3036　　　　　Printed in Japan

JCLS〈(株)日本著作出版権管理システム委託出版物〉
本書の無断複写は著作権法上での例外を除き，禁じられています．複写
される場合は，そのつど事前に(株)日本著作出版権管理システム(電
話 03-3817-5670，FAX 03-3815-8199，E-mail：info@jcls.co.jp)の
許諾を得てください．